普通高等教育"十二五"规划教材

Visual FoxPro 数据库程序设计

陈东升　主编

熊瑞英　牛朵朵
　　　　　　　副主编
罗根源　杨明硕

科学出版社

北　京

内 容 简 介

　　根据教育部高等学校非计算机专业计算机基础课程教学指导委员会提出的非计算机专业计算机基础课程的教学要求,本书以 Visual FoxPro 6.0 为软件背景,深入浅出地介绍了关系数据库管理系统的基础理论及开发技术。本书系统全面地介绍了 Microsoft Visual FoxPro(简称 VFP)数据库程序设计的相关知识,详细介绍了数据库基础知识、VFP 数据库基础、VFP 语言基础、VFP 数据库及其操作、关系数据库标准语言 SQL、查询与视图、程序设计基础、表单设计与应用、菜单设计与应用、报表设计与应用、应用程序开发等内容。

　　本书实例丰富,图文并茂,通俗易懂,注重系统性和实践性,可作为各类高等院校非计算机专业学生学习 Visual FoxPro 数据库程序设计课程的教学用书,也可作为全国计算机等级考试(二级)和全国高校计算机水平考试(二级 Visual FoxPro 程序设计)学习用书和复习参考用书。

图书在版编目(CIP)数据

Visual FoxPro 数据库程序设计/陈东升主编. —北京:科学出版社,2012
(普通高等教育"十二五"规划教材)
ISBN 978-7-03-035063-3

Ⅰ. ①V… Ⅱ. ①陈… Ⅲ. ①关系数据库系统-数据库管理系统-高等学校-教材 Ⅳ. ①TP311.138

中国版本图书馆 CIP 数据核字(2012)第 146998 号

策划:宋　芳

责任编辑:李　瑜 / 责任校对:马英菊
责任印制:吕春珉 / 封面设计:科地亚盟
版式设计:北大彩印

科学出版社 出版
北京东黄城根北街 16 号
邮政编码:100717
http://www.sciencep.com

铭浩彩色印装有限公司印刷
科学出版社发行　　各地新华书店经销

*

2012年 8 月第 一 版　　　开本:787×1092 1/16
2019年 1 月第十二次印刷　　印张:18
字数:403 000
定价:43.00 元
(如有印装质量问题,我社负责调换〈铭浩〉)
销售部电话 010-62140850　编辑部电话 010-62135763-2038

本书编委会名单

主　编　陈东升

副主编　熊瑞英　牛朵朵　罗根源　杨明硕

编　委（按姓氏笔画排序）

牛朵朵　汤青林　杨明硕　陈东升

罗根源　蒋传健　熊瑞英

前　　言

随着信息技术的发展，人们的日常工作、生活越来越离不开计算机。以数据库为核心的各类信息管理系统被广泛应用于各行各业，于是，数据库技术及其相关软件系统的开发技术，也成为计算机技术的重要组成部分。Visual FoxPro 数据库软件为用户开发数据库应用程序提供了功能强大的数据管理系统功能，同时具有可视化开发环境、面向对象的程序设计以及丰富的命令和函数，使数据库设计、程序开发变得更直观、更快捷。

本书系统全面地介绍了 Visual FoxPro 6.0 数据库程序设计相关知识，共 11 章。第 1 章介绍数据库相关的基础知识；第 2 章介绍 Visual FoxPro 6.0 开发环境的相关功能与使用；第 3 章介绍数据类型、数据运算、常量、变量、表达式、函数等；第 4 章介绍数据库的建立和管理、表的建立和使用，以及索引和数据完整性；第 5 章介绍结构化查询语言——SQL；第 6 章介绍查询和视图的使用；第 7 章介绍结构化程序设计的三种控制结构等；第 8 章介绍建立表单，运行并使用表单；第 9 章介绍菜单的设计以及应用；第 10 章介绍各种报表的创建和设计方法；第 11 章介绍开发数据库应用程序的方法。

本书凝聚了一线教师多年的教学经验和智慧，各章节内容丰富、结构合理、概念清晰，各知识点深入浅出，实践性强，图文并茂，通俗易懂，注重系统性和实践性。

本书由重庆师范大学涉外商贸学院《Visual FoxPro 数据库程序设计》教材编写组的教师编写而成，由陈东升担任主编，熊瑞英、牛朵朵、罗根源、杨明硕担任副主编。其中，第 1、2、3、10 章由陈东升编写，第 4、5 章由熊瑞英编写，第 6 章由罗根源编写，第 7 章由蒋传健编写，第 8 章由牛朵朵编写，第 9 章由汤青林编写，第 11 章由杨明硕编写。在编写本书的过程中，编者得到了领导和教师的大力帮助，在此一并表示感谢。

由于编者水平有限，书中难免存在差错、疏漏之处，诚恳希望同行及广大读者批评指正。编者电子邮箱地址：cds911@126.com。

编　者
2012 年 5 月

目　　录

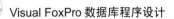

第1章 数据库基础知识

计算机已广泛应用于人们日常生活和工作的各行各业，在计算机应用领域中，信息数据处理是其主要方面。数据库技术是作为数据处理中的一门技术而发展起来的，它是现代信息科学与技术的重要组成部分，是计算机数据处理与信息管理系统的核心。它所研究的问题就是如何科学地组织存储数据、高效地获取处理数据。

本章主要介绍数据、数据库、数据库管理系统、数据库系统、数据模型、关系数据库的基本概念及原理，为读者更好地学习后续知识打下坚实的基础。

1.1 数据库的基本概念

1.1.1 信息、数据与数据处理

1. 信息与数据

信息是对现实世界中各种事物的存在方式或运动形态的反映，它反映的是事物之间的联系。人们是通过接受信息来认识事物的。

数据是信息的符号化表示。从数据库技术的角度来说，数据是指能被计算机识别和处理的符号，它不仅包括文字、数字，还包括图形、图像、动画、影像、声音等各种可以数字化的信息。

信息和数据的概念是密切相关的，但又是不同的。一方面，数据是表示信息的，但并非任何数据都能表示信息，信息是加工处理后的数据，是数据表达的内容。另一方面，信息不会随着表示它的数据形式而改变，它是反映客观现实世界的知识；数据则具有任意性，用不同的数据形式可以表示同样的信息。所以数据反映信息，而信息依靠数据来表达。它们的关系可以表示为

$$信息＝数据＋处理$$

2. 数据处理

数据处理是将数据转换为信息的过程，包括数据的采集、整理、存储、分类、排序、检索、维护、加工、统计和传输等一系列操作过程。

数据处理的基本目的是从大量的、杂乱无章的、难以理解的数据中抽取并推导出满足特定要求的数据，为人们的行动和决策提供依据。

1.1.2 数据库、数据库管理系统与数据库系统

1. 数据库

数据库（database，DB）是存放数据的仓库。它是按一定的结构和组织方式存储在

计算机外部存储介质上的，有结构、可共享的相互关联的数据集合。

数据库是按数据模式存放数据的，它能构造复杂的数据结构以建立数据间内在联系，从而构成数据的全局结构模式。

数据库中的数据具有结构化强，冗余度小，数据独立性高，共享性高和易于扩充等特点。

2. 数据库管理系统

数据库管理系统（database management system，DBMS）是一个管理数据库的软件系统。它为用户提供了大量描述（建立）数据库、操纵（检索、排序、索引、显示、统计计算等）数据库和维护（修改、追加、删除等）数据库的方法和命令。它还能自动控制数据库的安全及数据库的数据完整。Visual FoxPro 6.0（以下简称 VFP 6.0）、SQL Server、Oracle 等系统都是数据库管理系统。

其主要功能包括以下几个方面。

1）数据定义功能。数据库管理系统负责为数据库构建模式，也就是为数据库构建其数据框架。

2）数据操纵功能。数据库管理系统为用户使用数据库中的数据提供方便，它一般提供查询、插入、修改以及删除数据的功能。此外，它自身还具有做简单算术运算及统计的能力，而且还可以与某些过程性语言结合，使其具有强大的过程性操作能力。

3）数据控制功能。在数据库系统运行时，数据库管理系统要对数据库进行监控，以保证整个系统的正常运转，保证数据库中的数据安全可靠、正确有效，防止各种错误的产生，这就是数据控制。

4）数据库的建立和维护功能，包括数据库的数据载入、转换、转储、数据库的重组合重构以及性能监控等功能，这些功能分别由各个使用程序完成。

3. 数据库系统

数据库系统（database system，DBS）是指引进了数据库技术后的计算机系统，实现了有组织地、动态地存储大量相关数据，为数据处理和信息资源共享提供了便利手段。

数据库系统由硬件系统、操作系统、数据库管理系统及相关软件、数据库管理员和用户五个部分组成。在数据库系统中，各层次之间的关系如图 1-1 所示。

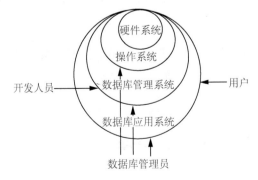

图 1-1　数据库系统层次示意图

1.2　数据管理的产生与发展

数据库技术是应数据管理任务的需要而产生的。在应用需求的推动下，在计算机硬件、软件发展的基础上，数据管理技术经历了人工管理、文件管理、数据库管理、分布式数据库管理和面向对象数据库管理等几个阶段。

1．人工管理阶段

20 世纪 50 年代中期以前，是数据管理技术的初级阶段。外部存储器只有卡片、纸带、磁带，没有可以随机访问、直接存取的外部存储设备。在软件方面，计算机只相当于一个计算工具，没有操作系统和管理数据的软件，数据由计算机或处理它的程序自行携带。

这个时期数据管理的主要特点是，主要用于科学计算，数据并不长期保存；数据的管理由程序员个人考虑安排，迫使用户程序与物理地址直接联系，效率低，数据管理不安全灵活；数据与程序不具备独立性，数据为程序的一部分，导致程序之间大量数据重复。

在人工管理阶段，程序与数据之间的对应关系如图 1-2 所示。

图 1-2　人工管理阶段程序与数据之间的对应关系

2．文件管理阶段

20 世纪 50 年代后期至 60 年代末为文件管理阶段，在这一时期，计算机在硬件方面出现了磁带、磁鼓等直接存储设备。软件的发展使操作系统提供了文件管理系统。数据不仅可以进行批处理，也能够进行联机实时处理。

这个时期数据管理的特点是，计算机大量用于管理，数据需要长期保存，可以将数据存放在外存上反复处理和使用；数据文件可以脱离程序而独立存在，应用程序可以通过文件名来读取文件中的数据，实现数据共享；所有文件由文件管理系统进行统一管理和维护。但该方法也有其不足之处，数据冗余性、不一致性高，数据之间的联系比较弱。

在文件管理阶段，程序与数据之间的对应关系如图 1-3 所示。

3．数据库管理阶段

数据库管理阶段是 20 世纪 60 年代后期在文件管理基础上发展起来的。为解决多用户多应用共享数据的问题出现了数据库管理技术，它克服了文件管理系统的缺点，由数据库管理系统对所有数据进行统一、集中、独立管理。

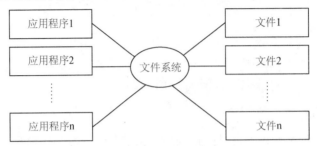

图 1-3　文件管理阶段程序与数据之间的对应关系

这个时期数据管理的特点是，采用复杂的数据模型（结构），不仅描述数据本身的特点，还要描述数据之间的联系；数据的共享性好，冗余度低；有较高的数据独立性，数据的存取由 DBMS 管理；数据库系统为用户提供了方便的用户接口；统一的数据控制功能，由 DBMS 提供对数据的安全性控制、完整性控制、并发性控制和数据恢复功能。

在数据库管理阶段，程序与数据之间的对应关系如图 1-4 所示。

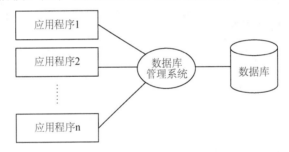

图 1-4　数据库管理阶段程序与数据之间的对应关系

4. 分布式数据库管理阶段

分布式数据库系统（distributed database system，DDBS）是 20 世纪 70 年代后期，数据库技术和网络技术两者相互渗透和有机结合的结果。分布式数据库是用计算机网络将物理上分散的多个数据库单元连接起来组成的一个逻辑上统一的数据库。每个被连接起来的数据库单元称为站点或结点。这种组织数据库的方法克服了物理数据库组织的弱点，主要用于网络系统，特别适合于网络管理信息系统。

这个时期数据管理的特点是，具有灵活的体系结构；适应分布式的管理和控制机构；经济性能优越；系统的可靠性高、可用性好；局部应用的响应速度快；可扩展性好，易于集成现有系统；加快了数据的流通速度，更加符合当今人们对数据处理的需要。

5. 面向对象数据库管理阶段

面向对象是一种认识、描述事物的方法论，起源于程序设计语言。面向对象程序设计是 20 世纪 80 年代引入计算机科学领域的一种新的程序设计技术和范型。面向对象数据库（object-oriented database system，OODBS）是数据技术与面向对象程序设计相结合的产物，是面向对象方法在数据库领域中的实现和应用。

面向对象程序设计是一种新的程序设计技术和方法，发展十分迅速，影响涉及计算机科学及其应用的各个领域。面向对象数据库系统的主要特点是具有面向对象技术的封装性和继承性，提高了软件的可重用性。Visual FoxPro 不但仍然支持标准的过程化程序设计，而且在语言上进行了扩展，提供了面向对象程序设计的强大功能和更大的灵活性，本书将在后续章节中详细介绍面向对象的基本概念。

1.3　数据库系统的基本特点

数据库技术是在文件系统基础上发展产生的，两者都以数据文件的形式组织数据，但由于数据库系统在文件系统之上加入了 DBMS 对数据进行管理，从而使得数据库系统具有以下特点。

1.　数据的集成性

数据库系统的数据集成性主要表现在以下几个方面。

1）在数据库系统中采用统一的数据结构，如在关系数据库中采用二维表作为统一结构。

2）在数据库系统中按照多个应用的需要组织全局的统一的数据结构（即数据模式），数据模式不仅可以建立全局的数据结构，还可以建立数据间的语义联系从而构成一个内在紧密联系的数据整体。

3）数据库系统中的数据结构是多个应用共同的、全局的数据结构，而每个应用的数据则是全局结构中的一部分，称为局部结构（即视图），这种全局与局部的结构模式构成了数据库系统数据集成性的主要特征。

2.　数据的高共享性与低冗余性

由于数据的集成性使得数据可为多个应用所共享，特别是在网络发达的现在，数据库与网络的结合扩大了数据的应用范围。数据的共享可极大地减少数据冗余性，不仅减少了不必要的存储空间，更为重要的是可以避免数据的不一致性。所谓数据的一致性是指在系统中同一数据出现在不同位置应保持相同的值。因此，减少冗余性以避免数据的重复出现是保证系统一致性的基础。

3.　数据独立性

数据独立性是数据与程序间的互不依赖性，即数据库中的数据独立于应用程序而不依赖于应用程序。也就是说，数据的逻辑结构、存储结构与存取方式的改变不会影响应用程序。

数据独立性一般分为物理独立性与逻辑独立性。

1）物理独立性：数据的物理结构（包括存储结构、存取方式等）的改变，如存储设备的更换、物理存储的更换、存取方式改变都不影响数据库的逻辑结构，从而不致引起应用程序的变化。

2）逻辑独立性：数据库总体逻辑结构的改变，如修改数据模式、增加新的数据类型、改变数据间联系等，不需要相应修改应用程序。

4. 数据统一管理与控制

数据库系统不仅为数据提供高度集成环境，同时还为数据提供统一管理的手段，这主要包含以下三个方面。

1）数据的完整性检查：检查数据库中数据的正确性以保证数据的正确。

2）数据的安全性保护：检查数据库访问者以防止非法访问。

3）并发控制：控制多个应用的并发访问所产生的相互干扰以保证其正确性。

1.4 数 据 模 型

数据（data）是描述事物的符号。模型（model）是现实世界的抽象。数据模型（data model）是数据特征的抽象，是数据库管理的教学形式框架是数据库系统中用以提供信息表示和操作手段的形式构架。数据模型所描述的内容有三个部分，分别是数据结构、数据操作与数据约束。

（1）数据结构

数据模型中的数据结构主要描述数据的类型、内容、性质以及数据间的联系等。数据结构是数据模型的基础，数据操作与约束均建立在数据结构上。不同数据结构有不同的操作与约束，因此，一般数据模型均以数据结构进行分类。

（2）数据操作

数据模型中的数据操作主要描述在相应数据结构上的操作类型与操作方式。

（3）数据约束

数据模型中的数据约束主要描述数据结构内数据间的语法、语义联系，它们之间的制约与依存关系，以及数据动态的规则，以保证数据的正确、有效与兼容。

数据模型是现实世界数据特征的抽象，数据抽象通常经过两步：从现实世界到概念世界，再到机器世界。因此，根据模型应用的不同目的，数据模型分为以下两种类型。

一种是独立于任何计算机系统实现的，如实体联系模型，这类模型完全不涉及信息在计算机系统中的表示，只是用来描述某个特定组织所关心的信息结构，因而又被称为概念数据模型。

另一类数据模型则是直接面向数据库中数据逻辑结构的，如关系、网状、层次、面向对象等模型。这类模型涉及计算机系统，一般称为基本数据模型或结构数据模型。

1.4.1 概念模型及其表示方式

数据库概念模型实际上是现实世界到机器世界的一个中间层次。数据库概念模型用于信息世界的建模，是现实世界到信息世界的第一层抽象，是数据库设计人员进行数据库设计的有力工具，也是数据库设计人员和用户之间进行交流的语言。建立数据概念模型，就是从数据的观点出发，观察系统中数据的采集、传输、处理、存储、输出等，经过分析、总结之后建立起来的一个逻辑模型，主要是用于描述系统中数据的各种状态。这个模型不关心具体的实现方式（例如，如何存储）和细节，而是主要关心数据在系统中的各个处理阶段的状态。

概念模型的表示方法很多，其中最常用的是用 E-R 图来描述现实世界的概念模型。这种方法直接从现实世界中抽象出实体类型及实体间的联系，然后用 E-R 图来描述。

E-R 图的主要成分是实体、属性和联系，如图 1-5 所示。

(a) 实体　　　　　　　　(b) 属性　　　　　　　　(c) 联系

图 1-5　E-R 图基本组成

1. 实体

实体用矩形表示，矩形框内标明实体名，如图 1-5（a）所示。

客观存在并且可以相互区别的事物称为实体。实体可以是实际的事物，也可以是抽象的事件。例如，学生、老师等属于实际事物；学生选课、老师教学等活动则是比较抽象的事件。

2. 属性

属性用椭圆形表示，并用无向边将其与相应实体连接起来，如图 1-5（b）所示。属性是实体所具有的某一特性。可以通过若干属性描述某一实体。例如，学生实体可以用学号、姓名、性别、出生日期、年级等若干个属性来描述。

3. 属性域

属性域即属性的取值范围。每个实体的属性都有其对应的值，属性值的变化范围称为属性域。例如，性别的属性域为（男，女）。

4. 实体型与实体集

属性值的集合表示一个具体的实体，而属性的集合表示一种实体的类型，称为实体型。同类型实体的集合称为实体集。例如，学生（学号，姓名，性别，出年日期，年级），就是一个实体集，它指的不只是某一个学生，而是全体学生的集合，如图 1-6 所示。

5. 联系

联系用菱形表示，菱形框内标明联系名，并用无向边连接有关实体，同时在无向边上标明联系类型，如图 1-5（c）所示。

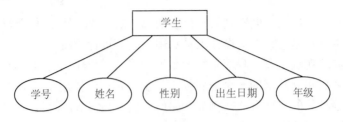

图 1-6　实体集的属性间的联系

实体之间的对应关系称为联系，它反映现实世界事物之间的相互关联。例如，一门课程同时有若干学生选修，而一个学生同时可以选修多门课程。

实体之间的联系可以分为一对一、一对多和多对多联系。

1）一对一联系（1∶1）：如果实体集 A 中的每一个实体只与实体集 B 中的一个实体相联系，反之亦然，则说明这种关系是一对一联系。例如，班长与班级的联系，一个班级只有一个班长，一个班长对应一个班级，如图 1-7（a）所示。

2）一对多联系（1∶n）：如果实体集 A 中的每一个实体在实体集 B 中都有多个实体与之对应；实体集 B 中的每个实体，在实体集 A 中只有一个实体与之对应，则称实体集 A 与实体集 B 是一对多联系。例如，班长与学生的联系，一个班长对应多个学生，而本班每个学生只对应一个班长，如图 1-7（b）所示。

3）多对多联系（m∶n）：如果实体集 A 中的每一个实体在实体集 B 中都有多个实体与之对应，反之亦然，则称这种关系是多对多联系。例如，学生与课程的联系，一个学生可以同时选修多门课程，一门课程也可以有若干个学生选修，则学生与课程之间构成多对多联系，如图 1-7（c）所示。

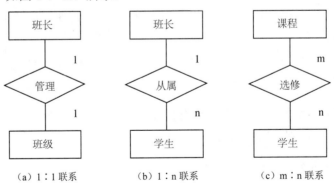

（a）1∶1 联系　　　　（b）1∶n 联系　　　　（c）m∶n 联系

图 1-7　实体间的三种联系

1.4.2　常用的数据模型

目前比较常用的数据模型分为三种：层次模型、网状模型、关系模型。其中，层次模型和网状模型是早期的数据模型，也称为非关系数据模型（格式化数据模型）。关系模型对数据库的理论和实践产生很大的影响，成为当今最流行的数据库模型。

1. 层次模型

用树形结构表示实体及其之间的联系的模型称为层次模型。在层次模型的数据集合中，各数据实体之间是一种一对一或一对多的联系，不能表示实体类型之间的多对多的联系。层次模型如图 1-8 所示，其特征有以下几点。

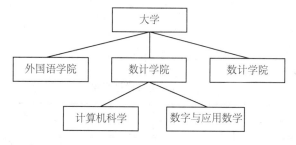

图 1-8　层次数据模型实例

1）有且仅有一个结点没有父结点，它就是根结点。

2）根结点以外的子结点向上仅有一个父结点，向下有一个或多个子结点。

3）同层次的结点之间没有联系。

层次模型的优点是，层次数据库模型本身比较简单；层次模型对具有一对多的层次关系的描述非常自然、直观，容易理解；层次数据库模型提供了良好的完整性支持。

层次模型的主要缺点是，由于层次模型形成早，受文件系统影响大，模型受限制多，不能直接表示出多对多的联系，因而难以实现对复杂数据关系的描述。

2. 网状模型

用网状结构表示实体及其之间联系的模型称为网状模型。网状模型是层次模型的扩展，表示多个从属关系的层次结构，呈现一种交叉关系的网络结构。网状模型与层次模型相比有两个优势：允许结点有多于一个的父结点；可以有一个以上的结点没有父结点。网状模型如图 1-9 所示。其特征有以下几点。

1）有一个以上的结点无父结点。

2）至少有一个结点有多个父结点。

3）两个结点之间可以有多个联系。

网状模型的优点是，能更为直接描述客观世界，可以表示实体间的多种复杂联系。具有良好性能，存储效率较高。

网状模型的缺点是，数据结构复杂化，数据独立性差。

3. 关系模型

用二维表结构来表示实体以及实体之间联系的模型称为关系模型。关系模型是以关系数学理论为基础的，在关系模型中把数据看成是二维表中的元素，操作的对象和结果都是二维表，一个二维表就是一个关系。关系模型实例如表 1-1 所示。

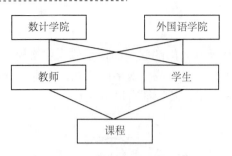

图 1-9　网状数据模型实例

表 1-1　关系模型实例

学号	姓名	性别	出生日期	籍贯
2012001	刘科	男	1993.10.5	重庆
2012002	张文	女	1994.5.8	北京
2012003	李思思	女	1994.7.18	重庆
2012004	罗成	男	1993.11.18	四川

在关系数据库中，每个关系都是一个二维表，无论实体本身还是实体间的联系均用二维表来表示，这使得描述实体的数据本身能够自然地反映它们之间的联系。尽管关系数据库管理系统比层次型和网状型数据库管理系统晚出现了很多年，但关系数据库以其完备的理论基础、简单的模型、说明性的语言和使用方便等优点成为当今主流的数据库系统，在教育、科研、金融等众多领域中广泛应用。

1.5　关系数据库

自 20 世纪 80 年代以来，新推出的数据库管理系统几乎都支持关系模型，VFP 就是一种关系数据库管理系统。本节将介绍关系理论中的一些基本概念及关系数据库系统的基本概念。

1.5.1　关系数据库基础知识

（1）关系

一个关系就是一个二维表，每个关系都有一个关系名。图 1-10 所示就是一个关系，它的关系名是"教师表"。在 VFP 中，一个关系存储在一个文件上，文件扩展名为.dbf，称为表。

对关系的描述称为关系模式，一个关系模式对应一个关系的结构，其格式为：

关系名（属性 1,属性 2,…,属性 n）

在 VFP 中表示为表结构：

表名（字段名 1,字段名 2,…,字段名 n）

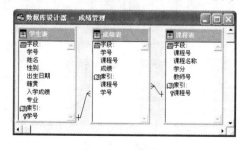

图 1-10 教师表

（2）元组

在一个二维表中，行称为元组，每一行是一个元组。元组对应存储文件中的一个具体的记录。例如，在"教师表"中，每一个教师的信息就是元组。

（3）属性

在一个二维表中，列称为属性，每一列表示一个属性。属性名和该属性的数据类型、宽度等在数据定义时规定。属性值是各个记录中的字段值。例如，在"教师表"中，"教师号"、"姓名"、"性别"、"所在部门"等字段为属性名。

（4）域

属性的取值范围，即不同元组对同一个属性的取值所限定的范围。例如，"姓名"的取值范围是文字字符；"性别"只能选择"男"或"女"。

（5）关键字

属性或属性组合，其值能够唯一地标识一个元组。例如，在"教师表"中，"教师号"可以作为关键字；如果绝对没有重名的教师，"姓名"也可以唯一地标识一个元组。

如果一个表中有多个字段都符合关键字的条件，它们可共同组成候选关键字。在候选关键字中只能选择一个作为主关键字，关系中的主关键字是唯一的。

（6）外部关键字

关系中某个属性或属性组合并非关键字，但却是另一个关系的主关键字，这些属性或属性组合可以称为本关系的外部关键字。关系之间的联系是通过外部关键字实现的。例如，在"成绩表"中包含"学号"、"课程号"两个属性，都不是当前表的关键字，但"学生表"中的主关键字是"学号"，"课程表"的主关键字是"课程号"，则"学号"、"课程号"两个属性称为"成绩表"的外部关键字，如图 1-11 所示。

图 1-11 外部关键字示例

1.5.2　关系的特点

关系模型看起来简单，但是并不能把日常工作中人工管理的各种表格，按照一张表一个关系直接存放到数据库中。在关系模型中对关系有以下要求。

1）关系必须规范。
2）在同一个关系中不能出现相同的属性名。
3）关系中不允许有相同的元组。
4）在一个关系中元组的次序无关紧要。
5）在一个关系中属性的次序无关紧要。

1.5.3　关系的基本运算

对关系数据库进行查询时，需要找到对用户有用的数据，这就需要对关系进行一些关系运算。关系的基本运算有两类：一类是传统的集合运算（并、交、差），另一类是专门的关系运算（选择、投影、联接）。关系运算的结果仍然是关系。

1.　传统的集合运算

进行并、交、差集合运算的两个关系必须具有相同的关系模式，即相同的结构。
（1）并

两个相同结构关系的并（union）是由属于这两个关系的所有元组组成的集合。设有两个关系 R 和 S，它们具有相同的结构。R 和 S 的并是由属于 R 或属于 S 的元组组成的集合，运算符为"∪"，记为 T＝R∪S，如图 1-12 所示。

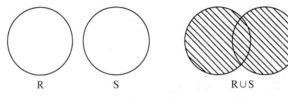

图 1-12　并运算

（2）交

两个结构相同的关系的公共元组组成的集合就是这两个关系的交（intersection）。R 和 S 的交是由既属于 R 又属于 S 的元组组成的集合，运算符为"∩"，记为 T＝R∩S，如图 1-13 所示。

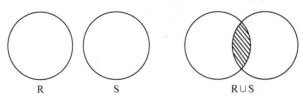

图 1-13　交运算

（3）差

两个相同结构的关系 R 和 S，R 和 S 的差（difference）是由属于 R 但不属于 S 的元组组成的集合，运算符为"－"，记为 T＝R－S，如图 1-14 所示。

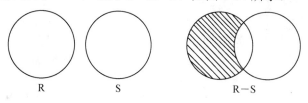

图 1-14　差运算

2．专门的关系运算

在关系数据库中查询是高度非过程化的，用户只需明确提出"要做什么"，而不需要指出"怎么去做"。系统将自动对查询过程进行优化，可以实现对多个相关联的表的高速存取。然而，要正确表示较复杂的查询并非一件简单的事。了解专门的关系运算有助于正确编写查询表达式。

（1）选择

从关系中找出满足给定条件的元组的操作称为选择（selection）。选择的条件由逻辑表达式给出，使得逻辑表达式的值为真的元组将被选取，形成新的关系。例如，要从"教师表"中找出"职称"为"教授"的教师，所进行的查询操作就属于选择运算，如图 1-15 所示。

教师号	姓名	性别	所在部门	职称	出生日期	专职	基本工资
J001	李发忠	男	数学一部	教授	07/30/60	T	4500.00
J002	汪明春	男	数学一部	教授	03/09/56		4200.00
J005	王青华	女	数学二部	教授	10/13/58	T	4500.00

图 1-15　选择运算示例

（2）投影

从关系模式中指定若干属性组成新的关系称为投影（projection）。投影是从列的角度进行的运算，相当于对关系进行垂直分解。经过投影运算可以得到一个新的关系，其关系模式所包含的属性个数往往比原关系少，或者属性的排列顺序不同。投影运算提供了垂直调整关系的手段，体现出关系中列的次序无关紧要这一特点。例如，要从"学生表"中查询学生的"姓名"和"专业"，所进行的查询操作就属于投影运算，如图 1-16 所示。

（3）联接

联接（join）是关系的横向结合。联接运算将两个关系模式拼接成一个更宽的关系模式，生成新的关系中包含满足联接条件的元组。

联接过程是通过联接条件来控制的，联接条件中将出现两个表中的公共属性名，或者具有相同的语义的属性。联接结果是满足条件的所有记录。

（a）学生表　　　　　　　　　（b）投影后的新关系

图 1-16　投影运算示例

选择和投影运算的操作对象只是一个表，相当于对一个二维表进行切割。联接运算需要两个表作为操作对象。如果需要联接两个以上的表，应当进行两两联接。例如，要查询各课程任课教师情况，必须将"教师表"和"课程表"两个关系联接起来，条件是两个关系中都有的"教师号"，形成新的关系，如图 1-17 所示。

（a）课程表　　　　　　　　　　　　　（b）联接后的新关系示意图

图 1-17　联接运算示例

1.6　数据库设计基础

只有采用较好的数据库设计步骤，才能比较迅速、高效地创建一个设计完善的数据库，为访问所需信息提供方便。在 VFP 中具体进行关系数据库的设计时，表现为数据库和表的结构要合理，不仅要存储所需要的实体信息，同时还要能反映出实体之间的逻辑联系。

1.6.1　数据库设计原则

为了合理组织数据，应遵从以下基本设计原则。

1.　概念单一化

概念单一化即一个表只描述一个实体或实体间的一种联系，避免设计庞大而复杂的表。首先分离那些需要作为单个主题而独立保存的信息，然后确定这些主题之间的联系，以便在需要时把正确的信息组合在一起。通过不同的信息分散在不同的表中，可以使数据的组织工作和维护工作更简单，同时也易于保证建立的应用程序具有较高的性能。

例如，将有关学生基本情况的数据保存到"学生表"中，把有关课程的信息保存到"课程表"中，把有关学生成绩的信息保存到"成绩表"中。

2．避免在表之间出现重复字段

除了为反映与其他表之间存在联系的作为公共字段的外部关键字外，应尽量避免在表之间出现重复字段。这样做的目的是使数据冗余尽量小，避免在插入、删除和更新时造成数据的不一致。

例如，在"学生表"中有"姓名"字段，在"成绩表"中就不应再有"姓名"字段。需要时可以通过两个表的联接找到。

3．表中的字段必须是基本数据元素和原始数据

表中不应包括通过计算可以得到的"二次数据"或多项数据的组合，能够通过计算从其他字段值推导出来的字段也应尽量避免。特殊情况下可以保留计算字段，但必须保证数据的同步更新。

例如，在"教师表"中应当包括"出生日期"字段，而不应包括"年龄"字段。当需要查询年龄的时候，可以通过简单的计算得到准确年龄。

4．用外部关键字保证有关联的表之间的联系

表之间的各种关联是依靠外部关键字来维系的，使得表具有合理结构，不仅存储所需要的实体信息，并且反映出实体之间客观存在的联系，最终设计出满足应用需求的实际关系模型。

1.6.2　数据库设计步骤

1．需求分析

确定建立数据库的目的，主要包括三个方面。
1）信息需求，即用户需要从数据库获得的信息内容。
2）处理需求，即需要对数据完成什么处理功能及处理的方式。
3）安全性和完整性要求。

在需求分析时，首先要与数据库使用人员多交流，尽管收集资料阶段的工作非常烦琐，但必须耐心细致地了解现行业务处理流程，收集全部数据资料，如报表、合同、档案、单据、计划等，所有这些信息在后续的设计步骤中都要用到。

2．确定需要的表

定义数据库中的表是数据库设计过程中技巧性最强的一步。首先需要将在分析阶段收集到的数据进行抽象，再分析数据的要求，最后得到数据所需要的表。例如，将成绩管理系统初步划分成"学生表"、"课程表"、"成绩表"、"教师表"这几个独立且具有一定联系的表。

3. 确定所需字段

确定数据所需要的表后,就要为各个表设计字段,在确定所需字段时应注意以下几点。

1)每个字段直接和表中的实体相关。

2)每个字段都是最小的逻辑存储单位。

3)表中字段值必须是原始数据。

4)确定每个表都必须有一个或一组字段(关键字)可以唯一确定表中的每个记录。

4. 确定联系

设计数据库的目的实质上是设计出能够满足实际应用需求的实际关系模型。用户不仅要使每个表的结构合理,并且还要反映出各个表所代表的实体之间存在的联系。

前面各个步骤已经把数据分配到了各个表。有时有些输出需要从几个表中得到信息,因此,需要分析各个表所代表的实体之间存在的联系,将这些表中的内容重新组合,得到有意义的信息,就需要确定外部关键字。

5. 设计求精

数据库设计在每一个具体阶段的后期都要经过用户确认。如果不能满足应用要求,则要返回到前面一个或前面几个阶段进行修改和调整。整个设计过程实际就是一个不断返回修改、调整的迭代过程。

通过前面几个步骤之后,应该回头研究一下设计方案,检查可能存在的缺陷和需要改进的地方,看看是否遗忘了字段,是否存在大量空白字段,是否有包含大量相同字段的表,表中是否重复输入了同样的信息,每个表的主关键字选择是否合适,是否有字段很多而记录却很少的表等。经过反复的修改之后,就可以开发数据应用系统的原型了。

习 题 1

一、选择题

1. 在数据库管理技术的发展过程中,经历了人工管理阶段、文件管理阶段、数据库管理阶段、分布式的数据库管理阶段和面向对象数据库管理阶段。其中,数据独立性最高的是( )阶段。

    A. 数据库管理   B. 文件管理   C. 人工管理   D. 数据项管理

2. 数据库系统的核心是( )。

    A. 数据库   B. 数据库管理系统

    C. 数据模型   D. 软件工具

3. 在数据库中,用来表示实体之间的联系的是( )。

    A. 树结构   B. 网结构   C. 线性表   D. 二维表

4. 关系表中的每一横行称为一个( )。

    A. 元组   B. 字段   C. 属性   D. 码

5. 在下列关系运算中，不改变关系表中的属性个数但能减少元组个数的是（　　）。

　　A．并　　　　　　　　B．交　　　　　　　　C．投影　　　　　　　　D．笛卡儿乘积

6. 数据库（DB）、数据库系统（DBS）和数据库管理系统（DBMS）三者的关系是（　　）。

　　A．DBS 包括 DB 和 DBMS　　　　　　B．DBMS 包括 DB 和 DBS

　　C．DB 包括 DBS 和 DBMS　　　　　　D．DBS 就是 DB，也是 DBMS

7. 下列叙述中正确的是（　　）。

　　A．数据库系统是一个独立的系统，不需要操作系统的支持

　　B．数据库技术的根本目标是要解决数据的共享问题

　　C．数据库管理系统就是数据库系统

　　D．以上三种说法都不对

8. 下列叙述中正确的是（　　）。

　　A．为了建立一个关系，首先要构造数据的逻辑关系

　　B．表示关系的二维表中各元组的每一个分量还可以分成若干数据项

　　C．一个关系的属性名表称为关系模式

　　D．一个关系可以包括多个二维表

9. 关系数据库管理系统能实现的专门关系运算包括（　　）。

　　A．排序、索引、统计　　　　　　　　B．选择、投影、联接

　　C．联接、更新、排序　　　　　　　　D．显示、打印、制表

10. 在关系模型中，每个关系模式中的关键字（　　）。

　　A．可由多个任意属性组成

　　B．最多由一个属性组成

　　C．可由一个或多个其值能唯一标识关系中任何元组的属性组成

　　D．以上说法都不对

二、填空题

1. 一个项目具有一个项目主管，一个项目主管可管理多个项目，则实体"项目主管"与实体"项目"的联系属于_____的联系。

2. 数据库系统中对数据库进行管理的核心软件是_____。

3. 在基本表中，要求字段名_____重复。

4. 在关系模型中，把数据看成是一个二维表，每一个二维表称为一个_____。

5. 在关系数据库中，用来表示实体之间联系的是_____。

第 2 章　VFP 数据库基础

VFP 是优秀的数据库管理系统软件之一，是一个功能强大的数据库管理系统。VFP 一直用于设计和开发各种类型的管理信息系统以及数据库的维护。它采用了可视化、面向对象的程序设计方法，大大简化了应用系统的开发过程，并提高了系统的模块性和紧凑性，易学、高效、功能强大等特点使其得到了迅速推广。

本章主要介绍 VFP 6.0 系统的集成开发环境、操作方式以及项目管理器的功能与使用。

2.1　VFP 概述

2.1.1　VFP 系统简介

FoxPro 是美国 Fox Software 公司于 1990 年推出的微机关系数据库管理系统。Fox Software 公司先后推出了 FoxPro 1.0、FoxPro 2.0，随后与 Microsoft 公司合并，推出 FoxPro 2.5、FoxPro 2.6、FoxPro 6.0 等。

VFP 6.0（中文版）是 Microsoft 公司 1998 年发布的可视化编程语言集成包 Visual Studio 6.0 中的一员。VFP 6.0 是运行于 Windows 平台上的 32 位数据库开发系统，是一种用于数据库结构设计和应用程序开发的功能强大的面向对象的计算机数据库软件。本书以 VFP 6.0 为例进行讲解。

2.1.2　VFP 系统的特点

VFP 具有界面友好、工具丰富、速度较快等优点，并在数据库操作与管理、可视化开发环境、面向对象程序设计等方面具有较强的功能。其主要特点如下。

1）提供多种可视化编程工具，最突出的是面向对象编程。VFP 6.0 中提供了向导、设计器和生成器三种界面操作工具。它们全部采用图形界面，能够帮助用户用简单的操作快速完成各种查询和设计。VFP 6.0 的设计器普遍配有工具栏和弹出式快捷菜单，每个工具按钮都对应一项功能，用户通过它们可以方便地完成操作或设计，不必编程或很少编程就能实现美观实用的应用程序界面。

2）兼容性好，VFP 6.0 能与早期的 FoxPro 生成的应用程序兼容。

3）应用程序开发更简便，VFP 6.0 中添加了新的"应用程序向导"，并添加了一些功能丰富开发环境，以便更容易地向应用程序中添加有效的功能。新的"应用程序生成器"允许添加数据库，然后创建、添加或修改表、报表和表单，编译后立即运行应用程序。

4）增强了表单设计功能。

5）具有互操作性并支持 Internet。VFP 6.0 既适用于单机环境，也适用于网络环境。通过其提供的网络功能可以方便地编写出客户机/服务器结构的应用程序。

6）充分利用已有数据。

2.2　VFP 6.0 的安装、启动和退出

VFP 的功能强大，但是对系统的要求并不高，个人计算机的软硬件基本配置要求如下。

1.　软件环境

Windows 95（中文版）及以上版本操作系统，或者 Windows NT 4.0（中文版）及以上版本操作系统。

2.　硬件环境

1）处理器：486/66MHz 处理器（或更高档处理器）。

2）内存储器：16MB 及以上内存。

3）硬盘空间：典型安装需要 100MB 硬盘空间，完全安装（包括所有联机文件）需要 240MB 硬盘空间，安装后硬盘至少应有 15MB 的自由空间。

4）输入/输出设备：鼠标、光盘驱动器及使用 VGA 或更高分辨率的显示器。

2.2.1　安装 VFP 6.0

VFP 6.0 既可以用光盘安装，也可以在网络上安装。下面以光盘安装为例进行介绍。

1）将 VFP 6.0 的安装盘插入计算机的光驱。

2）计算机一般会自动识别并直接打开光盘的文件夹，如果不能自动识别，可以通过资源管理器或"我的电脑"窗口打开光盘，找到 setup.exe 文件，双击该文件运行安装向导，如图 2-1 所示。

3）按照安装向导的提示，单击"下一步"按钮进行安装。

4）在"最终用户许可协议"对话框点选"接受协议"单选按钮之后，单击"下一步"按钮。

5）在"产品号和用户 ID"对话框输入正确的产品 ID 号和用户信息，单击"下一步"按钮。

6）为 VFP 6.0 应用程序选择具体的安装位置。

7）开始安装，安装完成后系统自动提示"安装结束"。

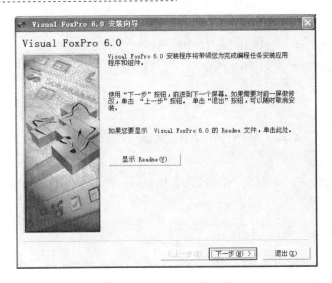

图 2-1　VFP 6.0 安装向导

2.2.2　启动 VFP 6.0

启动 VFP 6.0 的方法与运行任何其他应用程序相同。启动 VFP 6.0 通常有以下四种方法。

（1）使用"开始"菜单

选择"开始"→"所有程序"→"Microsoft Visual FoxPro 6.0"→"Microsoft Visual FoxPro 6.0"选项，就可以启动 Microsoft Visual FoxPro 6.0 系统。

（2）快捷方式

可以将 VFP 6.0 的启动程序图标复制到桌面或任务栏的快速启动栏，便可以使用快捷方式启动。

（3）打开 VFP 6.0 文件

双击 VFP 6.0 的特有文件，如数据库文件（扩展名为.dbc）、菜单文件（扩展名为.mnx）等，便会自动启动 VFP 6.0。

（4）使用"运行"对话框

选择"开始"→"运行"选项，在弹出的"运行"对话框中输入可执行文件的路径，然后单击"确定"按钮，即可启动 VFP 6.0。

第一次启动中文版 VFP 6.0 时，会进入一个欢迎界面，如图 2-2 所示。通过欢迎界面中的选项，可以打开或创建一个项目文件。如果下次启动 VFP 6.0，不希望再进入欢迎界面，只需勾选欢迎界面左下角的"以后不再显示此屏"复选框，再单击"关闭此屏"按钮，以后再启动时便会直接进入 VFP 6.0 主界面。

图 2-2　启动 VFP 6.0 时的欢迎界面

2.2.3　退出 VFP 6.0

退出 VFP 6.0 可以采用多种方式，常用的有如下几种。

1）在 VFP 6.0 主窗口，选择"文件"→"退出"选项，即可退出系统。

2）单击 VFP 6.0 主窗口标题栏最右边的"关闭"按钮，即可退出系统。

3）在"命令"窗口中输入"QUIT"命令，并按 Enter 键，即可退出系统。

4）单击 VFP 6.0 主窗口左上方的狐狸图标，在下拉菜单中选择"关闭"选项，或者按 Alt＋F4 组合键，即可退出系统。

无论何时退出 VFP 6.0，系统都将自动保存对数据的更改。但是如果上一次保存后，更改了数据库结构的设计，VFP 6.0 将在退出前询问是否保存这些更改。意外退出 VFP 6.0 很可能会损坏数据库，因此，用户应尽可能按照上述方法正常退出 VFP 6.0。

2.3　VFP 6.0 的主界面

VFP 6.0 的用户界面由主窗口与命令窗口两大部分组成，分别完成显示命令执行结果与输入命令的功能，启动 VFP 6.0 后，会进入如图 2-3 所示的主界面，由标题栏、菜单栏、工具栏、工作区、"命令"窗口和状态栏组成。

VFP 6.0 有三种运行方式，其中利用菜单系统实现人机对话、在"命令"窗口直接输入命令进行交互式操作方式，可以得到同一结果。第三种运行方式是利用各种生成器自动产生程序，或者编写 FoxPro 程序（命令文件），然后执行。前两种方法属于交互式工作方式，执行命令文件为自动化工作方式。菜单工作方式为用户提供了更加便利的操作手段，因此初学者通常首先从菜单工作方式入手。

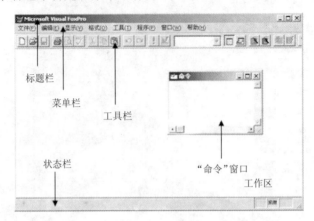

图 2-3　VFP 6.0 的主界面

1. 菜单操作

菜单操作是指利用系统的菜单、工具按钮、对话框等进行交互操作。其突出的优点是操作简单、直观，不需记忆命令的格式与功能，易学易用，是初学者常用的一种工作方式。其不足之处是操作步骤较为烦琐。VFP 6.0 主窗口的菜单栏中有八个菜单：文件、编辑、显示、项目、工具、程序、窗口、帮助。

2. 命令方式

命令方式是指在"命令"窗口中输入所需的命令，按 Enter 键后便可立即执行该命令，在屏幕上显示执行的结果。VFP 6.0 提供命令的主要目的是，一方面对数据库的操作使用命令比使用菜单或工具栏要快捷而灵活，另一方面熟悉命令操作是程序开发的基础。因此，命令方式为用户提供了一个直接操作的手段，优点是能够直接使用系统提供的各种命令和函数，有效地操纵数据库，但要求使用者能熟练掌握各种命令和函数的格式、功能和使用方法等细节。

3. 程序执行方式

程序执行方式是指将命令编写成一个程序，通过运行这个程序达到操作数据库的目的，解决实际应用问题。程序执行方式的突出特点是效率高，而且编制好的程序可以反复执行，对于一些复杂的数据处理与管理问题通常采用程序执行方式运行。但程序编制一般需要经过专业训练，具有一定设计能力的专业人员方能胜任，普通用户很难编写大型的、综合性较强的应用程序。

除上述方法外，VFP 6.0 提供真正的面向对象设计工具，使用它的各种向导、设计器和生成器可以更简便、快捷、灵活地进行应用程序开发。

2.4　VFP 6.0 系统的配置

VFP 6.0 系统的环境设置决定了系统的外观、操作运行环境和工作方式，设置是否合理、适当直接影响系统的操作运行效率和操作的方便性。

1. VFP 配置

配置 VFP 既可以用交互式方法也可以用编程的方法，甚至可以使 VFP 在启动时调用自建的配置文件。

对 VFP 配置所做的更改既可以是临时的（只在当前工作期有效）也可以是永久的（它们变为下次启动 VFP 时的默认设置值）。如果是临时设置，那么它们保存在内存中并在退出 VFP 时释放。如果是永久设置，那么它们将保存在 Windows 注册表中。

当启动 VFP 时，它读取注册表中的配置信息并根据它们进行配置。读取注册表之后，VFP 还会查找一个配置文件。配置文件是一个文本文件，用户可以在其中存储配置设置值来覆盖保存在注册表中的默认值。VFP 启动以后，还可以使用"选项"对话框或用 SET 命令进行附加的配置设定。

2. 使用"选项"对话框设置系统环境

VFP 6.0 的系统环境可以通过"选项"对话框来显示和修改"系统环境"。选择"工具"→"选项"选项，即可弹出"选项"对话框，如图 2-4 所示。

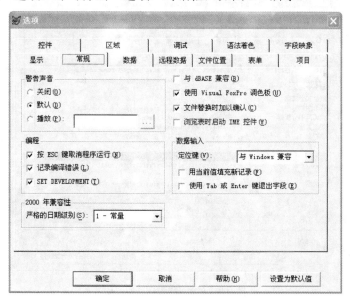

图 2-4　"选项"对话框

"选项"对话框中包含了一系列代表不同类别系统环境选项的选项卡，共有 12 个，具体功能如表 2-1 所示。

表 2-1　选项对话框各选项卡功能表

选项卡	设置功能
显示	界面选项，设置如是否显示状态栏、时钟、命令结果或系统信息等
常规	数据输入与编程选项，设置如设置警告声音，是否记录编译错误，是否自动填充新记录，定位键的选择，调色板的颜色以及改写文件之前是否警告等
数据	表选项，设置如是否使用 Rushmore 优化，是否使用索引强制唯一性，备注块大小，查找的记录计数器间隔以及锁定选项等
远程数据	远程数据访问选项，设置如连接超时限定值、一次拾取记录数目以及如何使用 SQL 更新
文件位置	VFP 默认目录位置，帮助文件存储在何处以及辅助文件存储在哪里
表单	表单设计器选项，设置如网格面积、所用刻度单位、最大设计区域以及模板种类等
项目	项目管理器选项，设置如是否提示使用向导，双击时运行或修改文件以及源代码管理选项
控件	在"表单控件"工具栏中的"查看类"按钮所提供的有关可视类库和 ActiveX 控件选项
区域	日期、时间、货币及数字格式
调试	调试器显示及跟踪选项，设置如使用什么字体与颜色
语法着色	区分程序元素所用的字体及颜色，设置如注释与关键字
字段映象	从数据环境设计器、数据库设计器或项目管理器中向表单拖动表或字段时创建何种控件

下面通过设置文件位置默认目录的操作来详细介绍如何配置系统环境。

1）在 VFP 6.0 主界面中，选择"工具"→"选项"选项。

2）在弹出的"选项"对话框中切换到"文件位置"选项卡，选择"默认目录"选项，然后单击"修改"按钮，如图 2-5 所示。

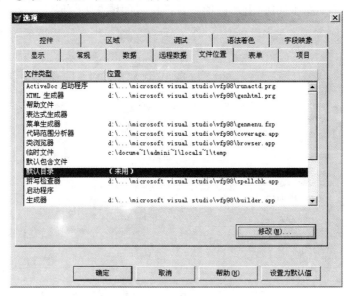

图 2-5　"文件位置"选项卡

3）在弹出的"更改文件位置"对话框中勾选"使用(U)默认目录"复选框，如图 2-6 所示，单击▦按钮，在弹出的"选择目录"对话框中选择所需的当前工作目录，然后单击"选定"按钮后并返回,"定位(L)默认目录"即被修改成功。

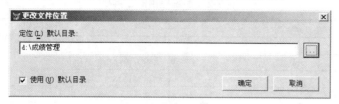

图 2-6　"更改文件位置"对话框

4)单击"更改文件位置"对话框中的"确认"按钮,返回到"选项"对话框,效果如图 2-7 所示。

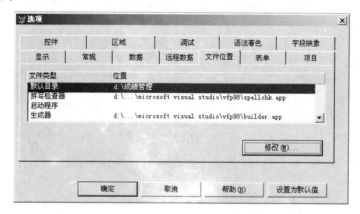

图 2-7　默认目录设置项

5)单击"确定"按钮,完成默认目录设置。

2.5　VFP 6.0 的工具栏

工具栏是 Microsoft 系列软件的特色。对于经常使用的功能,利用工具栏比通过菜单调用方便快捷得多。VFP 6.0 中默认的工具栏设置是"常用"工具栏,显示在菜单下方,如图 2-8 所示。用户可以将其拖动到主窗口的任意位置。

图 2-8　VFP 6.0 "常用"工具栏

所有工具栏按钮都有文本提示功能,当把鼠标指针停留在某个图标按钮上时,系统将以文字形式显示其功能。除"常用"工具栏之外,VFP 6.0 还提供了 10 个其他的工具栏,如表 2-2 所示。

表 2-2　系统提供的工具栏

工具栏名称	工具栏名称
"布局"工具栏	"数据库设计器"工具栏
"窗体控制"工具栏	"报表控件"工具栏
"窗体设计器"工具栏	"报表设计器"工具栏
"查询设计器"工具栏	"调色板"工具栏
"视图设计器"工具栏	"打印预览"工具栏

2.5.1　显示和隐藏工具栏

在 VFP 6.0 中，可以通过多种方式显示和隐藏工具栏。

1. 自动打开

工具栏会随着某一类文件的打开而自动打开，当关闭了该文件之后该工具栏将自动关闭。

2. 菜单方式

选择"显示"→"工具栏"选项，弹出"工具栏"对话框，勾选或取消勾选相应的工具栏复选框，然后单击"确定"按钮，便可显示或隐藏指定的工具栏。

图 2-9　"工具栏"对话框

3. 鼠标方式

右击任何一个工具栏的空白区，弹出工具栏的快捷菜单，从中选择要打开或关闭的工具栏，或者在弹出的快捷菜单中选择"工具栏"选项，弹出"工具栏"对话框。"工具栏"对话框如图 2-9 所示。

2.5.2　定制工具栏

除上述系统提供的工具栏之外，为方便操作，用户还可以创建自己的工具栏，或者修改现有的工具栏，统称为定制工具栏。例如，在开发"学生管理"应用系统时，可以新建一个"学生管理"工具栏将常用的工具集中在一起。用户所创建的工具栏使用方法与工具栏相同。

1. 创建工具栏的具体操作

1）选择"显示"→"工具栏"选项，弹出如图 2-9 所示的"工具栏"对话框。

2）单击"新建"按钮，弹出"新工具栏"对话框，如图 2-10（a）所示。

3）在"新工具栏"对话框中输入要定制的工具栏的名称，如"学生管理"，单击"确定"按钮，弹出"定制工具栏"对话框，在主窗口上同时弹出一个"学生管理"的空工具栏，如图 2-10（b）所示。

4）单击选择"定制工具栏"左侧的"分类"列表框中的任何一类，其右侧即显示该类的所有按钮。

5）根据需要，选择其中的按钮，并将其手动拖动到"学生管理"工具栏即可，所创建的工具栏的效果如图 2-10（c）所示。

6）单击"定制工具栏"对话框上的"关闭"按钮。

（a）"新工具栏"对话框

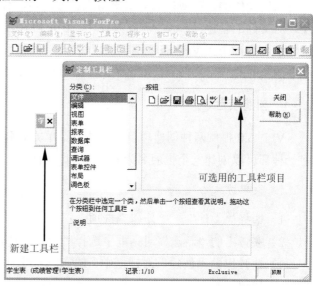

（b）"定制工具栏"对话框

（c）新建工具栏效果

图 2-10　创建工具栏

2．修改现有工具栏

1）选择"显示"→"工具栏"选项，弹出"工具栏"对话框。

2）在"工具栏"对话框中单击"定制"按钮，弹出"定制工具栏"对话框。

3）向要修改的工具栏中拖放新的图标按钮可以增加新工具。

4）从工具栏中用鼠标将按钮拖动到工具栏之外可以删除该工具。

5）修改完毕，单击"定制工具栏"对话框上的"关闭"按钮即可。

3．重置和删除工具栏

重置工具栏：在"工具栏"对话框中，当选中系统定义的工具栏时，对话框的右侧出现"重置"按钮，单击该按钮则可将用户定制过的工具栏恢复到系统默认状态。

删除工具栏：当选中用户创建的工具栏时，对话框的右侧出现"删除"按钮，单击该按钮并确认，便可删除用户创建的工具栏。

2.6　项目管理器

项目管理器是 VFP 6.0 中一个非常重要的文件组织和管理的工具。开发者利用它不仅可以用简便的、可视化的方法来组织和处理表、数据库、表单、查询和其他文件上，实现对文件的创建、修改、删除等操作；还可以在项目管理器中将一个项目有关的所有文件集合成一个在 VFP 6.0 环境下运行的应用程序系统，或者编译（连编）生成一个扩展名为.app 的应用文件或扩展名为.exe 的可执行文件。

2.6.1　创建项目

VFP 6.0 提供两种创建项目的方法：菜单方式和"命令"窗口方式。这两种方式任何一种都可以创建一个扩展名为.pjx 的项目文件。

1．菜单方式

1）选择"文件"→"新建"选项。

2）在弹出的"新建"对话框中选择"项目"选项，并单击"新建文件"按钮。

3）在弹出的"创建"对话框中，输入项目文件名称，并选择存放文件目录，单击"保存"按钮。

最终生成的项目管理器如图 2-11 所示。

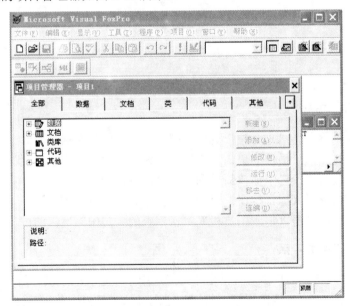

图 2-11　项目管理器

2. "命令" 窗口方式

在"命令"窗口中输入如下命令。

CREATE PROJECT <项目文件名>

如图 2-12 所示，按 Enter 键执行，打开项目管理
器，并创建名称为<项目文件名>的项目。

图 2-12　创建项目的"命令"窗口

2.6.2　打开和关闭项目管理器

在 VFP 6.0 中可以随时打开一个已有的项目，也可以关闭一个打开的项目。

1）选择"文件"→"打开"选项或单击"常用"工具栏上的"打开"按钮，弹出
"打开"对话框。

2）在"打开"对话框的文件类型下拉列表中选择"项目"选项。

3）选中要打开的项目，然后单击"确定"按钮。

关闭项目只需单击项目管理器窗口右上角的"关闭"按钮即可。未包含任何文件的
项目称为空项目。当关闭一个空项目文件时，系统会弹出如图 2-13 所示的提示对话框。
若单击提示框中的"删除"按钮，系统将从磁盘上删除该文件；若单击"保持"按钮，
系统将保存该文件。

图 2-13　项目管理器提示对话框

2.6.3　项目管理器的组成与功能

项目管理器主要由文件选项卡、分层结构图、命令按钮三大部分组成。

1. 选项卡

项目管理器窗口包括六个选项卡，其中"数据"、"文档"、"类"、"代码"和"其他"
五个选项卡用于分类显示各种文件，"全部"选项卡用于集中显示文件选项卡中的所
有文件。

2. 分层结构视图

在项目管理器中，采用"目录树"结构对资源信息进行集中管理和控制。通过单击
树形结构中的"+"、"-"可以展开或折叠内容。

3. 命令按钮

项目管理器窗口的右侧有六个按钮：新建、添加、修改、浏览、移去和连编。

1）"新建"按钮：在项目管理器中选中了文件类型后，单击"新建"按钮可打开相应的设计器以创建一个新文件。需要指出的是，在项目管理器中新建的文件将自动包含在该项目文件中，而通过选择"文件"→"新建"选项创建的文件不属于任何项目文件。

2）"添加"按钮：可以把一个已经存在的文件添加到项目文件中。

3）"修改"按钮：利用项目管理器可以随时修改项目文件中的指定文件。

4）"浏览"按钮：在"浏览"窗口中打开一个表，以便浏览表中的内容。

5）"移去"按钮：从项目中移去选定的文件或对象。需要注意的是，这里的"移去"仅仅是去掉与项目的关联，而不是将该文件删除，如果单击"删除"按钮，则不但从项目中移去，还将该文件从磁盘中删除，文件将不复存在。

6）"连编"按钮：可以利用项目管理器进行整个系统的编译、连编，生成一个在 Windows 操作系统中可以直接运行的扩展名为.exe 或.app 的文件。

2.6.4　定制项目管理器

用户可以根据自己的喜好对项目管理器进行个性化的定制。例如，可以调整项目管理窗口的大小，移动项目管理器窗口的显示位置；也可以折叠或拆分项目管理窗口以及使项目管理器中的选项卡永远浮在其他窗口之上。

1. 移动、缩放和折叠

项目管理器窗口和其他 Windows 操作系统的窗口一样，可以随时改变窗口的大小以及移动窗口的显示位置。利用鼠标拖动标题栏移动窗口位置；拖动窗口的四边及四角改变窗口的大小。

2. 折叠

单击"其他"选项卡右边的向上箭头按钮▣，就可以实现项目管理器的折叠。折叠以后的项目管理器是暂时不可使用的，目的是节省屏幕空间。折叠后箭头的方向变为向下，单击该按钮可恢复到原样。

3. 拆分

折叠项目管理器窗口以后，可以再将项目管理器进行拆分，使之形成独立的浮动窗口。具体的做法是用鼠标向下拖动其中的一个选项卡到主窗口的任意位置。

4. 停放

将项目管理器拖动到 VFP 6.0 主窗口的就可以使它像工具栏一样显示在主窗口的顶部，成为窗口工具栏区域的一部分。

2.7　VFP 6.0 的辅助设计工具

向导、设计器、生成器是 VFP 6.0 提供给用户的三种交互式辅助设计工具，来帮助用户直观、快速地完成各种文件的创建，自动生成相应的程序代码。

1. 设计器

VFP 6.0 的设计器是创建和修改应用系统各种组件的可视化工具，能够使用户轻松地创建表、表单、数据库、查询、视图和报表等，是初学者方便的工具。表 2-3 所示为 VFP 6.0 提供的各种设计器及其主要功能。

表 2-3　设计器及其主要功能

设计器名称	主要功能
表设计器	创建和修改数据表和自由表的结构，建立删除索引等
数据库设计器	建立数据库，管理数据库中的表和视图，对表之间的联系进行管理
报表设计器	创建并修改报表以便显示和打印数据
查询设计器	创建并修改在本地表中进行的查询
视图设计器	创建可更新的查询并可在远程数据源上运行查询
表单设计器	创建并修改表单和表单集
菜单设计器	创建和管理菜单，预览并执行它
数据环境设计器	创建和修改表单或报表使用的数据源，包括表、视图及关系
连接设计器	为远程视图创建并修改命名连接

2. 向导

向导是一种交互式的实用程序，集简捷的操作和完善的功能于一体，通过向导不用编程就可以创建良好的应用程序界面，并完成对数据库的操作。表 2-4 所示为 VFP 6.0 提供的主要向导名称及其主要功能。

表 2-4　主要向导及主要功能

向导名称	主要功能	向导名称	主要功能
应用程序向导	创建一个 VFP 应用程序	一对多报表向导	创建一对多表单
数据库向导	生成一个数据库	数据透视表向导	创建数据透视表
表单向导	创建一个表单	查询向导	创建查询
图形向导	合建一个图形	远程视图向导	创建远程视图
导入向导	导入或追加数据	报表向导	创建报表
标签向导	创建邮件标签	安装向导	基于发布树中创建安装磁盘
本地视图向导	创建视图	表向导	创建表
一对多表单向导	创建一对多表单	Web 发布向导	在 HTML 文档中显示表或视图中的数据

3. 生成器

生成器是带有选项卡的对话框，用于简化对表单、复杂控件和参照完整性代码的创建和修改过程。表 2-5 所示为 VFP 6.0 提供的生成器及其主要功能。

表 2-5　生成器及其主要功能

生成器名称	主要功能
表单生成器	建立包含控件表单
命令生成器	设置命令组控件的属性

续表

生成器名称	主要功能
表格生成器	设置表格控件的属性
表达式生成器	建立和编辑表达式
组合框生成器	设置组合框控件的属性
选项组生成器	设置选项按钮组控件的属性
文本框生成器	设置文本框控件的属性
编辑框生成器	设置编辑框控件的属性
列表框生成器	设置列表框控件的属性
参照完整性生成器	设置触发器来控制相关表中记录的插入、更新和删除，以确保参照完整性
自动格式化生成器	将一组样式应用于选定的同类型控件

习 题 2

一、选择题

1. 项目管理器主要管理数据库应用系统中的（　　）。
   A．文件　　　　　B．程序　　　　　C．数据库　　　　　D．记录
2. 在 VFP 中设置用户默认文件目录，需在选项对话框中选择（　　）选项卡。
   A．表单　　　　　B．数据　　　　　C．控件　　　　　D．文件位置
3. 在 VFP 中修改数据库、表单、菜单的可视化工具称为（　　）。
   A．项目管理器　　B．生成器　　　　C．设计器　　　　　D．向导

二、填空题

1. 在 VFP 中创建的项目文件的扩展名为＿＿＿＿＿。
2. VFP 系统为用户提供了＿＿＿＿＿、＿＿＿＿＿和＿＿＿＿＿三种工作方式。
3. 退出 VFP 系统的命令是＿＿＿＿＿。

第 3 章 VFP 语言基础

　　数据处理是对数据进行分析和加工的技术过程。在 VFP 中进行数据处理时，一方面是表中的数据，同时还会有常量、变量等形式的数据元素。通过引入函数、表达式等可以实现简单的数据处理，而复杂的数据处理则可通过编写程序来实现。本章主要介绍 VFP 中各种数据元素、数据类型及常用的数据运算、常量、变量、表达式、常用函数等知识。

3.1 数 据 类 型

　　数据是反映现实世界中客观事物属性的记录，包括两个方面：数据内容与数据类型。数据内容就是数据的值，数据类型就是以数据的表现方式和存储方式来划分的数据种类。在 VFP 中，为了建立和操作数据，提供了多种不同的数据类型。下面对常用的数据类型进行介绍。

1. 字符型

　　字符型（character）数据是不具计算能力的文字数据类型，是常用的数据类型之一，用字母 C 表示。字符型数据包括中文字符、英文字符、数字字符和其他 ASCII 字符，其长度范围是 0～254 个字符。

2. 数值型

　　数值型（numeric）数据是表示数量并可以进行数值运算的数据类型，是常用的数据类型之一，用字母 N 表示。数值型数据由正负号（＋或－）、数字（0～9）、小数点（.）组成，其长度（数据位数）最大为 20 位，通常用于表示实数。

3. 整型

　　整型（integer）数据是不包含小数部分的数值型数据，用字母 I 表示。整型数据只用来表示整数，以二进制形式存储，占用四字节。其取值范围为－21474836～＋21474836。

4. 浮点型

　　浮点型（float）数据是数值型数据的一种，用字母 F 表示。它与数值型数据完全等价，只是在存储形式上采用浮点格式，主要是为了达到较高的计算精度。

5. 双精度型

　　双精度型（double）数据是提供更高精度的一种数值型数据，用字母 B 表示。双精度型数据采用固定长度的浮点格式存储，共占用八字节。

6. 日期型

日期型（date）数据是表示日期的一种数据，是常用的数据类型之一，用字母 D 表示。日期型数据的默认格式是{mm/dd/yyyy}，其长度固定为八字节，其中 mm 表示两位月份，dd 表示两位日期，yyyy 表示四位年份。

7. 日期时间型

日期时间型（datetime）数据是表示日期和时间的数据，用字母 T 表示。日期时间型数据的默认格式是{mm/dd/yyyy hh:mm:ss}，在原有日期型数据的基础之上加入了时间数据；其中 mm、dd、yyyy 的含义与日期型数据相同，时间部分的 hh 表示小时，mm 表示分钟，ss 表示秒。如日期时间型数据{03/20/2012 12:08:20}表示 2012 年 03 月 20 日 12 时 08 分 20 秒。

8. 逻辑型

逻辑型（logic）数据是描述客观事物真假的数据类型，表示逻辑判断的结果，用字母 L 表示。逻辑型数据有真（.T.或.Y.）和假（.F.或.N.）两个值，其长度固定为一字节。

9. 货币型

货币型（currency）数据是用于存储货币值的数据类型，用字母 Y 表示。其默认保留四位小数（多出数位自动四舍五入），占八字节的存储空间。

10. 备注型

备注型（memo）数据是表示、存放较多字符的数据类型。可以把它看成是字符型数据的特殊形式，用字母 M 表示。备注型数据没有数据长度限制，但会受限于磁盘空间容量。它只用于表中字段类型的定义。

11. 通用型

通用型（general）数据是存储 OLE（object linking and embedding，对象链接与嵌入）对象的数据类型，用字母 G 表示。通用型数据中的 OLE 对象可以是电子表格、文档、图形图片等。它只用于表中字段类型的定义。

12. 二进制字符型和二进制备注型

二进制字符型和二进制备注型数据是以二进制格式存储的数据类型，只能用于表中字段数据的定义。所存储的数据不受代码页改变的影响。

3.2　常　　量

常量是一个明确的、不会变化的数据项，可在命令或程序中直接引用。在 VFP 中，常见的常量数据类型有以下几种：数值型常量、字符型常量、逻辑型常量、货币型常量、日期型常量、日期时间型常量。

1. 数值型常量

数值型常量就是通常所说的常数，用来表示一个数量的大小。它由数字、小数点和正负号组成，表示整数或实数值。

例如，56，3.1415，−100，−7.65。

对于很大或很小的数值型常量，也可以用科学计数法来表示。科学计数法是指把一个数表示成 a×10 的 n 次幂的形式（1≤a<10，n 为整数），此格式以 E＋n（或 E−n）替换部分数字，其中 E（代表指数）表示将前面的数字乘以 10 的 n 次幂。

例如，一个数值型常量 32100000，其科学计数法表示为 3.21E＋7，即幂表示为 3.21×10^7。又如 6.78E−6 表示为 6.78×10^{-6}。

2. 字符型常量

字符型常量又称为字符串，在 VFP 中要求用一对半角的双引号（""）或一对半角单引号（'）或一对半角方括号（[ ]）作为定界符把字符串括起来。定界符必须成对出现，前后必须一致，如果一种定界符已经作为字符串中的字符，则不能再作为当前字符串的定界符。定界符只是作为字符串的起始和终止界限，不作为字符串的内容。

正确的字符串常量示例："123"、'abc'、[Visual FoxPro 数据库]。

错误的字符串常量示例："123abc'、"中华人民共和国"、xyz。

还有一些特殊的字符串常量，例如，

1）空串（""）：除了定界符，未包含任何字符的字符串。

2）空格串（" "）：整个字符串中只包含了一个空格字符。

3. 逻辑型常量

逻辑型常量只有逻辑真（true）和逻辑假（false）两种值。在 VFP 中，为了与变量区别，逻辑型常量值前后需要同时加上点号（.）作为其定界符。

逻辑真的常量表示形式有.T.、.Y.、.t.、.y.。

逻辑假的常量表示形式有.F.、.N.、.f.、.n.。

4. 货币型常量

货币型常量与数值型常量格式类似，但是在数字前须加上货币符号（$）。货币型常量在存储及处理过程中默认保留四位小数，如果一个货币型常量小数位数多于四位，则系统会自动将多余的小数位数进行四舍五入。货币型常量不能采用科学计数法表示。例如，输入货币型常量$235.452632 会自动转换为$235.4526。

5. 日期型常量

日期型常量是用一对花括号"{}"作为定界符。其默认格式是{mm/dd/yyyy}，包含年、月、日三部分内容，用分隔符进行分隔。斜杠（/）是默认的分隔符，其他分隔符还有连字号（-）、句号（.）和空格等。日期型常量有以下两种格式。

（1）传统日期格式的日期型常量

传统的日期格式为{mm/dd/yy}。其中，mm、dd 分别用两位表示月、日；受系统环境设置的影响，年份可以是两位或四位，年、月、日的次序也是可变的。因此同一个日期可以有多种表示方式，如 2012 年 8 月 16 日可以表示为{08/16/12}、{2012-08-16}、{08 16 2012}等。

（2）严格日期格式的日期型常量

严格的日期格式为{^yyyy-mm-dd}。其中，第一个字符必须为^，yyyy 表示的年份必须为四位，mm、dd 分别用两位表示月、日，且不受系统环境设置的影响，年、月、日的次序不能调整。如{^2012-08-16}，表示 2012 年 8 月 16 日。

（3）影响日期格式的设置命令

1）设置日期分隔符。

格式：SET MARK TO [日期分隔符]

功能：用于设置日期型常量年、月、日之间的分隔符，如 "/"、"-"、" " 等。如果该命令没有指定任何分隔符，则表示恢复系统默认的斜杠（/）分隔符。

2）设置日期格式。

格式：SET DATE [TO] AMERICAN|ANSI|BRITISH|FRENCH|GERMAN|ITLIAN| JAPAN|USA|MDY| DMY|YMD

功能：用于调整、设置日期型和日期时间型数据的显示输出格式。系统默认为 AMERICAN（美国）格式。

说明：命令格式中 "[TO]" 表示可选内容，可以省略；AMERICAN| ANSI|…表示在多个可选项中选其一，不能省略。各种日期格式设置所对应的日期显示输出格式，如表 3-1 所示。

表 3-1　设置日期格式命令参数所对应的日期格式

参数值	日期格式	参数值	日期格式
AMERICAN	mm/dd/yy	USA	mm-dd-yy
ANSI	yy.mm.dd	JAPAN	yy/mm/dd
BRITISH/FRENCH	dd/mm/yy	MDY	mm/dd/yy
GERMAN	dd.mm.yy	DMY	dd/mm/yy
ITALIAN	dd-mm-yy	YMD	yy/mm/dd

3）设置年份位数。

格式：SET CENTURY ON | OFF | TO [世纪值]

功能：用于设置日期型常量时年份显示的位数。

说明：ON 表示日期值输出时显示四位年份值；OFF 是系统默认值。日期值输出时显示两位年份值；TO[世纪值]表示指定一个两位年份的日期数据所对应的世纪值。[世纪值]是一个 1~99 的整数，代表世纪数。

4）设置日期格式检查。

格式：SET STRICTDATE TO [0 | 1 | 2]

功能：用于设置是否对日期型常量进行格式检查。

说明：

0——设置不进行严格的日期格式检测，传统日期格式只有在此情况下可用；

1——设置所有日期型数据均按严格日期格式进行日期格式检测，它是系统默认的设置；

2——除了具有与 1 相同的日期格式检测外，还会用 CTOD()函数和 CTOT()函数中进行格式检测。

6. 日期时间型常量

日期时间型常量包括日期和时间两部分内容：{日期,时间}，用一对花括号{}作为定界符，两者之间用逗号（,）分隔。"日期"部分的格式与日期型常量相同。"时间"部分的格式为：hh:mm:ss[A | P]，分别代表小时、分钟、秒，其默认值分别为 12:00:00AM，AM 或 PM 代表上午和下午，默认值为 AM；如果指定的小时值大于等于 12，则系统自动认定为下午。

【例 3-1】　设置不同的日期格式。

在"命令"窗口中输入下列命令，并分别按 Enter 键执行。

```
SET MARK TO            &&恢复系统默认的斜杠（/）作为分隔符
SET DATE TO YMD        &&设置日期格式为"年月日"格式
SET CENTURY ON         &&设置日期显示 4 位年份
?{^2012-08-16}
主窗口显示：
2012/08/16
```

继续输入下列命令，并分别按 Enter 键执行。

```
SET MARK TO "-"        &&设置日期分隔符为"-"
SET DATE TO MDY        &&设置日期格式为"月日年"格式
SET CENTURY OFF        &&设置日期显示 2 位年份
?{^2012-08-16}
主窗口显示：
08-16-12
```

继续输入下列命令，并分别按 Enter 键执行。

```
SET MARK TO            &&恢复系统默认的斜杠（/）作为分隔符
SET DATE TO YMD        &&设置日期格式为"年月日"格式
SET CENTURY ON         &&设置日期显示四位年份
?{^2012-08-16,08:45:25 a}
主窗口显示：
2012/08/16 08:45:25 AM
```

3.3　变　　量

变量是在操作过程中可以改变其取值或数据类型的数据项。在 VFP 中，变量分为字段变量、简单内存变量、数组变量和系统变量。确定一个变量，需要确定其三个要素：变量名、数据类型和变量值。

3.3.1　变量的命名规则

在 VFP 中，对表示、存储数据的常量、变量、数组、字段、记录、对象、表、数据库等均需通过命名以相互区别，为规范各类操作对象的命名，VFP 对命名有以下规则。

1）由字母、数字、汉字和下划线组成，字母不区分大小写。

2）首字符只能以字母、汉字和下划线开头，即不能以数字开头。

3）不能使用 VFP 系统的保留字。

4）除了自由表中字段名、索引的 TAG 标识名最多只能十个字符外，其他的命名长度可使用 1～128 个字符。

正确的命名示例：abc、f6、_c。

错误的命名示例：1abc、def&、sum。

3.3.2　字段变量

字段变量就是表中的字段名。其数据类型可以为 VFP 中的任意数据类型；其变量名即定义表结构的字段名；其值由若干记录构成，每个记录包含若干数量相同的字段，而同一字段在不同记录中对应不同的值，其值是可变的。

3.3.3　简单内存变量

简单内存变量是用户在内存中定义的，用来存放程序运行的中间结果和最终结果，是进行数据的传递和运算的变量。它是一种临时变量，是在程序执行过程中用于存放临时数据的内存工作单元。内存变量的数据类型包括数值型、字符型、逻辑型、货币型、日期型和日期时间型等。在 VFP 中，简单内存变量不用事先定义，第一次使用时由系统自动创建，其类型根据当前所存储的数据类型来动态决定。例如，

a=123，其中 123 为数值型的变量值，则 a 为数值型变量；

b="ABC"，其中"ABC"为字符型的变量值，则 b 为字符型变量；

c={^2012-08-16}，其中{^2012-08-16}为日期型的变量值，则 c 为日期型变量；

d=.T.，其中.T.为逻辑型的变量值，则 d 为逻辑型变量。

3.3.4　内存变量常用命令

1.　内存变量的赋值

内存变量的建立即内存变量的赋值，它既可以定义一个新的内存变量，也可以改变

已有内存变量的值或数据类型。

格式 1：<内存变量>=<表达式>

格式 2：STORE <表达式> TO <内存变量表>

功能：赋值语句，将表达式的值赋给指定的内存变量。

说明：格式 1（赋值运算符"="）一次只能给一个变量赋值；

格式 2（赋值命令"STORE"）可以同时给若干个变量赋相同的值，各内存变量之间用半角逗号分开。

例如，

x="HELLO"　　　　&&创建变量 x，变量值为"HELLO"，变量类型为字符型。

y={^2008-08-08}　&&创建变量 y，变量值为{^2008-08-08}，变量类型为日期型。

m=23　　　　　　&&创建变量 m，变量值为 23，变量类型为数值型。

n=23　　　　　　&&创建变量 n，变量值为 23，变量类型为数值型。

STORE 23 TO m,n &&创建变量 m、n，变量值都为 23，则用命令 STORE 进行赋值。

2. 表达式值的显示

格式 1：? <表达式表> [AT <列号>]

格式 2：?? <表达式表> [AT <列号>]

功能：计算表达式表中各表达式的值，并在屏幕上指定位置显示输出表达式的值。

说明：格式 1（"?"）先换行，再计算并输出表达式的值；

格式 2（"??"）在屏幕上当前位置，计算并直接输出表达式的值。"表达式表"可以是多个用逗号两两分隔的表达式，各表达式的值输出时，以空格分隔。"AT <列号>"子句指定表达式值从指定列开始显示输出。

【例 3-2】　变量赋值并显示。

在"命令"窗口中输入下列命令，并分别按 Enter 键执行。

```
x=20
STORE "ABC" TO y
STORE "FG" TO m,n
?m,x,y,n
```

输出结果：

```
FG 20 ABC FG
```

继续输入：

```
?x
??y,n
```

输出结果：

```
20ABC FG
```

3．内存变量的显示

格式 1：DISPLAY MEMORY [LIKE<通配符>] [TO PRINT | TO FILE <file>]

格式 2：LIST MEMORY [LIKE<通配符>] [TO PRINT | TO FILE <file>]

功能：使用 DISPLAY MEMORY 或 LIST MEMORY 命令在屏幕上显示出当前所有内存变量的信息，包括变量名、作用域、类型和取值。

说明：

1）LIKE 选项用于显示与通配符相匹配的内存变量；在 Visual FoxPro 命令中的通配符有 "?" 和 "*"，分别代表一个字符和任意多个字符。

2）可选项 TO PRINT 可将内存变量的有关信息输出到打印机上进行打印，TO FILE 可将内存变量的有关信息存入到指定的文件中（<File>，文件扩展名为.txt）。

3）格式 1（DISPLAY MEMORY）命令是分屏显示相关信息，如果一屏显示不完，则每显示一屏后自动暂停，按任意键后再继续显示下一屏。

4）格式 2（LIST MEMORY）命令是连续显示所有相关信息，如果一屏显示不完，则自动连续显示，停留在最后一屏上。

4．内存变量的清除

格式 1：CLEAR MEMORY

格式 2：RELEASE <内存变量名表>

格式 3：RELEASE ALL

格式 4：RELEASE ALL [LIKE<通配符> | EXCEPT<通配符>]

功能：清除内存变量并释放相应的内存空间。

说明：

1）格式 1 为清除当前内存中所有的内存变量。

2）格式 2 为清除指定名称的内存变量，<内存变量名表>中所列出的内存变量和数组，多个变量名之间用 "，" 分隔。

3）格式 3 为清除当前内存中所有的内存变量，并关闭所有打开的文件、数据库、表等对象。

4）格式 4 从内存中释放与给定通配符相匹配（LIKE<通配符>）的所有内存变量和数组，或是从内存中释放与给定通配符不相匹配的内存变量和数组（EXCEPT<通配符>）的所有内存变量和数组。

【例 3-3】　内存变量命令综合应用。

在 "命令" 窗口中输入下列命令，并分别按 Enter 键执行。

```
CLEAR MEMORY      &&清除所有内存变量
STORE 'ABC' TO M1,M2
STORE 23 TO M3,M4
DISPLAY MEMORY LIKE M*
```

输出结果：

```
M1   Pub      C    "ABC"
```

```
M2    Pub      C    "ABC"
M3    Pub      N    23     (              23.00000000)
M4    Pub      N    23     (              23.00000000)
```

继续输入：

```
RELEASE M1,M3
DISPLAY MEMORY LIKE M*
```

输出结果：

```
M2    Pub      C    "ABC"
M4    Pub      N    23     (              23.00000000)
```

3.3.5　数组变量

数组是一种特殊的内存变量，是用一组有序的、由相同名称存储的一系列内存变量的集合。集合的名称为数组名称，集合序列从 1 开始标号，集合中每个变量称为数组元素。为了区分集合中不同的数组元素，每个数组元素通过数组名称和其序号（下标）来表示的。在 VFP 中，数组必须通过 DIMENSION、DECLARE 命令先定义，再使用。

格式：DIMENSION <数组名> (<下标上限 1> [,<下标上限 2>]) [,…])

　　　DECLARE <数组名> (<下标上限 1> [,<下标上限 2>]) [,…])

功能：定义一个或多个数组。DIMENSION 和 DECLARE 功能完全相同。根据"下标上限"定义的个数不同，分为一维数组和二维数组，如无"下标上限 2"时定义的是一维数组。二维数组是一个包括行和列的矩阵，第一个下标表示行号，第二个下标表示列号。

说明：

1）数组定义后，各数组元素的初始值都为逻辑值.F.。同一数组中，根据赋值的不同，各数组元素的数据类型也可以不同。

2）下标上限是数据元素的个数（序号上限），下标下界（起始序号）值固定为 1。下标必须是非负数值，可以是常量、变量、函数或表达式。

3）可以用一维数组的形式访问二维数组。

例如，

DIMENSION a(3)　&&此为一维数组 a，共包含三个数组元素——a(1)、a(2)、a(3)；

DIMENSION f(2,3) &&此为二维数组 f，其元素如下。

1）共包含六个数组元素：f(1,1)、f(1,2)、f(1,3)、f(2,1)、f(2,2)、f(2,3)。

2）用一维数组形式依次表示为 f(1)、f(2)、f(3)、f(4)、f(5)、f(6)。其中 f(4)与 f(2,1)是同一个变量。

【例 3-4】　数组赋值并显示。

在"命令"窗口中输入下列命令，并分别按 Enter 键执行。

```
DIMENSION x(3),y(2,2)
```

```
x(1)=6
x(3)='ABC'
y(1,1)=$13
y(1,2)={^2008-08-16}
y(3)=9
?x,x(1),x(2),x(3),y(1),y(2),y(2,1),y(2,2),y
```

输出结果：

```
6  6  .F.  ABC  13.0000  08/16/08    9   .F.  13.0000
```

3.3.6　系统变量

系统变量是 VFP 系统特有的内存变量，由 VFP 系统定义、维护。系统变量的变量名均以下划线 "_" 开始，如_WINDOWS、_CLIPTEXT 等。因此在定义内存变量和数组变量名时，不要以下划线开始，以免与系统变量名冲突。系统变量设置、保存了很多系统的状态、特性，了解、熟悉并充分地运用系统变量，会给数据库系统的操作和管理以及开发设计应用程序带来很多方便。

VFP 中包含很多系统变量，下面以_SCREEN 变量为例，进行相关的介绍。

VFP 中充分利用_SCREEN 变量，可以用它指定 VFP 主窗口的属性和方法，能对主窗口进行各种操作。

1）利用_SCREEN 隐藏 VFP 的主窗口。

在程序中加上如下代码。

```
_SCREEN.VISIBLE=.F.
```

2）更改 VFP 主窗口的图标和标题。

默认情况下，VFP 主窗口显示的是狐狸图标和 "Microsoft Visual FoxPro" 标题，可以通过以下代码进行修改。

```
_SCREEN.ICON=图标文件名        &&此为扩展名为.ico 的图标文件
_SCREEN.CAPTION=标题名         &&标准名是一串字符型信息
```

3）利用_SCREEN 得到主窗口内包含的表单数量。

执行如下代码。

```
_SCREEN.FORMCOUNT             &&返回当前 VFP 中表单的数量
```

4）如果不想再看见狐狸图标和主窗口右上角的三个按钮。

执行如下代码。

```
_SCREEN.CONTROLBOX=.F.
```

5）得到主窗口中控件的数目。

执行如下代码。

```
_SCREEN.CONTROLCOUNT
```

6）定义主窗口中显示文字的字体、字号。

执行如下代码。

```
_SCREEN.FONTNAME=字体名        &&字体名称，如隶书，宋体，黑体
_SCREEN.FONTSIZE=字号          &&字体大小，如 20
```

3.4 表 达 式

表达式是指通过各种运算符将常量、变量、函数等连接起来的算式。表达式运算后都有一个具体的结果，即表达式的值。在 VFP 系统中根据不同的运算符及表达式值的类型，表达式可分为算术表达式、字符表达式、日期表达式和关系表达式。

1. 算术表达式

算术表达式又称数值表达式，是用算术运算符将数值型数据连接起来的算式。其运算对象和运算结果均为数值型数据。算术运算符及其含义如表 3-2 所示。

表 3-2　算术运算符及其含义

优先级	运算符	含义说明	示例
1	（）	形成表达式内的子表达式	3*(5-2)
2	**或^	乘方运算	3**2 或 3^2
3	*、/、%	乘、除、求余	2*6/3-10%3
4	+、-	加、减	x+y-z

2. 字符表达式

字符表达式是由字符运算符将字符型数据对象连接起来的算式。其运算对象是字符型数据，运算结果是字符常量或逻辑常量。

1）"+"运算格式为<字符串 1>+<字符串 2>。功能是将两个字符串首尾连接形成一个新的字符串。

2）"-"运算格式为<字符串 1>-<字符串 2>。功能是将字符串 1 尾部的空格移到字符串 2 的尾部，然后再连接形成一个新的字符串。

3）"$"运算格式为<字符串 1> $ <字符串 2>。功能是判断字符串 1 是否被包含在字符串 2 中，其运算结果是逻辑型。如果字符串 1 包含在字符串 2 中，结果为逻辑真（.T.），否则为逻辑假（.F.）。

【例 3-5】　字符串运算示例。

在"命令"窗口中输入下列命令，并分别按 Enter 键执行。

```
x=" A BC "
y="D EF "
z="D E"
?x＋y, x-y,z$y
```

输出结果：

```
A BC D EF    A BCD EF  .T.
```

3. 日期表达式

由日期运算符将一个日期型或日期时间型数据与一个数值型数据连接而成的运算式称为日期表达式。

日期运算符分为"+"和"-"，其作用分别是在日期数据上增加或减少一个天数，在日期时间数据上增加或减少一个秒数。若两个日期型数据相减，结果为两日期的天数差值，两个日期时间型数据相减，结果为二者相差的秒数。其操作格式如表 3-3 所示。

表 3-3 日期型和日期时间型表达式的格式

格式	结果类型	结果说明
<日期>+<天数>或<天数>+<日期>	日期型	若干天后的日期
<日期>-<天数>	日期型	若干天前的日期
<日期>-<日期>	数值型	两个日期相差的天数
<日期时间>+<秒数>或<秒数>+<日期时间>	日期时间型	若干秒后的日期时间
<日期时间>-<秒数>	日期时间型	若干秒前的日期时间
<日期时间>-<日期时间>	数值型	两个时间相差的秒数

【例 3-6】 日期运算示例。

在"命令"窗口中输入下列命令，并分别按 Enter 键执行。

```
x={^2012-08-16}
y={^2012-08-26}
m={^2012-08-20,10:18:25}
?x+2,x-3,y-x,m+15
?m-12
```

输出结果：

```
08/18/12   08/13/12    10      08/20/12 10:18:40 AM
08/20/12 10:18:13 AM
```

4. 关系表达式

由关系运算符连接两个同类数据对象进行关系比较的运算式称为关系表达式。关系表达式的值为逻辑值，如果关系表达式成立则结果为逻辑真（.T.），否则为逻辑假（.F.）。关系运算符及其含义如表 3-4 所示，其运算优先级相同。

表 3-4 关系运算符

运算符	含义	例子
<	小于	5<3，x<2
>	大于	6>3，y>9
=	等于	8=8，x=6
==	字符串精确比较	"ABC"=="ABD"

续表

运算符	含义	例子
<=	小于等于	6<=9
>=	大于等于	8>=3
<>或!=或#	不等于	2<>3，x!=y，m#n

关系运算符说明如下。

1）数值型与货币型根据数据的大小（包括符号位）进行比较。

2）日期型和日期时间型比较时，越早的日期其日期时间越小，越晚的日期其日期时间越大。

3）逻辑型数据比较时，.T.比.F.大。

4）字符型数据（字符串）比较时，将两个字符串的字符按自左向右的顺序依次逐个进行比较；若是英文字符，则按其对应的 ASCII 码值的大小进行大小比较的；若是中文字符，默认情况下，字符排序是根据对应的拼音顺序进行大小比较的。将两个字符串的第一个字符相比较，若两者不等，则通过第一个字符的大小就已经能决定出两个字符串的大小；若两者相同，则再通过第二个字符进行大小比较，以此类推，直到最后，若每个字符都相等，则两个字符串相等。

5）双等号运算符（==）比较两个字符串时，只有当两个字符串完全相同时，运算结果为逻辑真（.T.），否则为逻辑假（.F.）。

6）单等号运算符（=）比较两个字符串时，可用命令 SET EXACT ON/OFF 来设置其是否为精确比较。当 SET EXACT ON 时，处于精确比较状态下，先对较短字符串的尾部加上若干个空格，使得两个字符串长度相等，然后再进行精确比较。当 SET EXACT OFF 时，处于非精确比较状态下，若字符串 2 是字符串 1 的前缀，其结果为逻辑真（.T.），否则为逻辑假（.F.）。

【例 3-7】　关系运算示例。

在"命令"窗口中输入下列命令，并分别按 Enter 键执行。

```
SET EXACT OFF    &&设置为系统默认状态
x="ABC"
y="ABC "
z="ABCD"
?x=y,y=x,z=x,y=z,x==y,y==x
```

输出结果：

```
.F.  .T.  .T.  .F.  .F.  .F.
```

继续输入：

```
SET EXACT ON  &&修改系统默认状态
?x=y,y=x,z=x,y=z,x==y,y==x
```

输出结果：

```
.T.  .T.  .F.  .F.  .F.  .F.
```

5. 逻辑表达式

由逻辑运算符将逻辑型数据对象连接而成的算式称为逻辑表达式。逻辑表达式的运算对象与运算结果均为逻辑型数据。逻辑运算符如表 3-5 所示，其优先次序分别为 NOT、AND、OR。

表 3-5　逻辑运算符

运算符	含义	例子
NOT	逻辑非	NOT(.T.)
AND	逻辑与	成绩>70 AND 成绩<80
OR	逻辑或	x>9 OR y<5

6. 运算符优先级

每类运算的运算符都有优先次序，当一个表达式中同时包含几类运算时，其运算的优先级由高到低的顺序为算术运算、字符串运算、日期和日期时间运算、关系运算、逻辑运算。同时还有如下规则。

1）括号的优先级最高。

2）相同优先级的运算符按从左到右的顺序进行运算。

3）字符串连接运算符和算术加、减运算符的优先级是一样的。

3.5　函　　数

在 VFP 系统中，函数是一段程序代码，用来进行一些特定的运算或操作、支持和完善命令的功能、帮助用户完成各种操作与管理；函数由函数名、参数、和函数值组成；函数运算后会有一个值，称为函数值。

函数的格式：函数名（参数表）

1）函数名即函数的标识。

2）参数是自变量，其数据类型由函数的定义确定，数据形式可以是常量、变量、函数或表达式；有的函数可省略参数，但有函数值。

3）函数值是函数运算后返回的值，函数值会因函数名和参数的不同而不同。

VFP 系统提供给用户有 200 余种函数，按函数运算、处理对象和结果的数据类型分为数值型函数、字符型函数、逻辑型函数、日期时间型函数、数据转换函数等。下面就对各类的常用函数进行介绍。

3.5.1　数值函数

数值函数是指函数值为数值的一类函数。

1. 取绝对值函数

格式：ABS(<数值表达式>)

功能：求指定数值表达式的绝对值。

2. 求符号函数

格式：SIGN(<数值表达式>)

功能：求指定数值表达式的符号位。当表达式的运算结果为正数、负数或零时，其对应的函数值分别为 1、-1、0。

例如，"?SIGN(-8)"的输出结果为-1。

3. 求平方根函数

格式：SQRT(<数值表达式>)

功能：求指定数值表达式的算术平方根，数值表达式的值应不小于零。

例如，"?SQRT(16)"的输出结果为 4.00。

4. 求整数函数

格式：INT(<数值表达式>)

　　　 CEILING(<数值表达式>)

　　　 FLOOR(<数值表达式>)

功能：INT 求出数值表达式的整数部分，即去除数值表达式的小数部分，保留整数部分；CEILING 求出大于或等于数值表达式值的最小整数；FLOOR 求出小于或等于数值表达式值的最大整数。

例如，

"?INT(5.6),CEILING(5.6),FLOOR(5.6)"的输出结果分别为 5、6、5；

"?INT(-3.8),CEILING(-3.8),FLOOR(-3.8)"的输出结果分别为-3、-3、-4。

5. 四舍五入函数

格式：ROUND(<数值表达式 1>,<数值表达式 2>)

功能：根据给出的四舍五入小数位数，对数值表达式的计算结果做四舍五入处理。若<数值表达式 2>大于等于 0,则表示小数点后保留小数位数;若<数值表达式 2>小于 0,则表示整数部分进行四舍五入的位数。

例如，

"?ROUND(356.586,2)"的输出结果为 356.59；

"?ROUND(356.586,-1)"的输出结果为 350。

6. 求余数函数

格式：MOD(<数值表达式 1>,<数值表达式 2>)

功能：结果为<数值表达式 1>除以<数值表达式 2>所得的余数，余数的符号位与

<数值表达式 2>符号相同。

1）如果<数值表达式 1>与<数值表达式 2>符号位相同，函数值计算的方法是，两数绝对值相除的余数值再带上<数值表达式 1>的符号位。

2）如果<数值表达式 1>与<数值表达式 2>符号位不相同，函数值计算的方法是：两数绝对值相除的余数值再带上<数值表达式 1>的符号位后，再加上<数值表达式 2>的值。

例如，

"?MOD(10,3),MOD(-10,-3)" 的结果分别为 1、-1；

"?MOD(10,-3),MOD(-10,3)" 的结果分别为-2、2。

7. 求最大值和最小值函数

格式：MAX(<数值表达式 1>,<数值表达式 2> [,<数值表达式 3>…])

　　　 MIN (<数值表达式 1>,<数值表达式 2> [,<数值表达式 3>…])

功能：MAX 求出所有数值表达式中的最大值；MIN 求出所有数值表达式中的最小值。数值表达式的类型可以是数值型、货币型、字符型、双精度型、浮点型、日期型和日期时间型，但同一函数中的所有数值表达式的类型必须相同。

例如，

"?MAX(7,56,234), MAX("7","56","234")" 的结果分别为 234、7；

"?MAX("汽车","飞机","轮船"),MAX(.T.,.F.)" 的结果为汽车、.T.；

"?MIN({^2008-08-08},{^2012-08-16})" 的结果为 08/08/08。

8. π 函数

格式：PI( )

功能：返回圆周率 π 的近似值 3.14。该函数不用带参数。

例如，"?PI( )" 的结果为 3.14。

3.5.2 字符函数

字符函数主要是对字符型数据进行处理的函数，可以方便对字符串进行相关运算。

1. 求字符串长度函数

格式：LEN(<字符串表达式>)

功能：求字符串的长度，即所包含的字符个数。函数值为数值型。一个汉字字符长度为两字节，其他字符长度为一字节；若是空串（""），则长度为 0。

例如，"?LEN("ABC"), LEN("重庆"), LEN(""),LEN(" ")" 的结果分别为 3、4、0、1。

2. 生成空格字符函数

格式：SPACE(<数值型表达式>)

功能：建立空格函数，生成空格的个数由数值型表达式的值决定。

3. 大小写转换函数

格式：LOWER(<字符串表达式>)

　　　　UPPER(<字符串表达式>)

功能：LOWER 将指定字符串表达式中的大写字母全部转换成小写字母，其他字符不变。UPPER 将指定字符串表达式中的小写字母全部转换成大写字母，其他字符不变。

例如，

"?LOWER("Visual FoxPro")" 的结果为 visual foxpro；

"?UPPER("Visual FoxPro")" 的结果为 VISUAL FOXPRO。

4. 去除空格函数

格式：RTRIM(<字符串表达式>)

　　　　LTRIM(<字符串表达式>)

　　　　ALLTRIM(<字符串表达式>)

功能：RTRIM（或 TRIM）能删除字符串尾部的空格；LTRIM 能删除字符串前部的空格；ALLTRIM 能同时删除字符串前部和后部的空格，字符串中间的空格不能删除。

【例 3-8】　去除空格函数示例。

在"命令"窗口中输入下列命令，并分别按 Enter 键执行。

```
x=" 12 34 "
m="A"
n="B"
?m＋RTRIM(x)＋n
?m＋LTRIM(x)＋n
?m＋ALLTRIM(x)＋n
```

输出结果：

```
A 12 34B
A12 34 B
A12 34B
```

继续输入：

```
?LEN(x),LEN(ALLTRIM(x))
```

输出结果：

```
7    5
```

5. 取子串函数

格式：LEFT(<字符串表达式>,<数值型表达式>)

　　　　RIGHT(<字符串表达式>,<数值型表达式>)

　　　　SUBSTR(<字符串表达式>,<起始位置>[,<数值型表达式>])

功能：LEFT 在给定的字符串表达式的左端取指定长度的子串，函数值为字符型。

RIGHT 在给定的字符串表达式的右端取指定长度的子串，函数值为字符型。

SUBSTR 在给定的字符串中从<起始位置>开始截取指定长度的子串，子串的长度由<数值型表达式>的值决定。若<数值型表达式>省略，则函数从<起始位置>一直取到最后一个字符。

【例 3-9】 取子串函数示例。

在"命令"窗口中输入下列命令，并分别按 Enter 键执行。

```
x="ABCDEFGH"
?LEFT(x,3),RIGHT(x,3),SUBSTR(x,3,3),SUBSTR(x,5)
```

输出结果：

```
ABC  FGH  CDE  EFGH
```

6. 子串替换函数

格式：STUFF(<字符串表达式 1>, <起始位置>,<长度>,<字符串表达式 2>)

功能：用<字符串表达式 2>的值替换<字符串表达式 1>中以<起始位置>和<长度>指定的一个子串。替换与被替换字符串的长度不一定要相等。如果<长度>为 0，则<字符串表达式 2>插入在<起始位置>指定的字符前面，相当于插入子串；如果<字符串表达式 2 >为空串，则<字符串表达式 1>中<起始位置>和<长度>指定的字符串被删除，相当于删除子串。

【例 3-10】 子串替换函数示例。

在"命令"窗口中输入下列命令，并分别按 Enter 键执行。

```
x="ABCDEFGH"
y= "123"
?STUFF(x,3,2,y),STUFF(x,2,0,y),STUFF(x,5,2,"")
```

输出结果：

```
AB123EFGH  A123BCDEFGH  ABCDGH
```

7. 字符替换函数

格式：CHRTRAN(<字符串表达式 1>,<字符串表达式 2>,<字符串表达式 3>)

功能：当<字符串表达式 1>中的一个或多个字符与<字符串表达式 2>中的某个字符相匹配时，用<字符串表达式 3>中的对应字符（与<字符串表达式 2>位置相同的字符）替换这些字符。若<字符串表达式 3>包含的字符个数少于<字符串表达式 2>包含的字符个数，与<字符串表达式 2>位置相同的字符为空，那么<字符串表达式 1>中相匹配的各字符将被删除。若<字符串表达式 3>包含的字符个数多于<字符串表达式 2>包含的字符个数，多余字符将被忽略。

【例 3-11】 字符替换函数示例。

在"命令"窗口中输入下列命令，并分别按 Enter 键执行。

```
x="ABCDEFGH"
```

```
y="BCED"
z="BAEFGC"
m="12345"
?CHRTRAN(x,y,m),CHRTRAN(x,z,m)
```

输出结果：

```
A1243FGH  21D345H
```

8. 子串出现次数函数

格式：OCCURS(<字符串表达式 1>,<字符串表达式 2>)

功能：计算<字符串表达式 1>在<字符串表达式 2>中出现的次数，若一次都没出现过，则返回 0。函数结果是数值型。

例如，"?OCCURS("C","ABDCCFC"), OCCURS("E","ABCDCFC")"的结果为 3、0。

9. 求子串位置函数

格式：AT(<字符串表达式 1>,<字符串表达式 2> [,<数值表达式>])

ATC(<字符串表达式 1>,<字符串表达式 2> [,<数值表达式>])

功能：验证<字符串表达式 1>是否是<字符串表达式 2>的子串，如果是，返回<字符串表达式 1>的首字符在<字符串表达式 2>中的位置，若不是，则返回 0。AT()在子串比较的时候要区分字母的大小写，ATC()不区分大小写。<数值表达式>可以省略，默认值为 1，用于指定<字符串表达式 1>在<字符串表达式 2>中第几次出现的首字符位置。

例如，"?AT("C","ABCDE"), AT("C","abcd")，AT("C","CcCD",2), ATC("C","abcd")"的输出结果为 3、0、3、3。

10. 字符串匹配函数

格式：LIKE(<字符串表达式 1>,<字符串表达式 2>)

功能：比较两个字符串对应位置上的字符，若所有对应字符相匹配，则函数返回逻辑真(.T.)，否则返回逻辑假(.F.)。<字符串表达式 1>中可以包含通配符"*"和"?"。"*"可与任何数目的字符相匹配，"?"可以与任何单个字符相匹配。

3.5.3 日期时间函数

日期时间函数主要是对日期型、日期时间型数据进行处理的函数。

1. 系统日期和时间函数

格式：DATE( )

TIME( )

DATETIME( )

功能：DATE( )用于返回当前系统日期，函数值为日期型；TIME( )用于返回系统时间，格式为 hh:mm:ss，函数值为字符型；DATETIME()用于返回当前系统日期时间，函数值为日期时间型。

2. 求年份、月份、天数函数

格式：YEAR(<日期表达式> | <日期时间表达式>)

　　　　MONTH(<日期表达式> | <日期时间表达式>)

　　　　DAY(<日期表达式> | <日期时间表达式>)

功能：YEAR( )从指定的<日期表达式>或<日期时间表达式>中返回年份，函数值为四位年份值的数值型。

MONTH( )用于从指定的<日期表达式>或<日期时间表达式>中返回月份，函数值为数值型。

DAY( )用于从指定的<日期表达式>或<日期时间表达式>中返回天数，函数值为数值型。

3. 求小时、分钟、秒数函数

格式：HOUR(<日期时间表达式>)

　　　　MINUTE(<日期时间表达式>)

　　　　SEC(<日期时间表达式>)

功能：HOUR( )按 24 小时制返回<日期时间表达式>中的小时部分；MINUTE( )返回<日期时间表达式>中的分钟部分；SEC( )返回<日期时间表达式>中的秒数部分。

【例 3-12】　日期时间函数示例。

在"命令"窗口中输入下列命令，并分别按 Enter 键执行。

```
x={^2012-08-16,12:32:25}
?YEAR(x),MONTH(x),DAY(x),HOUR(x),MINUTE(x),SEC(x)
```

输出结果：

```
2012  8  16  12  32  25
```

3.5.4　数据类型转换函数

1. 字符转换为 ASCII 码函数

格式：ASC(<字符串表达式>)

功能：返回<字符串表达式>中第一个字符的 ASCII 码，返回值为整型数据。

2. ASCII 码转换为字符函数

格式：CHR(<整型表达式>)

功能：将<整型表达式>的 ASCII 码值转换成相应的字符，返回值为字符型数据。

例如，"?ASC("A")，CHR(ASC("A")＋3)"的输出结果为 65，D。

3. 数值转换成字符串函数

格式：STR(<数值型表达式> [,<长度>[,<小数位数>]])

功能：将<数值型表达式>的值转换成字符串，转换时根据需要自动四舍五入；<长度>指定结果字符串的长度，默认为 10；<小数位数>指定数值型的保留小数位数，默认为 0。

1）若<长度>大于实际长度，则结果字符串前补空格以达到规定的<长度>要求。

2）若<长度>小于数值的整数部分位数，则数值溢出，返回一串"*"号。

3）若<长度>小于<数值型表达式>值的总位数长度（含小数点），但大于或等于整数长度，则返回全部整数位数和部分小数，多余的小数会自动四舍五入。

【例 3-13】 数值转换成字符串函数示例。

在"命令"窗口中输入下列命令，并分别按 Enter 键执行。

```
x=-123.456
?STR(x,9,2),STR(x,6,2),STR(x,3),STR(x,8),STR(x)
```

输出结果：

```
-123.46  -123.5  ***  -123  -123
```

4. 字符串转换成数字函数

格式：VAL(<字符串表达式>)

功能：将<字符串表达式>中的各数字字符（包括正负符号、小数点）按从左到右依次处理转换为对应的数值型数据，若遇到非数字字符（前导空格除外），则整个转换停止，若一开始就是非数字字符，则返回数据型 0。

【例 3-14】 字符串转换成数字函数示例。

在"命令"窗口中输入下列命令，并分别按 Enter 键执行。

```
?VAL("-123.45ab"),VAL("123ab45"),VAL("123"),VAL("ABC")
```

输出结果：

```
-123.45  123.00  123.00  0.00
```

5. 日期型或日期时间型转换为字符串函数

格式：DTOC(<日期型表达式> | <日期时间型表达式> [,<1>])
　　　 TTOC(<日期时间型表达式> [,<1>])

功能：DTOC( )将日期型数据或日期时间型数据的日期部分转换成字符串数据，若加上选项<1>，则字符串的格式总是 YYYYMMDD，共八个字符；TTOC()将日期时间型数据转化成字符串数据,若加上选项<1>,则字符串的格式总是 YYYYMMDDHHMMSS，共 14 个字符。若不带选项<1>，则日期数据转换为字符串时，其格式会受到日期格式设置命令（SET DATE TO、SET CENTURY ON/OFF）的影响。

【例 3-15】 日期型或日期时间型转换为字符串函数示例。

在"命令"窗口中输入下列命令，并分别按 Enter 键执行。

```
x={^2012-08-16}
```

```
y={^2012-08-16,12:32:25}
?DTOC(x),DTOC(x,1)
```

输出结果：

```
08/16/12   20120816
```

继续输入：

```
?TTOC(y),TTOC(y,1)
```

输出结果：

```
08/16/12 12:32:25 PM   20120816123225
```

6. 字符串转换成日期型或日期时间型函数

格式：CTOD(<字符串表达式>)
　　　CTOT(<字符串表达式>)

功能：CTOD( )将<字符串表达式>转换成日期型数据，CTOT( )将<字符串表达式>转换成日期时间型数据。<字符串表达式>中的日期部分格式要与日期设置命令（SET DATE TO、SET CENTURY ON/OFF）的格式相一致。

【例 3-16】　字符串转换成日期型或日期时间型函数示例。

在"命令"窗口中输入下列命令，并分别按 Enter 键执行。

```
SET DATE TO MDY
x= "08/16/12"
?CTOD(x)
```

输出结果：

```
08/16/12
```

继续输入：

```
SET DATE TO YMD
SET CENTURY ON
y= "2012-08-16"
?CTOD(y)
```

输出结果：

```
2012/08/16
```

3.5.5　测试函数

在数据库操作过程中，用户需要了解数据对象的类型、状态等属性，VFP 提供了相关的测试函数，使用户能够准确地获取操作对象的相关属性。

1. 空值（NULL）测试函数

格式：ISNULL(<表达式>)

功能：判断一个<表达式>的运算结果是否为 NULL 值，若是 NULL 值则返回逻辑真（.T.），否则返回逻辑假（.F.）。

2. "空"值测试函数

格式：EMPTY(<表达式>)

功能：判断指定<表达式>的运算结果是否为"空"值，若是则返回逻辑真（.T.），否则返回逻辑假（.F.）。不同数据类型的"空"值是有不同规定的，如表 3-6 所示。

表 3-6　各数据类型对应的"空"值

数据类型	"空"值	数据类型	"空"值
数值型	0	字符型	""
货币型	0	逻辑型	.F.
双精度型	0	日期型	空（无内容）
浮点型	0	日期时间型	空（无内容）
整型	0	备注型	空（无内容）

3. 数据类型测试函数

格式：VARTYPE(<表达式> [, <逻辑表达式>])

功能：测试<表达式>的数据类型，返回用字母代表的数据类型。函数值为字符型。若<表达式>是一个数组，则根据第一个数组元素的类型返回字符串。若<表达式>的运算结果是 NULL 值，则根据函数中逻辑表达式的值决定是否返回表达式的类型。具体规则是：如果逻辑表达式为.T.，则返回表达式的原数据类型。如果逻辑表达式为.F.或省略，则返回 X，表明表达式的运算结果是 NUll 值。各数据类型对应的字母如表 3-7 所示。

表 3-7　各数据类型对应的字母表

返回的字母	数据类型	返回的字母	数据类型
C	字符型或备注型	T	日期时间型
N	数值型、整型、双精度型或浮点型	G	通用型
Y	货币型	O	对象型
L	逻辑型	X	NULL 值
D	日期型	U	未定义

4. 表头测试函数

格式：BOF([<工作区号> | <别名>])

功能：测试指定或当前工作区的记录指针是否超过了第一个逻辑记录，即是否指向表头，若是，则函数返回值为逻辑真（.T.），否则为逻辑假（.F.）。<工作区号>用于指定工作区，<别名>为工作区的别名或在该工作区上打开的表的别名。当<工作区号>和<别名>都省略不写时，默认为当前工作区。

5. 表尾测试函数

格式：EOF([<工作区号> | <别名>])

功能：测试指定或当前工作区中记录指针是否超过了最后一个逻辑记录，即是否指向表的末尾，若是，则函数返回值逻辑真（.T.），否则为逻辑假（.F.）。<工作区号>用于指定工作区，<别名>为工作区的别名或在该工作区上打开的表的别名。当<工作区号>和<别名>都省略不写时，默认为当前工作区。

6. 记录号测试函数

格式：RECNO([<工作区号> | <别名>])

功能：返回指定或当前工作区中当前记录的记录号，函数值为数值型。省略参数时，默认为当前工作区。若指定工作区上没有打开的表文件，则函数值为 0；若记录指针在最后一个记录之后，即 EOF( )为.T.，则返回比记录总数大1的值；若记录指针在第一个记录之前或者无记录，即 BOF( )为.T.，则返回值为1。

7. 记录个数测试函数

格式：RECCOUNT([<工作区号> | <别名>])

功能：返回当前或指定表中记录的个数。如果在指定的工作区中没有表被打开，则函数值为 0。如果省略参数，则默认为当前工作区。RECCOUNT()返回的值不受 SET DELETED 和 SET FILTER 的影响，总是返回包括有删除标记在内的全部记录数。

8. 查找是否成功测试函数

格式：FOUND([<工作区号> | <别名>])

功能：在当前或指定表中，检测是否找到所需的数据。如果省略参数，则默认为当前工作区。数据搜索由 FIND、SEEK、LOCATE 或 CONTINUE 命令实现。如果这些命令搜索到所需的数据记录，返回函数值为逻辑真（.T.），否则函数值为逻辑假，如果指定的工作区中没有表被打开，则返回逻辑假（.F.）。

9. 记录删除测试函数

格式：DELETED([<工作区号>|<别名>])

功能：测试当前表文件或指定表文件中，记录指针所指的当前记录是否有删除标记"*"。若有，则返回逻辑真（.T.），否则返回逻辑假（.F.）。

10. 判断值介于两个值之间的函数

格式：BETWEEN(<被测试表达式>,<下限表达式>,<上限表达式>)

功能：判断<被测试表达式>的值是否介于相同数据类型的两个表达式值之间，若<被测试表达式>大于等于<下限表达式>且小于等于<上限表达式>时，函数值为逻辑真（.T.），否则函数值为逻辑假（.F.）。三个表达式的数据类型必须要相一致，若<下限表达式>或<上限表达式>中有一个是 NULL 值时，则函数返回值也是 NULL 值。

【例 3-17】　BETWEEN 函数示例。

在"命令"窗口中输入下列命令，并分别按 Enter 键执行。

```
x=3
y=9
d1={^2008-08-08}
d2={^2012-08-16}
d3={^2012-09-18}
?BETWEEN(8,x,y)
?BETWEEN(8,x,NULL)
?BETWEEN(d2,d1,d3)
?BETWEEN(d1,d2,d3)
```

输出结果：

```
.T.
.NULL.
.T.
.F.
```

11.　条件函数 IIF

格式：IIF(<逻辑型表达式>,<表达式 1>,<表达式 2>)

功能：若<逻辑型表达式>的值为逻辑真（.T.），函数值返回<表达式 1>的值，否则返回<表达式 2>的值。

【例 3-18】　条件函数示例。

在"命令"窗口中输入下列命令，并分别按 Enter 键执行。

```
x=90
?IIF(x>=60,"及格","不及格")
```

输出结果：

及格

继续输入：

```
x=50
?IIF(x>=60,"及格","不及格")
```

输出结果：

不及格

12.　文件测试函数

格式：FILE(<文件名>)

功能：测试指定文件是否存在。若文件存在则函数返回逻辑值真（.T.），否则函数值返回逻辑假（.F.）。函数参数<文件名>包括盘符、路径、文件名及扩展名的全称。

例如，?FILE("C:\Program Files\Microsoft Visual Studio\Vfp98\VFP6.EXE")。

3.5.6 其他函数

1. 取随机数函数

格式：RAND([种子数值])

功能：返回一个 0～1 的随机数。若[种子数值]的正整数部分大于 0，则返回一个固定的值；若[种子数值]为负数或无参数，则返回一个随机数。

例如，?RAND(3),RAND(3.2),RAND(3.9),RAND(-3),RAND( )

输出结果分别为 0.07　　0.07　　0.07　　0.58　　0.69

2. 用户定义对话框函数

格式：MESSAGEBOX(<提示信息>[,<对话框属性>[,<对话框窗口标题>]])

功能：弹出一个用户自定义对话框。<提示信息>用于指定在对话框中显示的文本；<提示信息>用于设置对话框窗口标题，指定对话框窗口标题栏中的文本，若省略标题栏中将显示"Microsoft Visual FoxPro"；<对话框属性>用于确定对话框的按钮、图标等属性，当省略该属性值时，等同于值为 0。<对话框属性>具体属性值如表 3-8 所示。

表 3-8　MESSAGEBOX 函数<对话框属性>参数值表

设置按钮属性	设置图标	设置默认按钮
0："确定"	16：停止图标	0：　第一个按钮
1："确定""取消"	32：问号	256：第二个按钮
2："放弃""重试""忽略"	48：惊叹号	512：第三个按钮
3："是""否""取消"	64：信息(i)图标	
4："是""否"		
5："重试""取消"		

MESSAGEBOX( )函数的返回值标明选取了对话框中的哪个按钮。在含有"取消"按钮的对话框中，如果按 ESC 键可退出对话框，则与选取"取消"按钮一样，返回值为 2。选择按钮所对应的返回值如表 3-9 所示。

表 3-9　选择按钮对应的返回值表

选择按钮	函数返回值
"确定"	1
"取消"	2
"放弃"	3
"重试"	4
"忽略"	5
"是"	6
"否"	7

【例 3-19】　用户自定义对话框示例。

```
MESSAGEBOX("欢迎进入本系统",0+64,"系统提示")
```

执行后显示结果如图 3-1（a）所示。0：表示"确定"按钮；64：表示信息(i)图标。

```
MESSAGEBOX("确定要退出当前系统吗？",3+32+512,"退出询问")
```

运行后显示结果如图 3-1（b）所示。3 表示"是""否""取消"按钮；32 表示"问号(?)图标"；512 表示第三个按钮为默认项。

（a）系统提示

（b）退出询问

图 3-1　用户自定义对话框

3．操作系统版本号函数

格式：OS( )

功能：返回当前操作系统的名称及版本号信息。

4．宏替换函数

格式：&<字符型变量>[.]

功能：替换出字符型变量的内容，即函数值是变量中的字符串。若该函数与其后的字符无明确分界，则要用"."作为&函数的结束标识。宏替换可以嵌套使用。

【例 3-20】　宏替换函数示例。

在"命令"窗口中输入下列命令，并分别按 Enter 键执行。

```
a= "2"
b= "3"
c="b"
d=&c
?c, &c
?a+c,a+&c
? &a+&b,5+&d
```

输出结果：

```
b      3
2b    23
5      8
```

3.6　命令格式及书写规则

随着计算机技术的发展，软件的规模增大了，软件的复杂性也增强了。为了提高程序的可读性，要建立良好的编程风格。形成良好的编程习惯，对程序的要求不仅是可以在机器上执行，给出正确的结果，而且要便于程序的调试和维护，这就要求编写的程序不仅程序员看得懂，而且也要让别人能看懂。本节主要介绍 VFP 中命令格式及书写规则。

3.6.1　命令的一般格式

每条 VFP 命令都有其特定的语法结构，用以说明为实现该命令的功能所必须包含和可以任选的成分。一条典型的操作命令由命令动词、操作对象和限制性短语三部分组成。VFP 一般命令格式如下。

<命令动词> [<范围>] [<表达式>] [<条件>]

1. 命令动词

所有命令都以命令动词开头，它规定了命令要完成的功能。命令动词通常为一个英文动词，该动词的英文含义表示要执行的操作。例如，DO（执行命令）、CLOSE（关闭命令）。

2. 操作对象

指出命令所作用的对象，可以是字段名、操作范围、文件名等。其中，操作范围规定了命令所作用的记录的范围。有如下四种情况。

1）ALL：操作对象为全部记录。

2）NEXT <n>：操作对象为从当前记录开始的连续 n 条记录。

3）RECORD <n>：操作对象为第 n 条记录。

4）REST：操作对象为从当前记录开始直到最后的所有记录。

3. 限制性短语

限制性短语规定对操作的种种限制，包括条件限制（FOR、WHILE）、 数据来源限制（FROM、WITH）和输出结果去向限制（TO）等。

例如，DISPLAY NEXT 20 FIELDS　教师号,姓名　FOR　职称="讲师" TO PRINT

4. 格式说明

本书所介绍命令的格式中的符号约定如下。

1）命令中的参数用一对尖括号（<>）表示。

2）命令中位于方括号（[ ]）中的内容为任选择，可以选择，也可以不选择。

3）命令中互斥的选项用竖线（｜）分隔，表示不能同时使用。

4）命令中可重复多次的选项用省略号（…）表示，选项之间采用逗号 "，" 作为分隔符。

3.6.2　命令的书写规则

使用 VFP 命令时应遵循如下规则。

1）每条命令必须以命令动词开头，且必须符合命令的语法格式。

2）限制性短语在命令行中出现的先后次序无关紧要。

3）命令动词与限制性短语之间、子句与子句之间以及各个选项之间必须至少用一个空格隔开。

4）命令中的字母不区分大小写。

5）一条命令的最大长度为 2048 个字符，如果命令较长可分多行书写，但必须在每行的结尾使用分行符 "；"（最后一行不用）。

6）一行内只允许写一条命令，每条命令用回车符作为结束标志。

习　题　3

一、选择题

1. 下列赋值语句中正确的是（　　　）。

　A．store 1 to x, y　　　　　　　　B．store 1, 2 to x

　C．store 1 to x y　　　　　　　　D．store 1、2 to x

2. 执行下列语句，其函数结果为（　　　）。

```
store -100 to x
? sign (x) *sqrt (abs (x))
```

　A．10　　　　　B．-10　　　　　C．100　　　　　　D．-100

3. 下列关系表达式中，运算结果为逻辑真（.T.）的是（　　　）。

　A．"副教授"$"教授"

　B．3＋5#2*4

　C．"计算机"<>"计算机世界"

　D．2004/05/01==ctod("04/01/03")

4. 执行下列命令后，显示的结果是（　　　）。

```
x=50
y=100
z="x＋y"
? 50＋&z
```

　A．50＋&z　　　　　　　　　　　B．50＋x＋y

　C．200　　　　　　　　　　　　　D．数据类型不匹配

5. 函数 UPPER("12ab34cd")的结果是（　　）。

    A．12ab34cd   B．12ab34CD   C．12AB34cd   D．12AB34CD

6. 在下列的 VFP 表达式中，运算结果为字符型数据的是（　　）。

    A．"abcd"＋"ef"="abcdef"   B．"1234"-"34"

    C．ctod("05/08/03")   D．dtoc(date( ))>"04/03/02"

7. 在 VFP 中，对于字段值为空值（NULL）叙述正确的是（　　）。

    A．空值等同于空字符串   B．空值表示字段还没有确定值

    C．不支持字段值为空值   D．空值等同于数值 0

8. 连续执行以下命令之后，最后一条命令的输出结果是（　　）。

```
SET EXACT OFF
x="A"
?IIF（"VISUAL"=x,x-"FOXPRO",x＋"FOXPRO"）
```

    A．A   B．AFOXPRO

    C．A FOXPRO   D．V1SUAL FOXPRO

9. 下列表达式中，合法的是（　　）。

    A．Year(Date( ))-{2000/08/02}   B．Date( )~{2000/08/02}

    C．Date( )+{2000/08/02}   D．A、B、C 均对

10. 给内存变量 X 和 Y 赋同一值"中国"不正确的方法是（　　）。

    A．X—Y-"中国"   B．STORE "中国" TO X，Y

    C．X="中国"　Y="中国"   D．X="中国"　Y=X

11. 已知字符串 A="123 "，B="456"，则运算 A-B 的结果是（　　）。

    A．"123456"   B．"123 456"   C．-333   D．"333"

12. 下列表达式中，表达式返回结果为.F.的是（　　）。

    A．AT("A","BCD")   B．"[信息]"$ "管理信息系统"

    C．ISNULL(.NULL.)   D．SUBSTR("计算机技术",3,2)

13. 命令"?VARTYPE(TIME( ))"的结果是（　　）。

    A．C   B．D   C．T   D．出错

14. 命令"?LEN(SPACE(3)-SPACE(2))"的结果是（　　）。

    A．1   B．2   C．3   D．5

二、填空题

1. ?ROUND(123.467,2)的运行结果是_____。

2. ?MOD(-17,3)的运行结果是_____。

3. 函数 CHRTRAN("科技信息","科技","计算机")的返回值是_____。

4. 定义数组可使用命令 DIMENSION X(2,3)，则数组中包含的元素个数为_____。

5. 函数 INT(LEN("123.456"))的结果是_____。

6. ?AT("EN",RIGHT("STUDENT",4))的执行结果是_____。

三、操作题

1. 假设 n=－345.789：

1）求 n 的绝对值和绝对值的平方根。

2）输出 n 的整数部分，不允许四舍五入。

3）对 n 保留两位小数。

4）将 n 的值转换为字符型，总位数为七位，小数位为一位。

2. 假设 s1＝"重庆计算机基础学会"：

1）从字符串 s1 中分别取出字符串"重庆"、"计算机"、"学会"。

2）分别测试字符串"计算机"、"计算机学会"在字符串 s1 中的起始位置。

3）测试字符串"学会"在字符串"重庆计算机基础学会是西南地区计算机基础研究学会"第 2 次出现的位置。

4）将字符串 s1 中的"重庆"改成"西部地区"。

5）将字符串 s1 中的"基础"去掉。

6）在字符串 s1 的前后各加五个星号。

3. 假设 s2＝"□□□abCD34fgS□□"（其中"□"表示空格）：

1）分别删除字符串 s2 的首部空格、尾部空格、首尾的所有空格。

2）将字符串 s2 中所有字母分别转换为大写字母、小写字母。

3）输出当前的系统日期、系统时间、并分别测试其类型。

4）取出系统日期时间中的年、月、日、时、分、秒。

4. 假设 c＝"07/21/2005"：

1）将字符串 c 转换为日期型并求出它 15 天后的日期。

2）分别将字符串"123.456"、"34abc56"、"ab123"转换成数值型，并观察它们的不同。

3）分别执行命令"? mod(35,6)"，"mod(-35,6)"，"mod(35,-6)"，"mod(-35,-6)"，观察它们的结果。

第4章 VFP 数据库及其操作

VFP 是一种关系数据库管理系统。在关系数据库管理系统中，表是处理数据的基本单元。在 VFP 中，根据表的特点不同，将表分为自由表和数据库表。本章介绍数据库的建立和管理、表的建立和使用，以及索引和数据完整性。

4.1 数据库及数据表

本节介绍数据库的基本概念、数据库和数据库表的建立，以及自由表和数据库表的区别。

4.1.1 数据库

1. 数据库的基本概念

在 VFP 中，数据库是组织和管理相互关联的数据库表以及相关的数据库对象的基础。数据库不但可以存储数据结构，还对表进行了功能的扩展。在数据库中，可以为表创建字段和记录的有效性规则，设置字段的默认值，以及创建存储过程和表之间的永久关系。

一个实际的管理系统通常包含多张表，并且各表包含的数据相互之间具有一定的联系。若把他们集中到一个数据库中，并为各表之间建立若干固定的关联，这样就会更加方便管理和使用。在一个应用项目中可以创建若干个数据库，每个数据库也可以定义多个数据库表。

在 VFP 中建立数据库实际上是创建一个扩展名为.dbc 的文件，同时还会自动建立一个扩展名为.dct 的数据库备注文件和一个扩展名为.dcx 的数据库索引文件，并且这三个文件的文件名相同。这三个文件用户通常不能直接使用，主要用于 VFP 数据库管理系统对数据库的管理。

2. 建立数据库

在 VFP 中，使用表可以存储和显示一组相关的数据，如果要把多个表联系起来，就需要建立数据库。只有把这些表存放在同一个数据库中，数据才能够充分被利用。建立数据库通常有三种方式，分别是使用菜单方式创建数据库、使用命令的方式建立数据库和在项目管理器中建立数据库。

（1）使用菜单方式创建数据库

在 VFP 的主窗口中，选择"文件"→"新建"选项或者单击"常用"工具栏中的"新建"按钮，在弹出的"新建"对话框中点选"数据库"单选按钮，然后单击"新建文件"按钮，在弹出的"创建"对话框中的"文件名"文本框中输入要保存的数据库名，其扩展名为.dbc，然后单击"保存"按钮则会打开"数据库设计器"窗口。

例如，通过上面的方法创建一个"成绩管理"数据库。前面的步骤相同，只要在"创建"对话框的"文件名"文本框中输入"成绩管理"，然后单击"保存"按钮就会打开"数据库设计器"窗口，如图 4-1 所示。

图 4-1　数据库设计器

这时创建的数据库只是一个空的数据库，可以通过数据库器设计建立数据库表和其他数据库对象。

数据库设计器是 VFP 提供的一种辅助设计窗口，它能够显示当前数据库表、视图和表之间的关联。

（2）使用命令方式建立数据库

在 VFP 中，用户也可以使用命令来创建数据库。

格式：CREATE DATABASE [<数据库文件名>|?]

功能：该命令用于创建数据库。

说明：

1）<数据库文件名>用于指定要创建的数据库的文件名。

2）如果使用"？"，则可以弹出"创建"对话框，在该对话框中可以指定需要创建的数据库名称。

3）使用该命令建立数据库后，不会打开数据库设计器，但数据库处于打开状态。如果要打开数据库设计器，可以使用 MODIFY DATABASE 命令。

例如，要创建"成绩管理"数据库，可以在"命令"窗口中输入以下代码。

```
CREATE DATABASE 成绩管理
```

（3）在项目管理器中建立数据库

数据库还可以在项目中创建。要在项目管理器中创建数据库，首先必须先打开或创建项目文件，在打开的项目管理器中，将当前选项卡切换到"数据"选项卡，选择"数据库"选项,然后单击"新建"按钮即可建立数据库,如图 4-2 所示。另外,也可以单击"添加"按钮将一个已建立的数据库添加到项目中。

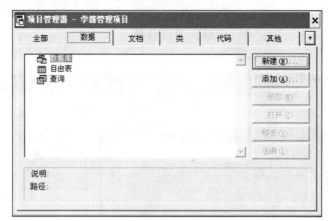

图 4-2   在项目管理器中建立数据库

使用以上三种方法建立数据库,如果指定的数据库已存在,有可能会覆盖已经存在的数据库。当 SET SAFETY 命令为 OFF 状态时,系统将会直接覆盖已有的数据库;当 SET SAFETY 命令为 ON 状态时,系统会弹出警告对话框请用户确认,ON 状态为默认状态。

3. 数据库的打开、修改、关闭和删除

数据库的打开、修改、关闭和删除可以通过项目管理器与数据库设计器等工具来完成。

(1)数据库的打开

在数据库中建立表或使用数据库中的表时,都必须先打开数据库。在 VFP 中,打开数据的方法有三种。

1)使用菜单方式打开数据库。选择"文件"→"打开"选项,或者单击工具栏中的"打开"按钮,在弹出的"打开"对话框中选择要打开的数据库文件,即可打开相应的数据库设计器。在"打开"对话框中,也可以选择"以只读的方式打开"或"独占"的方式打开数据库。

2)在项目管理器中打开数据库。如果要打开的数据库在某个项目文件中,则可以在项目管理器中打开数据库。在项目管理器中选择被打开的数据库,再单击"打开"按钮就会打开相应的数据库。

3)另外,在 VFP 中,还可以使用命令打开数据库,命令如下。

格式:OPEN DATABASE [<数据库名>|?] [EXCLUSIVE|SHARED] [NOUPDATE]

功能:用于打开数据库。

说明:

① <数据库名>用于指定要打开的数据库文件名,如果使用"?"或省略该参数,

则会弹出"打开"对话框，供用户选择要打开的数据库文件。

② EXCLUSIVE 表示数据库以独占方式打开，即不允许其他用户在同一时刻也使用该数据库。

③ SHARED 表示数据库以共享方式打开，即允许其他用户在同一时刻使用该数据库。

④ NOUPDATE 表示数据库按只读的方式打开，即不允许用户对数据库进行修改。

当数据库打开时，数据库中所有的表都可以操作，但这些表并没有打开，使用这些表时可以用 USE 命令打开。

在 VFP 中可以同时打开多个数据库，但在同一时刻只能使用一个数据库，即系统的当前数据库只有一个。用户可以使用下面的命令来指定当前数据库，其命令格式及功能如下。

格式：SET DATABASE TO [<数据库名>]

功能：指定一个已经打开的数据库作为当前数据库，如果不指定数据库名则表示使所有打开的数据库都不是当前数据库，但这些数据库仍然处于打开状态。

另外，也可以通过工具栏中的"数据库"下拉列表框来指定当前数据库。

（2）数据库的修改

在 VFP 中，用户对数据库的修改实际上是在数据库设计器中完成各种数据对象的建立、修改和删除等操作。

数据库设计器能显示数据库中包含的全部表、视图和联系，并可以交互修改数据库中的对象。当数据库设计器处于活动状态时，在 VFP 主窗口的菜单栏会显示"数据库"菜单。可以使用以下三种方法打开数据库设计器。

1）使用菜单方式打开数据库设计器。由于使用菜单方式打开数据库时会自动打开数据库设计器，其操作步骤与打开数据库的步骤相同。

2）从项目管理器中打开数据库设计器界面。在项目管理器中打开数据库设计器，首先要打开数据库所在的项目，在项目管理器中切换到"数据"选项卡，展开"数据库"分组并选中要修改的数据库，然后单击"修改"按钮就可以打开相应的数据库及数据库设计器。

3）使用命令打开数据库设计器。用 OPEN DATABASE 命令打开数据库并没有打开数据库设计器，如果要对数据库的对象进行操作，可以使用 MODIFY DATABASE 命令来打开数据库设计器。

格式：MODIFY DATABASE [<数据库名>|？] [NOEDIT]

功能：用于打开数据库设计器。

说明：

① <数据库名>用于指定要修改的数据库，如果使用"？"或省略该参数，则会弹出 "打开"对话框，供用户选择要打开的数据库文件。

② NOEDIT 表示如果使用该参数，则只是打开数据库设计器，而不允许对数据库进行修改。

③ 打开数据库设计器之前并不要求数据库处于打开状态，但打开数据库设计器的同时会自动打开该数据库。

（3）数据库的关闭

关闭数据库有两种方法。

1）在项目管理器中关闭数据库。若要关闭的数据库是在项目管理中打开的，则可以在项目管理器中选中要关闭的数据库，然后单击"关闭"按钮就可以关闭该数据库。

2）使用命令关闭数据库。

CLOSE DATABASE ALL 用于关闭已打开的所有数据库。

CLOSE DATABASE 用于关闭当前数据库。在使用该命令时，可以用 SET DATABASE TO 命令将数据库指定为当前数据库。

（4）数据库的删除

在 VFP 中，删除数据库的方法也有两种：一种是从项目管理器中删除数据库，另一种是使用命令删除数据库。

1）从项目管理器中删除数据库。从项目管理器中删除数据库，首先选中要删除的数据库，然后单击"移去"按钮后会弹出如图4-3所示的对话框。在对话框中有三个按钮可以选择，分别是"移去"、"删除"和"取消"。

图 4-3　删除数据库提示对话框

"移去"：只是从项目管理器中删除数据库，并不从磁盘上删除其数据库。

"删除"：不仅从项目管理器中删除数据库，还同时从磁盘上删除其数据库。

"取消"：不删除数据库并取消当前的操作。

在项目管理器中删除数据库时，不论采用"移去"还是"删除"操作，都不会删除数据库中的对象，只是删除数据库文件本身。

2）使用命令删除数据库。

格式：DELETE DATABASE <数据库名>|？ [DELETETABLE] [RECYCLE]

功能：用于删除数据库，删除的数据库必须处于关闭状态。

说明：

① <数据库名>用于指定要删除的数据库，如果使用"？"，则会弹出"删除"对话框，用户可以选择要删除的数据库文件；

② DELETETABLE 表示在删除数据库的同时删除该数据库中所包含的表文件等。

③ RECYCLE 表示会将删除的数据库文件和表文件等放入回收站，如果还需要使用的话可以将其还原继续使用。

④ 当 SET SAFETY 命令的状态是 ON 时（即系统默认状态），则会提示是否要删除数据库，否则不出现提示将会直接删除数据库。

4.1.2　建立数据库表

在关系数据库中，一个关系就是一个二维表，一个数据库中的数据是由表的集合组成。在 VFP 中，建立一个表即在磁盘上建立一个扩展名为.dbf 的文件，当表中有备注型或通用型字段时，还会在磁盘上建立一个与表文件名相同，扩展名为.fpt 的文件。

1.　在数据库中建立表

在数据库中建立表，首先要打开相应的数据库，然后再建立表，这时不论采用哪种方法建立的表都是数据库表。最简单的方法就是在数据库设计器中建立数据库表。

请按照前面的方法建立一个"成绩管理"数据库，并打开数据库设计器，如图 4-1 所示。在打开数据库设计器的情况下，有以下四种方法建立数据库表。

1）选择"文件"→"新建"选项，建立数据库表。

2）当数据库设计器处于当前状态，可以选择"数据库"→"新建表"选项，建立数据库表。

3）在"数据库设计器"窗口中，可以单击"新建表"按钮建立数据库表。

4）使用 CREATE 命令建立数据库表。

在使用前三种方法建立表时，用户可以选择以"表向导"或"新建表"的方式建立，通常选择"新建表"建立数据库表。当用户单击"新建表"按钮后，会弹出"创建"对话框，用户可以在对话框中选择表的存放路径和在"输入表名"的文本框中输入表名，然后单击"保存"按钮就会弹出表设计器对话框，如图 4-4 所示。

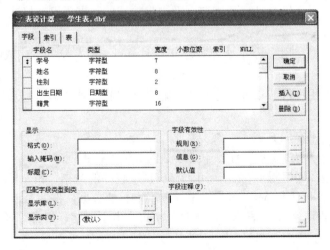

图 4-4　表设计器

用户还可以使用命令的方式建立数据库表，命令如下。

格式：CREATE [<表名>]

功能：为当前数据库建立表，如果当前没有被打开的数据库，则建立一个自由表。

以上四种方法都将会打开表设计器，例如，在"成绩管理"数据库中建立"学生表"，其表结构如图 4-4 所示。在表设计器中建立表结构，应依次为各个字段输入字段名、选择字段类型和宽度等，最后单击"确定"按钮，则可以完成对表的建立。此时会弹出对话框提示"现在输入数据记录吗？"，若单击"是"按钮则进入表编辑状态输入记录，若单击"否"按钮则暂时不输入记录，同时在数据库设计器中会显示新建立的表。

2. 表结构的建立

表结构的建立是在表设计器中完成的。表设计器中包含字段、索引和表三个选项卡。以下只介绍"字段"选项卡的操作，"索引"和"表"选项卡将在后面介绍。

（1）字段名

字段名是关系的属性名或表的列名。在一个表中，可以包含若干列（字段），每列都有一个唯一的名字，即字段名。在命令或程序中可以通过字段名直接引用表中的数据。字段名可以由数字、字母、下划线和汉字组成。

（2）字段类型和宽度

字段的类型、宽度和小数位数等属性用来描述字段值。类型决定存储在字段中数据的数据类型，宽度和小数位用来限定可以存储的数据的数量和精度。

1）字符型：用字母 C 表示，可以是字母、数字、汉字等各种字符型文本，最多可以存放 254 个字符。

2）数值型：用字母 N 表示，由正负号、数字和小数点组成，最多可以存放 20 位。

3）货币型：用字母 Y 表示，只保留四位小数，占八字节。

4）日期型：用字母 D 表示，由年、月、日构成的数据类型，格式为 mm/dd/yy，占八字节。

5）日期时间型：用字母 T 表示，由年、月、日、时、分、秒构成的数据类型，占八字节。

6）逻辑型：用字母 L 表示，存放的逻辑值为"真"或"假"，分别用.T.和.F.表示，占一字节。

7）浮动型：用字母 F 表示，类似数值型。

8）整型：用字母 I 表示，存放不带小数的数值型，占四字节。

9）双精度型：用字母 B 表示，用于存放精度较高的数据，占八字节。

10）备注型：用字母 M 表示，用于存放不定长的数据，占四字节。

11）通用型：用字母 G 表示，用于存放图形、电子表格、声音等多媒体数据，占四字节。

（3）空值

空值（NULL）表示不确定的值，不同于零、空串和空格。如果勾选"NULL"复选框，则表示该字段的值可以接受 NULL，否则该字段不能接受 NULL。例如，成绩字段的值为 NULL，表示成绩的值还不确定，而不是数值 0。一个字段的值是否允许为空值，这与实际应用有关。

（4）"字段有效性"选项区域

在"字段有效性"选项区域中可以定义字段的有效性规则、违反规则时的提示信息和字段的默认值。

1）"规则"文本框：用于输入对字段数据的有效性进行检查的规则，该规则的内容是一个条件。如图 4-5 所示，"性别"字段的有效性规则为"性别$"男女""。在为"性别"字段输入数据时，系统会自动检查输入的数据是否满足条件，若不满足则必须进行修改，直到与条件相符合才允许继续输入其他信息。

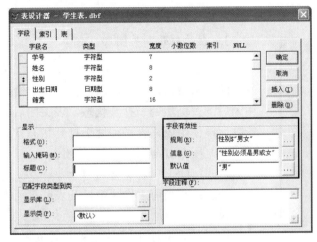

图 4-5　"字段有效性"选项区域

2）"信息"文本框：用于指定在数据输入出错时的提示信息。当该字段输入的数据不满足条件时，则按照信息文本框的内容进行提示。如图 4-5 所示，当"性别"字段输入的数据错误时则提示"性别必须是男或女"。

3）"默认值"文本框：用于指定字段的默认值。当在增加记录时，其默认值会在新记录中显示出来，可以提高输入速度。如图 4-5 所示，"性别"字段的默认值为"男"。

（5）"显示"选项区域

在"显示"选项区域下可以定义字段显示格式、输入掩码和字段的标题。

1）"格式"文本框：用于键入格式表达式，它决定字段在浏览窗口、表单、报表等界面中显示的风格。

2）"输入掩码"文本框：用于设置输入掩码，指定字段的输入格式，限定输入数据的范围，控制输入数据的正确性。例如，在学号字段的输入掩码设置为"9999999"。其中，输入掩码可以是以下字符。

A——仅允许输入字母；

X——允许输入任何字符；

N——只能输入英文字母和数字；

9——允许输入数字；

#——允许输入数字、空格和正负号和小数点；

.——指出小数点的位置；

！——可以输入任意字符，并将所有的输入的英文字母转换成大写；

$——将数值数据以货币格式显示，将$显示在数据的最左边；

$$——将数值数据以货币格式显示，将$显示在数据的前面并紧邻数据。

3）"标题"输入框：用于在浏览窗口、表单、报表等界面中显示字段的标题，若不指定标题则显示字段名。

另外，在"字段注释"编辑框中，可以对每个字段添加注释，便于日后对数据库进行维护。

图 4-6　记录编辑窗口

3. 表的打开和关闭

在建立表结构后，若要立即输入数据，就会打开如图 4-6 所示的编辑窗口，用户可以在此窗口中输入记录。编辑窗口关闭后，表仍然处于打开状态，表关闭后数据会自动保存。若以后再使用表，表必须处于打开状态且为当前表。

（1）用 USE 命令打开或关闭表

格式：USE [<表文件名>]

功能：在当前工作区中打开表或关闭表。

说明：

1）<表文件名>用于指定被打开的表名，若省略<表文件名>则表示关闭当前表。

2）当打开一个表时，该工作区的原来的表将会自动关闭。

3）当打开一个表时，记录指针指向第一条记录。在打开的表中有一个记录指针，该指针指向的记录为当前记录。

（2）打开或关闭表的其他常用方法

在 VFP 中，还可以通过"文件"菜单打开表。选择"文件"→"打开"选项，将弹出"打开"对话框，用户可以在该对话框中选择要打开的表，然后单击"确定"按钮就可以打开该表。

表的关闭也可以使用下面的几种方法。

1）CLOSE TABLES [ALL]：关闭当前数据库中的所有表，但不会关闭数据库；若无打开的数据库则会关闭自由表；若带有 ALL 则关闭所有数据库中所有的表和所有自由表。

2）CLOSE DATABASE [ALL]：关闭当前数据库及其表，若无打开的数据库则关闭所有的自由表；若带有 ALL 则关闭所有打开的数据库及其中的表和所有打开的自由表。

3）CLOSE ALL：关闭所有打开的数据库与表，以及关闭项目管理器、表单设计器、查询设计器和报表设计器等。

另外，当关闭 VFP 系统后，所有的数据库和表也会随之关闭。

4. 表结构的修改

在 VFP 中可以修改表的结构，即可以增加和删除字段，也可以修改字段名、字段类型和宽度，还可以建立、修改、删除索引和有效性规则等。修改表结构的方法有：在项目管理器中修改表结构、在数据库设计器中修改表结构、使用命令修改表结构和使用菜单的方式修改表结构。

当要修改的表属于某个项目文件时，则可以在项目管理器中修改表结构。首先打开项目管理器，选择要修改的表，然后单击"修改"按钮则会弹出表设计器对话框，这样就可以对该表的结构进行修改。

当要修改的表在当前打开的数据库设计器中，则可以右击要修改的表，然后在弹出的快捷菜单中选择"修改"选项则会打开相应的表设计器，在表设计器中修改该表的结构。

在 VFP 中，也可以使用命令方式修改表的结构。首先使用 USE 命令或采用其他的方式打开要修改的表，然后使用 MODIFY STRUCTURE 命令弹出表设计器对话框。该命令用于弹出当前表的表设计器对话框，如果当前无打开的表，则会弹出"打开"对话框，用户可以选择要修改的表，然后单击"确定"按钮就可以弹出相应的表设计器。

另外，当要修改的表已打开并为当前表，则可以选择"显示"→"表设计器"选项，弹出表设计器对话框，并对表结构进行相应的修改。

4.1.3 自由表

以上介绍的表都是数据库中的表，本节讨论自由表、自由表和数据库表的区别，以及如何将自由表添加到数据库中和从数据库中将表移出成为自由表。

1. 自由表和数据库表

（1）自由表

自由表是指那些不属于任何数据库的表。在 VFP 中如果当前没有打开数据库，则创建的表都是自由表。自由表创建的方法有如下几种。

1）使用 CREATE 命令创建自由表，其方式与创建数据库表相同，但要求当前没有打开的数据库。

2）若当前无数据库打开时，选择"文件"→"新建"选项，在弹出的"新建"对话框中选择"表"，然后单击"新建文件"按钮就会弹出表设计器对话框，在表设计器对话框中定义表的结果。

3）在项目管理器中，切换到"数据"选项卡，再选择"自由表"，然后单击"新建"按钮也会弹出表设计器对话框。

创建一个表名为课程表的自由表，其字段的名称、类型、宽度等如图 4-7 所示，与建立数据库表的表设计器的区别是，自由表不能建立字段的规则和约束。

（2）数据库表的特点

与自由表相比，数据库表具有以下几个特点。

1）数据库表可以使用不超过 128 个字符长表名和长字段名，自由表的字段名最长不超过 10 个字符。

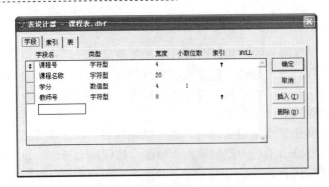

图 4-7　建立自由表的界面

2）可以为数据库表中的字段指定默认值、输入掩码、标题和添加注释等，而自由表没有这些功能。

3）数据库表支持主关键字、表之间的关联和参照完整性。

4）在数据库表中还可以为表规定字段级规则和记录级规则。

5）数据库表支持插入、更新和删除触发器。

2. 将自由表添加到数据库中

在 VFP 中，可以将自由表添加到数据库中，使之成为数据库表。将自由表添加到数据库中，有以下几种方式。

当数据库设计器打开时，可以右击数据库设计器窗口，在弹出的快捷菜单中选择"添加表"选项，则弹出"打开"对话框，在对话框中选择要添加到数据库的自由表，然后单击"确定"按钮，即可将自由表添加到数据库中。另外，用户还可以选择"数据库"→"添加表"选项将自由表添加到数据库中。

在项目管理器中，首先在"数据"选项卡或全部选项卡中将要添加自由表的数据库展开至表，并选中"表"，如图 4-8 所示，然后单击"添加"按钮，弹出"打开"对话框，在对话框中选择要添加到数据库的自由表，然后单击"确定"按钮，即可将自由表添加到数据库中。

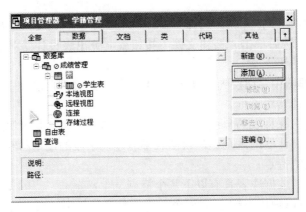

图 4-8　添加自由表到数据库中

用户还可以使用命令将自由表添加到数据库中。

格式：ADD TABLIE <表文件名>|? [NAME <长表名>]

功能：将指定的表名添加到数据库中，使其成为数据库表。

说明：

1）<表文件名>用于指定要添加到数据库中的自由表名，若使用"？"则会弹出"打开"对话框，供用户选择要添加的自由表。

2）NAME 用于给表指定一个较长的表名。

3）该命令只能将自由表添加到当前数据库中。

注意：若一个自由表添加到某个数据库中后，该表就不是自由表了，并且一个表只能属于一个数据库，即一个表不能同时添加到两个数据库中。但可以将其移出重新添加到另一个数据库中。

3. 从数据库中移去表

当数据库要添加的表在另一数据库中时，必须将该表从另一个数据库中移去后，才能将其添加到该数据库中。

在数据库设计器中移去某个表，首先右击要移去的表，在弹出的快捷菜单中选择"删除"选项，弹出如图 4-9 所示的删除表提示对话框，在对话框中单击"移去"按钮，即可将该表从数据库中移去，使之成为自由表。另外，也可以先选中要移去的表，然后使用"数据库"→"移去"选项，也可以弹出如图 4-9 所示的删除表提示对话框。

在项目管理器中要移去某个表，首先将数据库展开至表，并选中要移去的表，如图 4-10 所示，然后单击"移去"按钮，也会弹出如图 4-9 所示的删除表提示对话框，在该对话框中单击"移去"按钮即可。

图 4-9 删除表提示对话框

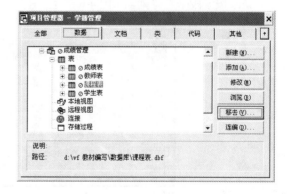

图 4-10 在项目管理器中移去表

另外，用户还可以使用命令将表从数据库中移去，使之成为自由表。

格式：REMOVE TABLE <表文件名>|? [DELETE][RECYCLE]

功能：将表从数据库中移去，使之成为自由表。

说明：

1）<表文件名>用于指定要移去的表名，若使用"？"则会弹出"移去"对话框，从中可以选择要移去的表。

2）DELETE 表示将指定的表从数据库中移去外，同时从磁盘上删除。

3）RECYCLE 表示将表从数据库移去后，放到回收站中。

4）该命令只能移去当前数据库中的表。

注意：在如图 4-9 所示删除表提示对话框中，如果单击"删除"按钮，则表示将表从数据库中移去的同时将其从磁盘中删除。当某个表从数据库中移去后，数据库表具有的特性将不存在，如表的主索引、字段的默认值、字段的有效性规则和表之间的关联等都将会消失，以及长表名和长字段名也不可再使用。

4.2　表的基本操作

表创建好后，就需要对它进行相应的操作，如向表中增加新记录、修改已有的记录、删除无用的记录等操作。本节主要介绍在窗口中对表进行操作和使用命令的方式操作表的方法。

4.2.1　在窗口中操作表

VFP 支持数据在窗口中显示、修改、删除等操作，并提供了 BROWSE、CHANGE 和 EDIT 等命令打开窗口。本节主要介绍 BROWSE 命令和其窗口。

1．记录显示方式

在窗口中显示表记录的方式有编辑和浏览两种。在编辑窗口中，一个字段占一行显示，记录按字段垂直排列，如图 4-6 所示。在浏览窗口中，一条记录占一行显示，如图 4-11 所示。

学号	姓名	性别	出生日期	籍贯	入学成绩	专业
2012001	刘科	男	10/05/93	重庆	432.0	计算机
2012002	张文	女	05/08/94	北京	458.0	计算机
2012003	李思思	女	07/18/94	重庆	460.0	计算机
2012004	罗成	男	11/18/93	四川	438.0	中文
2012005	徐丽	女	07/23/94	重庆	465.0	中文
2012006	刘梦茹	女	09/30/94	北京	471.0	中文
2012007	张龙	男	12/08/93	四川	480.0	中文
2012008	李宗云	男	08/19/93	重庆	472.0	管理
2012009	刘欣	女	07/15/84	重庆	465.0	管理
2012010	李洋	女	08/28/84	北京	477.0	管理

图 4-11　浏览窗口

当表打开后，在"显示"菜单中就会增加一个"浏览"选项，单击"浏览"选项就会打开编辑窗口或浏览窗口。此时上述两种显示方式可以通过"显示"菜单中的"浏览"和"编辑"选项来切换。若当前为浏览方式显示的表，只要选择"编辑"选项，就可以转换为编辑方式；若当前为编辑方式显示表，只要选择"浏览"命令，就会转换为浏览方式。

2．浏览窗口的打开和记录的修改

（1）打开窗口

打开浏览窗口的方法有很多，可以在项目管理器中打开，也可以在数据库设计器中打开，还可以使用命令打开浏览窗口。

在项目管理器中，将数据库展开至表，并选中要浏览的表，然后单击"浏览"按钮即可打开浏览窗口。

在数据库设计器中，只要双击要浏览的表，即可打开浏览窗口；或者选中要浏览的表，然后选择"显示"→"浏览"选项也可以打开浏览窗口。

当表处于打开状态并为当前表时，可以选择"显示"→"浏览"选项打开浏览窗口，还可以使用 BROWSE 命令浏览表的记录。

（2）记录的修改

在表的浏览窗口中，可以修改记录，但必须要求该表以独占的方式打开。只要单击记录的某个字段值，就可以根据光标指示进行修改。

在浏览窗口中可以使用键盘选择记录和字段的值，常用的操作有以下几种。

1）前一记录：上方向键。

2）下一记录：下方向键。

3）前一字段：左方向键、Shift＋Tab 组合键。

4）下一字段：右方向键、Tab 键。

当记录或字段较多时，窗口内不能全部显示，浏览窗口就会出现水平或垂直滚动条。查看数据时，可以使用滚动条来浏览数据，也可以使用 Page Up 键或 Page Down 键上下翻页查看。

3．在浏览窗口中追加和删除记录

打开浏览窗口后，用户可以向表中追加新记录和删除已有的记录。

（1）追加记录

当浏览窗口被打开并成为当前窗口时，"显示"菜单中会出现一个"追加方式"选项，同时在菜单栏中会出现"表"菜单。

记录的追加是将新记录添加在表的末尾。在 VFP 的表浏览窗口中，有三种追加记录的方式，分别是"追加方式"、"追加新记录"和"追加记录"。

"追加方式"可以连续追加多条记录，当追加的记录输入完数据后，会自动追加一条新的记录。

"追加新记录"只添加一条记录，再要添加时需重新选择"追加新记录"选项。

"追加记录"则是将其他表或其他数据源的记录追加到当前表的末尾。

（2）删除记录

删除记录分为逻辑删除和物理删除，逻辑删除是在删除的记录前加上一个删除标记，物理删除则是将记录从磁盘上删除。

在表浏览窗口中，单击记录左侧的矩形条，该矩形条就会变黑，这一黑色的矩形条就是删除标志；若再单击它，黑色的矩形条就会变成白色，这称为恢复记录。在"表"菜单中包含"删除记录"和"恢复记录"选项，用户可以使用这两个选项进行记录的逻辑删除和记录的恢复。

另外，若有多个记录被加上了删除标记，则可选择"表"→"彻底删除"选项，即可将带有删除标记的记录从磁盘上删除。

4.2.2 使用命令操作表

在 VFP 中，也可以使用命令对表进行添加、修改、删除记录等相关操作。本节将讨论使用命令对表操作，并且这些命令只对当前表有效。

1．添加记录的命令

添加记录有两种形式，一种是在当前记录的之前或之后插入新记录，另一种是在表的尾部追加新记录。

图 4-12　添加记录

（1）INSERT 命令

要在表的中间插入新记录，可以使用 INSERT 命令。

格式：INSERT [BEFORE] [BLANK]

功能：在当前表中插入新记录。

说明：

1）BEFORE 表示在当前记录之前插入一条记录，若省略该子句则表示在当前记录之后插入一条记录。

2）BLANK 表示在表中插入一条空白记录，用户可以使用 EDIT、CHANGE、BROWSE 命令来输入记录。

3）若省略 BLANK 子句则会出现记录编辑窗口（见图 4-12），等待用户输入数据。

（2）APPEND 命令

APEND 命令也可以为表添加记录，而该命令只能将记录添加到表的末尾。

格式：APPEND [BLANK]

功能：在当前表的末尾追加新记录。

说明：

1）BLANK 表示在当前表的尾部追加一条空白记录，等待以后填入数据。

2）若省略 BLANK 子句则会出现记录编辑窗口，等待用户输入数据。

注意：如果表建立了主索引或候选索引，则不能使用 INSER 命令和 APPEND 命令添加数据，只能使用 INSERT 命令插入记录。

2．表数据的修改命令

在浏览窗口中修改数据必须让用户输入修改值，而 REPLACE 命令是将字段的值用指定表达式来替换。

格式：REPLACE <字段名 1> WITH <表达式 1> [ADDITIVE]
[<字段名 2> WITH <表达式 2> [ADDITIVE]]…[<范围>] [FOR <条件>]

功能：对当前表在指定<范围>内满足<条件>的记录，用相应的表达式来替换指定的字段值。

说明：

1）该命令用<表达式>的值替换字段的值，即用<表达式 1>替换<字段名 1>，<表达式 2>替换<字段名 2>，以此类推。

2）如果使用 FOR 子句，则替换满足<条件>的所有记录。

3）ADDITIVE 用于备注型字段，将表达式的值添加到字段原有内容后，而不是替换。

4）<范围>用于限定命令的操作范围，范围的取值有如下选择。

ALL：表示对所有记录操作。

NEXT N：表示对包含当前记录在内的后 N 条记录操作。

RECORD N：表示仅对第 N 条记录操作。

REST：表示对包含当前记录在内后面的所有记录操作。

5）当<范围>和 FOR 子句都省略时，则表示只对当前记录进行替换。

【例 4-1】　将课程号为"K003"的全部学生的成绩加 10 分。

```
USE 成绩表
REPLACE 成绩 WITH 成绩+10 FOR 课程号="K003"
```

3．表记录的删除与恢复

表记录的删除有两种形式，一种是逻辑删除，一种是物理删除。下面介绍与之相关的几条命令。

（1）记录的逻辑删除命令

格式：DELETE [<范围>] [FOR <条件>]

功能：对当前表在指定<范围>内满足<条件>的记录加上删除标记，如果不带<范围>和 FOR 子句，则表示只对当前记录加上删除标志。

【例 4-2】　逻辑删除课程号为"K002"的全部学生成绩。

```
USE 成绩表
DELETE FOR 课程号="K002"
```

（2）记录恢复的命令

记录的恢复是指去掉删除标记，如果记录已经被物理删除则不可恢复。

格式：RECALL [<范围>] [FOR <条件>]

功能：对当前表在指定范围内满足条件的记录去掉删除标记，如果不带<范围>和 FOR 子句，则表示只恢复当前记录。

【例 4-3】　恢复课程号为"K002"且成绩及格的记录。

```
USE 成绩表
RECALL FOR 课程号="K002" AND 成绩>=60
```

（3）记录的物理删除命令

记录的物理删除命令有两种：一种是物理删除带标记的记录，另一种是删除表中的全部记录。

格式：PACK/ZAP

功能：物理删除当前表的相关记录。

说明：

1）PACK 用于从磁盘上删除当前表带逻辑删除标记的全部记录。

2）ZAP 用于删除当前表的所有记录，无论记录是否带有删除标记都将其删除。

4. 记录显示的命令

在 VFP 中，可以用 LIST 和 DISPLAY 命令来显示表的记录。

格式：LIST/DISPLAY [[FIELDS] <字段名列表>] [FOR <条件>] [OFF]
　　　　[TO FILE <文件名>|TO PRINTER [PROMPT]]

功能：将当前表相关的记录在 VFP 的主窗口中显示。

说明：

1）<字段名列表>用于指定要显示的字段，当有多个字段时，用逗号隔开，默认显示全部字段。

2）如果命令中带有 FOR 子句，只显示满足<条件>的记录。

3）如果命令中带有 OFF，则显示记录时不显示记录号，否则显示记录号。

4）TO FILE 用于将结果输出到指定的文件中。

5）TO PRINTER：将结果输出到打印机，如果还带有 PROMPT 则在打印之前会弹出一个打印设置对话框，用于设置打印的格式。

6）当命令不带条件时，LIST 默认显示全部记录，DISPLAY 则默认显示当前记录。

【例 4-4】　显示学生表中入学成绩高于 400 分的全部男学生的信息。

```
USE 学生表
LIST FOR 入学成绩>400 AND 性别="男"
```

显示结果：

记录号	学号	姓名	性别	出生日期	籍贯	入学成绩	专业
1	2012001	刘科	男	10/05/93	重庆	432.0	计算机
4	2012004	罗成	男	11/18/93	四川	438.0	中文
7	2012007	张龙	男	12/08/93	四川	480.0	中文
8	2012008	李宗云	男	08/19/93	重庆	472.0	管理

4.2.3　记录指针的移动

在表的操作过程中，往往需要对表中的记录进行定位。记录定位是将记录指针指向某个记录，使之成为当前记录。表刚打开时，记录指针总指向表的第一个记录。

1. 记录定位命令

格式：[GO/GOTO] <数值表达式> |TOP|BOTTOM

功能：对记录指针进行定位，GO 和 GOTO 是等价的两个命令。

说明：

1）<数值表达式>：将记录指针指向记录为<数值表达式>指出的记录号。

2）GO TOP：将记录指针指向表的第一个记录。

3）GO BOTTOM：将记录指针指向表的最后一个记录。

2. 记录位移命令

格式：SKIP [<数值表达式>]

功能：从当前记录开始移动记录指针。

说明：

1）<数值表达式>用于指定位移的记录个数。

2）<数值表达式>为负值时，表示向文件首部位移，否则表示向文件尾部位移。

3）<数值表达式>省略时，表示其值为 1。

【例 4-5】　下面是关于记录指针定位的例子。

```
USE 学生表              &&当前记录为第 1 个记录
? RECNO()              &&显示：1
GO 3                   &&当前记录为第 3 条记录
? RECNO()              &&显示：3
SKIP 2                 &&当前记录为第 5 条记录
? RECNO()              &&显示：5
SKIP                   &&当前记录为第 6 条记录
? RECNO()              &&显示：6
GO BOTTOM              &&当前记录为最后一条记录
? RECNO()              &&显示：10
6                      &&当前记录为第 6 条记录
? RECNO()              &&显示：6
USE
```

4.2.4 表与数组之间的数据传送

在 VFP 中，可以将表中的记录送入到数组或内存变量中，也可以将数组的元素值或内存变量的值传送到表中替代记录中的数据，或将数组的元素值追加到表中。

1. 单个记录与数组间的数据传送

（1）将记录传送到数组或内存变量

格式：SCATTER [FIELDS <字段名表>]|FIELDS LIKE <通配符>|FIELDS EXCEPT <通配符>]

　　　　[MEMO] TO <数组名> [BLANK]|MEMVAR [BLANK]

功能：将当前记录的字段值按指定<字段名表>的顺序依次存入数组，或依次存入一组内存变量。

说明：

1）若省略 FIELDS 子句，则只传送除备注型字段和通用型字段以外的所有字段值。若要传送备注型字段值，则需要选用 MEMO 短语。

2）FIELDS LIKE 用于定义包括与<通配符>有关的字段，FIELDS EXCEPT <通配符>] 用于排除与<通配符>有关的字段，两者可以同时使用。

3）TO <数组名>用于指定在入数据的数组名。如果没有创建数组，系统会自动创建；若已创建的数组元素个数少于字段的个数时，系统自动将其扩充与字段个数相同；若已创建的数组元素个数多于字段个数时，则其多余的数组元素值保持不变。

4）使用 MEMVAR 子句能将数据传送到一组内存变量中，系统会自动为每一个字段创建一个相应的内存变量，这些内存变量名与字段名相同。

5）若使用 BLANK 子句，则表示建立一个空的数组或一组空的内存变量。

【例 4-6】　将学生表记录传送到数组和内存变量中。

```
USE 学生表
GO 3
SCATTER FIELDS 学号,姓名,性别,籍贯 TO m1
?m1(1),m1(2),m1(3),m1(4)
SKIP
SCATTER FIELDS 学号,姓名,性别,籍贯 MEMVAR
?M.学号,M.姓名,M.性别,M.籍贯
```

显示结果：

```
2012003 李思思　女 重庆
2012004 罗成　　男 四川
```

（2）将数组或内存变量的数据传送到记录

格式：GATHER FROM <数组名>|MEMVAR [FIELDS <字段名表>|FIELDS LIKE
　　　　<通配符>|FIELDS EXCEPT <通配符>] [MEMO]

功能：将数组或内存变量的数据依次传送到当前记录，替换相应字段的值。

说明：

1）若数组元素的个数多于字段个数时，则多出的数组元素不传送；若数组元素的个数多于字段个数时，则多出的字段的值不会改变。

2）内存变量的值将传送与它同名的字段。若某字段无同名的内存变量，则不会替换该字段的值。

3）若使用 FIELDS 子句，只有<字段名表>中指定的字段才会被数组元素替换。

4）若使用 MEMO 子句，则在传送数据时也包含备注型字段，否则将忽略备注型字段。

【例 4-7】　将数组中的值传送到表中。

```
USE 学生表
GO 3
SCATTER FIELDS 学号,姓名,性别,入学成绩 TO  m2
```

```
?m2(1),m2(2),m2(3),m2(4)
m2(4)=690
GATHER FROM m2 FIELDS 学号,姓名,性别,入学成绩
DISPLAY
```

显示结果：

2012003 李思思　女　　　　460.0

记录号	学号	姓名	性别	出生日期	籍贯	入学成绩	专业
3	2012003	李思思	女	07/18/94	重庆	490.0	计算机

2. 成批记录与数组间的数据传送

SCATTER 和 GATHER 命令只能在表的当前记录与数组间进行数据传送，下面介绍表的成批记录与数组间的数据传送的命令。

（1）将表的多个记录复制到数组

格式：COPY TO ARRAY <数组名> [FIELDS <字段名表>][<范围>][FOR <条件>]

功能：将当前表指定范围内满足条件的记录复制到数组中，但不复制备注型字段。

说明：

1）若命令中指定的数组不存在，系统会自动创建。

2）该命令是将当前表的多个记录复制到二维数组中。在数组中一行存一条记录，且第一个字段的值存入到该行的第一列，第二个字段的值存入到该行的第二列，以此类推。

3）当指定的数组已经存在，若数组的列数多于字段的个数时，则数组中多出的列元素值不变；若数组的列数少于字段的个数时，则多出的字段值将会被忽略；若数组的行数多于记录的个数时，则剩下的数组行的各元素值不变；若数组的行数少于记录的个数时，则多出的记录不被复制。

4）当复制的记录只有一条时，其数组可以是一维数组。

【例 4-8】　将学生表中入学成绩大于等于 472 分的学生的学号、姓名和入学成绩复制到数组中。

```
USE 学生表
DIME m3(4,4)
COPY TO ARRAY m3 FIELDS 学号,姓名,入学成绩 FOR 入学成绩>=472
?m3(1,1),m3(1,2),m3(1,3),m3(1,4)
?m3(2,1),m3(2,2),m3(2,3),m3(2,4)
?m3(3,1),m3(3,2),m3(3,3),m3(3,4)
?m3(4,1),m3(4,2),m3(4,3),m3(4,4)
```

显示结果：

```
2012007 张龙       480.0 .F.
2012008 李宗云     472.0 .F.
2012010 李洋       477.0 .F.
.F.  .F.  .F.  .F.
```

从例 4-8 可以看出，数组的第四行和第四列没有被复制数据，其元素的值没有改变，仍为定义数组时的初始值逻辑假（.F.）。

（2）从数组向表中追加记录

格式：APPEND FROM ARRAY <数组名> [FIELDS <字段名表>][FOR <条件>]

功能：将满足条件的数组行数据依次追加到当前表中，但会忽略备注型字段。

说明：

1）数组的行数就是追加记录的个数，即数组的每一行追加一条记录。当是一维数组时，即只追加一条记录。

2）当字段的个数少于数组的列数时，数组多余列的元素将被忽略；若字段的个数多于数组的列数时，则多出的字段值为空。

【例 4-9】　将数组的数据追加到表中。

```
USE 学生表
COPY STRU to student              &&将学生表的结构复制到 student 表中
COPY TO ARRAY m4 FOR 入学成绩>=472
USE student
APPEND FROM ARRAY m4
LIST
```

显示结果：

记录号	学号	姓名	性别	出生日期	籍贯	入学成绩	专业
1	2012007	张龙	男	12/08/93	四川	480.0	中文
2	2012008	李宗云	男	08/19/93	重庆	472.0	管理
3	2012010	李洋	女	08/28/84	北京	477.0	管理

4.3　排序与索引

在 VFP 中，表的记录是按照输入的先后顺序排列，使用 LIST 或 DISPLAY 命令显示表时也是按此顺序输出。但对表进行排序和索引后，就可以按另一种顺序进行输出。

4.3.1　排序

排序是根据表中的某些字段重新排列记录的顺序。排序后将会产生一个新的表，原有的表不变。

格式：SORT TO <表文件名> ON <字段 1> [/A|/D][/C][,<字段 2>[/A|/D][/C]…]
　　　　[<范围>][FOR <条件>][ASCENDING|DESCENDING]
　　　　[FIELDS <字段名列表>]

功能：对当前表在给定<范围>内满足<条件>的记录按指定<字段>的值进行排序，并生成一个新的表文件。

说明：

1）排序结果被存入 TO <表文件名>子句指定的新表文件中。

2）ON 子句用于指定排序的字段，该命令首先按<字段 1>进行排序，若字段值相同则再按<字段 2>进行排序，以此类推。

3）/A 说明按升序排序，/D 说明按降序排序，/C 说明排序时不区分大小写字母。/AC 说明按升序不区分大小写，/DC 说明按降序不区分大小写。默认时按升序排序且区分大小写。

4）如果省略<范围>和 FOR <条件>等子句则表示对所有记录排序。

5）FIELDS 子句用于指定新表中包含的字段，默认包含原表的所有字段。

【例 4-10】　对学生表进行排序，要求将所有女学生的入学成绩按降序排序存入 table1.dbf 中，并要求新表只包含学号、姓名、性别和入学成绩四个字段。

```
USE 学生表
SORT TO table1 ON 入学成绩 /D  FOR 性别="女";
     FIELDS 学号，姓名，性别，入学成绩
USE table1
LIST
```

显示结果：

记录号	学号	姓名	性别	入学成绩
1	2012010	李洋	女	477.0
2	2012006	刘梦茹	女	471.0
3	2012005	徐丽	女	465.0
4	2012009	刘欣	女	465.0
5	2012003	李思思	女	460.0
6	2012002	张文	女	458.0

4.3.2　索引

表中的记录通常按磁盘存储顺序输出，磁盘上记录的顺序称为物理顺序。在执行排序后，其新表中形成了新的物理顺序。而索引不会改变表中记录的物理顺序，而是按某个索引关键字或表达式建立记录的逻辑顺序。

1. 索引的概念

索引是由指针构成的文件，这些指针逻辑上按照索引关键字或表达式的值进行排序。建立的索引是磁盘上存在的索引文件，有单索引文件（扩展名为.idx）和复合索引文件（扩展名为.cdx）两种。复合索引文件又有结构复合索引文件和非结构复合索引文件，与表同名的（扩展名为.cdx）文件称为结构复合索引。

在 VFP 中，索引分为主索引、候选索引、普通索引和唯一索引四种。

（1）主索引

主索引是指在表中指定的字段或表达式不允许出现重复的值。主索引只适用于数据库表的结构复合索引，在自由表中不可以建立主索引，并且每一个数据库表只能建立一个主索引。建立主索引的字段或表达式能够唯一标识每个记录处理顺序的值。

如果用表中已经包含有重复数据的字段来建立主索引，将会产生错误信息。若一定要用该字段来建立主索引，则必须将其重复的字段值删除。

主索引可以保证字段值的唯一性，可以为每个数据库表建立一个主索引，用来在永久关系中建立参照完整性。

（2）候选索引

候选索引和主索引一样，建立候选索引的字段或表达式的值能够唯一标识每个记录处理顺序的值，但在一个数据表中可以建立多个候选索引。

候选索引可以作为主关键字，也可用于在永久关系中建立参照完整性。在数据库表和自由表中均可以建立多个候选索引。

（3）普通索引

普通索引也可以决定记录的处理顺序，他允许字段中出现重复值，并且在索引中也允许出现重复的索引项。

普通索引可以作为一对多永久关系中"多方"。在数据库表和自由表中都可以建立多个普通索引。

（4）唯一索引

唯一索引是将索引表达式为每个记录产生的唯一值存入索引文件中，若表中的记录的索引表达式值相同，则只取第一个索引表达式值。

唯一索引是指索引项是唯一的，允许字段的重复出现。在数据库表和自由表中都可以建立多个唯一索引。

2. 索引的建立

（1）在表设计器中建立索引

使用表设计器可以方便、直观地建立索引。

在表设计器中建立索引有两种方法，第一种是先在"字段"选项卡的"索引"列组合框中选择索引方式，向下箭头为降序索引，向上箭头为升序索引，此时会在该行字段建立一个普通索引。第二种是直接在"索引"选项卡中建立索引，在"索引"选项卡中，用户可以输入索引名，选择索引类型，以及编辑索引表达式。如果索引表达式是基于一个字段的则可以使用第一种方法建立索引。下面通过示例来介绍索引的建立过程。

在"成绩管理"数据库中，建立一个成绩表，其表结构如图 4-13 所示。在"字段"选项卡中，为"学号"和"课程号"字段在"索引"列的组合框中选择升序，此时在"索引"选项卡中可以看到，系统会自动为这两个字段分别建立一个普通索引，如图 4-14 所示。

为"成绩表"建立一个主索引，索引名为"cj"，索引表达式为"学号+课程号"。在"索引"选项卡的"索引名"文本框中输入"cj"，"类型"选"主索引"，"表达式"文本框输入"学号+课程号"，然后单击"确定"按钮即可。

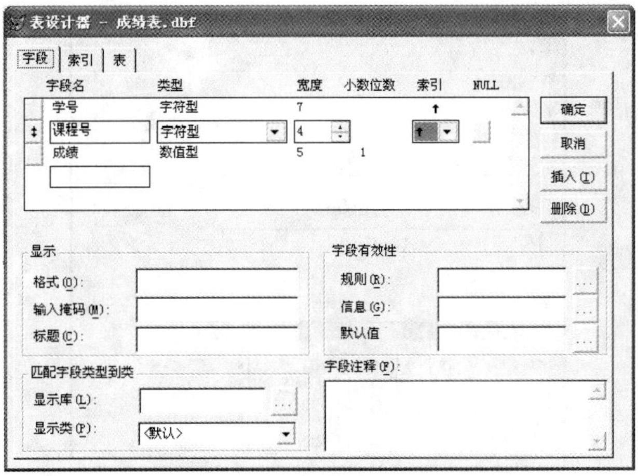

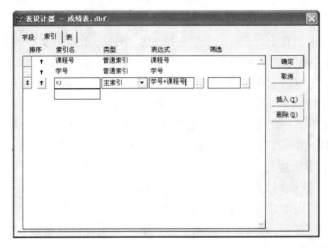

图 4-13　表设计器创建普通索引

图 4-14　自动创建普通索引

另外，索引表达式也可在"表达式生成器"对话框中编辑，单击"表达式"文本框右侧的按钮，就会弹出"表达式生成器"对话框，用户可以在"表达式"文本框中编辑索引表达式，如图 4-15 所示。

（2）用命令建立索引

在 VFP 中，还可以使用命令来建立索引。虽然在表设计器中能够方便、快捷地建立索引，但有时在程序中需要临时建立一些索引，这时就必须使用命令来建立索引。

格式：INDEX ON <索引表达式> TO <单索引文件名>|TAG <索引标识名>

[OF <复合索引文件名>] [FOR <条件>] [COMPACT]

[ASCENDING|DESCENING]

[UNIQUE|CANDIDATE] [ADDITIVE]

功能：建立索引文件或增加索引标识。

图 4-15 "表达式生成器"对话框

说明：

1）TO <单索引文件名>子句用于建立单索引文件，单索引文件的扩展名为.idx。

2）TAG <索引标识名> [OF <复合索引文件名>]用于建立复合索引文件及增加索引标识，OF 用于指定复合索引文件名，默认的复合索引文件名与表同名且扩展名为.cdx。

3）如果带有 FOR 子句，则只对满足条件的记录建立索引。

4）COMPACT 子句用于对单索引文件建立一个压缩的扩展名为.idx 文件。

5）ASCENDING 或 DESCENING 用于指明建立升序或降序，默认为升序。

6）UNIQUE 用于建立一个唯一索引型索引文件，CANDIDATE 用于建立一个候选索引型索引文件。默认则是建立普通索引型索引文件。

7）ADDITIVE 用于建立该索引文件时并不关闭先前打开的索引文件。

使用命令可以建立普通索引、候选索引和唯一索引，但不能建立主索引，是因为主索引只能在数据库表中建立。

3．索引的使用

要用索引进行查询，必须同时打开表和索引文件。一个表可以打开多个索引文件，并且一个复合索引文件也可以包含多个索引标识，但在同一时刻只有一个索引文件能起作用，在复合索引文件中也只有一个索引标识能起作用。当前起作用的索引标识成为主控索引，当前起作用的索引文件称为主控索引文件。可以使用下面的命令来打开当前表的索引。

格式：SET INDEX TO [<索引文件表>] [ADDITIVE]

功能：打开当前表的一个或多个索引文件，并确定主控索引文件。

说明：

1）<索引文件表>用于指定打开的索引文件，第一个索引文件为主控索引文件。

2）若省略 ADDITIVE 选项，则在打开索引文件时，除结构复合索引文件以外的索引文件都将被关闭。

3）当所有选项都省略时，SET INDEX TO 用于关闭当前工作区中当前数据表的除结构复合索引外的所有索引文件。

　　另外，也可以用 USE 命令打开表时同时打开索引文件。

　　格式：USE <表名> INDEX <索引文件表>

　　功能：打开数据表的同时打开索引文件，<索引文件表>中的第一个索引文件为主控文件。

　　在使用某个特定索引时需要将该索引指定为主控索引。可以使用 SET ORDER 命令来指定主控文件。

　　格式：SET ORDER TO [<数值表达式>|<单索引文件名>|[TAG]<索引标识>
　　　　　　[ASCENDING|DESCENDING]]

　　功能：指定索引文件为主控索引。

　　说明：

　　1）<数值表达式>用于指定主控索引的序号，系统为打开的索引文件自动编号。

　　2）<单索引文件名>用于指定该单索引文件为主控索引文件。

　　3）<索引标识>用于指定该索引标识为主控索引。

　　4）当所有选项都省略时，SET ORDER TO[0]命令表示取消主控索引文件和主控索引。

　　4. 索引的删除

　　为了提高系统效率，需要及时清理无用的索引标记和索引文件。可以在表设计器中删除索引，也可以使用命令删除索引。

　　（1）在表设计器中删除索引

　　在表设计器中删除索引的操作步骤如下。

　　1）打开要删除索引所在表的表设计器，并切换到"索引"选项卡。

　　2）在"索引"选项卡中，选择要删除的索引项。

　　3）单击"删除"按钮即可将所选择的索引删除。

　　（2）使用 DELETE 命令删除索引

　　格式：DELETE TAG ALL|<索引标识 1>[,<索引标识 2>]…

　　功能：删除打开的结构复合索引文件的索引标识。

　　说明：

　　1）<索引标识>用于指定要删除的索引。

　　2）ALL 子句用于删除结构复合索引文件的所有标识，如果索引文件的索引标识都被删除，则该索引文件也会被删除。

4.4　数据完整性

　　在数据库中，数据完整性是指数据库中数据的正确性和相容性，是由各种各样的完整性约束来保证的，因此数据库完整性设计就是数据库完整性约束的设计。数据完整性包括实体完整性、域完整性和参照完整性等。

4.4.1 实体完整性

实体完整性要求每一个表中的关键字段都不能为空或者有重复的值，是保证表中记录唯一的特性。在 VFP 中，利用主关键字或候选关键字来保证表中记录的唯一性，即保证实体唯一性。

实体完整性指表中行的完整性。要求表中的所有行都有唯一的标识符，称为主关键字。主关键字是否可以修改，或整个列是否可以被删除，取决于主关键字与其他表之间要求的完整性。

4.4.2 域完整性

域完整性就是指数据库表中的列必须满足某种特定的数据类型或约束。其中约束又包括取值范围、精度等规定。表中的 CHECK、FOREIGN KEY 约束和 DEFAULT、 NOT NULL 定义都属于域完整性的范畴。

在自由表中，可以指定字段的数据类型、宽度、是否为空值。对于数值型字段，通过使用不同的宽度来说明不同的数据类型，从而可以限定字段的取值类型和取值范围。例如，整型数据占四字节，存放不带小数的数值型，双精度型数据占八字节，用于存放精度较高的数据等。

在数据库表中，不仅具有自由表的全部域完整性外，还可以使用域约束规则来进一步保证域完整性。域约束规则也称作字段有效性规则。其字段有效性规则请参照 4.1.2 小节的内容。

4.4.3 参照完整性

实体完整性和域完整性属于记录级和字段级验证规则，参照完整性则属于表间规则。参照完整性是关系数据库管理系统的一个很重要的功能，建立参照完整性必须首先建立表之间的关联。

表之间的联系可以再数据库设计器中建立。要建立表之间的联系，首先要在父表中建立主索引，在子表中建立普通索引，然后通过父表的主索引和子表的普通索引建立两个表之间的联系。

例如，在"成绩管理"数据库中，有以下四个表。

"学生表"：含有字段学号、姓名、性别、出生日期、籍贯、入学成绩和专业，并以"学号"建立主索引。

"课程表"：含有字段课程号、课程名称、学分和教师号，并以课程号建立主索引，以"教师号"建立普通索引。

"成绩表"：含有字段学号、课程号和成绩，并以"学号＋课程号"建立主索引，并分别为"学号"和"课程号"建立普通索引。

"教师表"：含有字段教师号、姓名、性别、所在部门、职称、出生日期、专职和基本工资,并以"教师号"建立主索引。

图 4-16 所示为数据库设计器中已经建立好的四个表。其中,"学生表"和"成绩表"之间有一个一对多的联系,连接字段是"学号";"课程表"和"成绩表"之间有一个一对多的联系,连接字段是"课程号";"教师表"和"课程表"之间也是一个一对多的联系,连接字段是"教师号"。

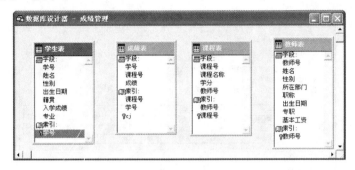

图 4-16　数据库设计器界面

在数据库设计器中,只要单击父表中的主索引,按住左键并将其拖动到子表相应的普通索引上,然后释放左键,系统会自动为两个表建立联系。例如,要为"学生表"和"成绩表"之间建立联系,只需要将"学生表"的主索引"学号"按住左键拖动到"成绩表"的普通索引的"学号"上即可。按照相同的方法为其余各表建立表之间的联系,建立好联系的数据库表如图 4-17 所示。

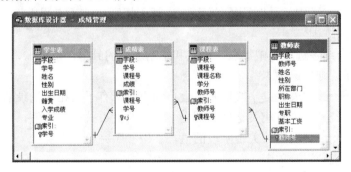

图 4-17　建立表之间的联系

若在建立联系时操作有误,可以右击要修改的关联线,然后在弹出的快捷菜单中选择"编辑关系"选项,则会弹出"编辑关系"对话框,如图 4-18 所示。用户可以在该对话框中修改联系。

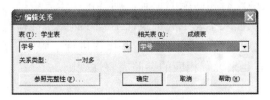

图 4-18　"编辑关系"对话框

表之间的关联建立好后，就可以建立表之间的参照完整性。在建立参照完整性之前必须先清理数据库，可以选择"数据库"→"清理数据库"选项来清理数据库。

清理完数据库后，右击表之间的关联线，从弹出的菜单中选择"编辑参照完整性"选项，则会弹出"参照完整性生成器"对话框，如图 4-19 所示，在此可以设置参照完整性规则。

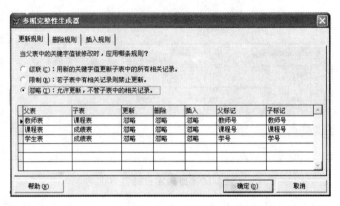

图 4-19 "参照完整性生成器"对话框

参照完整性规则包括更新规则、删除规则和插入规则，分别对应图 4-19 中的三个选项卡。

"更新规则"选项卡用于指定修改父表中的关键字时所有的规则，"删除规则"选项卡用于指定删除父表中记录时所用的规则，"插入规则"选项卡用于指定在子表中插入新记录时所用的规则。

下面分别介绍各选项卡中级联、限制和忽略选项的具体功能。

（1）"更新规则"选项卡

1）级联：更改父表关键字段值时，会自动更改所有子表相关记录的值。

2）限制：若子表中有相关记录，则会禁止更改父表关键字段值。

3）忽略：允许父表更改关键字段的值，不做参照完整性检查。

（2）"删除规则"选项卡

1）级联：删除父表中的记录时，相关子表中的记录会自动删除。

2）限制：若子表中有相关记录，则禁止删除父表中的记录。

3）忽略：允许父表任意删除记录，不做参照完整性检查。

（3）"插入规则"选项卡

1）限制：若父表中没有相匹配的记录，则禁止在子表中插入子记录。

2）忽略：可以任意插入子表中的记录，不做参照完整性检查。

在设置参照完整性规则后，可能会对一些操作进行了限制。在实际应用中，用户可以根据数据库的设计需要来设置相应的参照完整性规则。

4.5　查询与统计命令

　　查询就是按指定条件在表中查找需要的记录。本节介绍两种常用的查询方法，即顺序查询和索引查询。在 VFP 中还支持 SQL 查询语句，关于 SQL 查询语句将在第 5 章讨论。

4.5.1　顺序查询命令

　　顺序查找的命令包括 LOCATE 和 CONTINUE 两条命令。LOCATE 命令是按条件定位记录的命令，CONTINUE 命令则是配合 LOCATE 使用的命令。

　　格式：LOCATE FOR <条件>

　　功能：查找满足<条件>的第一个记录，如果找到，则记录指针就指向该记录。若表中无满足<条件>记录，则指针指向文件尾部。

　　说明：

　　1）该命令只是将记录指针定位到满足条件的第一个记录上，且 FOUND()函数的值为真。该命令不会显示记录数据，若要显示该记录，则可以使用 DISPLAY 命令；

　　2）查找到记录后，若再需要往下查找，必须使用 CONTINUE 命令。

　　【例 4-11】　在教师表中，查询基本工资为 4500 元的教师信息。

```
USE 教师表
LOCATE FOR 基本工资=4500
? FOUND()
DISPLAY FIELDS 姓名,基本工资
CONTINUE
? FOUND()
DISPLAY FIELDS 姓名,基本工资
CONTINUE
? EOF ()
```

　　显示结果：

```
.T.

记录号  姓名    基本工资
     1  李发忠   4500.00
.T.

记录号  姓名    基本工资
     5  王青华   4500.00
.T.
```

　　当表中满足条件的记录较多时，通常与 DO WHILE 循环语句配套使用，其结构为

```
LOCATE FOR <条件>
DO WHILE FOUND()
```

```
......
CONTINUE
ENDDO
```

即首先找到满足条件的第一条记录，并在循环体内执行相关语句，然后执行 CONTINUE 命令，找到下一条满足条件的记录，如此循环，直到文件的尾部。DO WHILE 循环语句将在第 7 章介绍。

4.5.2　索引查询命令

索引查询是采用的二分查找算法来实现的，二分查找的速度比顺序查找的速度快，但要求记录是有序的，这就要求在查找前先对记录进行排序。

格式：SEEK <表达式>

功能：在已经确定好主控索引的表中，按索引关键字查找满足<表达式>值的第一个记录。如果找到，记录指针就指向该记录，否则记录指针指向文件尾部，并在 VFP 主窗口的状态栏中显示"没有找到"。

例如，在教师表中查找基本工资为 4500 元的记录。其命令序列如下。

```
USE 教师表
INDEX ON 基本工资 TAG jbgz
SEEK 4500
?RECNO()
```

4.5.3　统计命令

在数据库应用中，统计和汇总是非常重要的内容，本节主要介绍对表文件记录的求和、计数、求平均值和分组求和。

1．求和命令

格式：SUM [<数值表达式表>][<范围>][FOR <条件>]
　　　 [TO <内存变量表>|TO ARRAY <数组名>]

功能：在当前的表中分别对<数值表达式表>的各个表达式求和。

说明：

1）将<数值表达式表>中各表达式的和可依次存入<内存变量表>或数组中。若省略<数值表达式表>，则对当前表中的所有数值型字段分别求和。

2）若省略<范围>和 FOR 子句，则对表中所有记录进行求和。

【例 4-12】　求教师表中职称是讲师的基本工资的和。

```
CLOSE ALL
CLEAR
USE 教师表
SUM 基本工资 FOR 职称="讲师" TO A1
?"所有讲师基本工资的和：",A1
```

显示结果：

所有讲师基本工资的和：　　　13400.00

2. 计数命令

格式：COUNT [<范围>][FOR <条件>][TO <内存变量>]
功能：计算指定范围内满足条件的记录个数。
说明：

1）若省略<范围>和 FOR 子句，则对表的所有记录进行统计。

2）该命令执行后的值显示在主窗口的状态条中，可以使用 TO 子句将其值保存到
<内存变量>中。

【例 4-13】　统计教师表中职称是教授的人数。

```
CLOSE ALL
CLEAR
USE 教师表
COUNT FOR 职称="教授" TO js
?"职称是教授的共有：",js,"人"
```

显示结果：

职称是教授的共有：　　　　3 人

3. 求平均值命令

格式：AVERAGE [<数值表达式表>][<范围>][FOR <条件>]
　　　　　　[TO <内存变量表>|TO ARRAY <数组名>]
功能：在当前表中对<数值表达式表>中的各个表达式分别求平均值，该命令的用法
与 SUN 命令相同。
说明：

1）将<数值表达式表>中的各表达式的平均值可依次存入<内存变量表>或数组中。
若省略<数值表达式表>，则对当前表中的所有数值型字段分别求平均值。

2）省略<范围>和 FOR 子句，则对表中所有记录进行求平均值。

【例 4-14】　求学生表中入学成绩的平均值。

```
CLOSE ALL
CLEAR
USE 学生表
AVERAGE 入学成绩 TO pjcj
?"平均入学成绩：",pjcj
```

显示结果：

平均入学成绩：　　　461.80

4. 汇总命令

汇总命令可以对数据进行分类求和，即对表记录按某一字段内容分类求和。该命令还可以将分类统计的结果保存到文件中。

格式：TOTAL TO <文件名> ON <关键字> [FIELDS <数值型字段表>]

　　　[<范围>][FOR <条件>]

功能：在当前表中对关键字的值相同的记录按指定的数值型字段求和，并将结果存入新表中。一组关键字相同的记录在新表中产生一个记录。

说明：

1）<关键字>是指排序字段或索引关键字，该命令要求当前表必须是有序的，否则不能汇总。

2）FIELDS 子句用于指出要汇总的字段，若省略，则对表中所有数值型字段汇总。

3）若省略<范围>和 FOR 子句，则对表中所有记录进行汇总。

另外，FIELDS 子句后也可使用非数值型字段，但只将关键字值相同的第一个记录的字段值存入新的文件中。

【例 4-15】　在教师表中，按教师的职称对基本工资进行汇总。

```
CLOSE ALL
CLEAR
USE 教师表
INDEX ON 职称 TAG zc
TOTAL ON 职称 TO gzhz FIELDS 基本工资
USE gzhz
BROWSE FIELDS 职称,基本工资 TITLE "基本工资汇总表"
```

汇总结果如图 4-20 所示。

职称	基本工资	
副教授	8000.00	
讲师	13400.00	
教授	13200.00	
助教	3000.00	

图 4-20　基本工资汇总表

4.6　多重表的操作

在 VFP 中，一次可以打开多个数据库，而每个数据库中也可以打开多个表，还可以打开多个自由表。本节介绍多工作区的基本概念，如何使用不同工作区的表，以及表之间的关联。

4.6.1　工作区的选择和使用

1．工作区的概念

在 VFP 中，表打开后才能操作，表的打开是将它从磁盘调入内存的某个工作区。VFP 提供了 32767 个工作区，编号为 1～32767。

在同一时刻，每一个工作区只允许打开一个表，并且一个表也只能在一个工作区中打开。当在同一个工作区打开另一个表时，以前打开的表将会自动关闭。每个工作区对应一个别名，前 10 个工作区指定的别名为 A～J，工作区 11～32767 中指定的别名为 W11～W32767。

其实表也有别名，表在打开时也可以用命令方式为表指定别名。

格式：USE <表文件名> ALIAS <别名>

功能：打开表时同时为表指定一个别名。

例如，"USE 学生表 ALIAS STUDENT"命令为打开学生表并为该表指定一个别名为"STUDENT"。

如在打开表时未对表指定别名，则表的文件名将被默认为别名。例如，命令"USE 课程表"的别名也是"课程表"。

2．工作区的选择

只有当前表才能够直接被使用，当前表所在的工作区为当前工作区。可以使用 SELECT 命令来指定当前工作区。

格式：SELECT <工作区号>/<表别名>

功能：选定某个工作区用于打开表，或使某个工作区成为当前工作区。

说明：

1）用 SELECT 命令选定的工作区为当前工作区。在未指定工作区时，默认 1 号工作区为当前工作区。

2）命令"SELECT 0"表示选定当前未被使用的最小工作区号。

3）只有工作区中有打开的表，才能在 SELECT 命令中使用表别名。

【例 4-16】　工作区选择命令 SELECT 命令的应用。

```
SELECT A
USE 学生表 ALIAS XSB
SELECT 4
USE 课程表 ALIAS KCB
SELECT XSB
? DBF()                    &&DBF()函数返回当前工作区的表名
SELECT 0
USE 成绩表
? SELECT()                 &&SELECT()函数返回当前工作区号
```

3. 工作区之间的互访

如在当前工作区访问其他工作区中表的字段时，必须使用"别名.字段名或别名->字段名"的形式进行访问，且被访问表中的记录指针不变。

【例 4-17】 假设已建立"教师表.dbf"和"课程表.dbf"，其表的记录如图 4-21 和图 4-22 所示。

```
SELECT 1
USE 教师表 ALIAS JSB
LOCATE FOR 教师号= "J004"
SELECT 2
USE 课程表 ALIAS KCB
LOCATE FOR 教师号= "J004"
SELECT JSB
DISPLAY OFF 教师号,姓名,KCB.课程名称
```

显示结果：

```
教师号    姓名      Kcb->课程名称
J004      崔永红    安全教育
```

图 4-21　教师表　　　　　　　　　　　　　　　图 4-22　课程表

4.6.2　表之间的关联

从上节可以看出，在一个工作区访问其他工作区的表时，其他工作区中记录指针指向当记录，而指针不能移动。通常是让子表的记录指针随父表的记录指针改变而改变。这时需要为两个表建立一个临时关联。

虽然在数据库中可以为表之间建立联系，但数据库中建立的联系为永久联系。永久联系不能控制不同工作区的记录指针的关系。所以，当需要控制表间记录指针的关系时，则需要建立临时联系，在 VFP 中可以使用 SET RELATION 命令来建立临时联系。

格式：SET RELATION TO [<表达式 1> INTO <别名 1>,…,<表达式 N> INTO <别名 N>][ADDITIVE]

功能：以当前表为父表与其他一个或多个子表建立关联。

说明：

1）<表达式>用于指定父表的字段表达式，其值将与子表的索引关键字对应。通常父表为主索引，子表为普通索引。

2）<别名>表示子表或子表所在的工作区。

3）ADDITIVE 表示在建立关联时不取消以前建立的关联。

4）SET RELATION TO 命令用于取消当前表到所有表的临时关联。

【例 4-18】　使用命令建立教师表和课程表之间的临时关联。

```
OPEN DATABASE 成绩管理
SELECT 1
USE 课程表 ALIAS KCB ORDER 教师号
SELECT 2
USE 教师表 ALIAS JSB ORDER 教师号
SET RELATION TO 教师号 INTO KCB
LOCATE FOR 教师号="J005"
DISPLAY OFF FIELDS 教师号,姓名,职称,KCB.课程名称
```

显示结果：

教师号	姓名	职称	Kcb->课程名称
J005	王青华	教授	大学英语

习　题　4

一、选择题

1．在 VFP 中，打开一个数据表的命令是（　　）。

　　A．OPEN　　　　　B．OPEN TABLE　　C．USE　　　　　　D．USE TABLE

2．在 VFP 中，以独占的方式打开数据库文件的命令短语是（　　）。

　　A．SHARED　　　　　　　　　　B．EXCLUSIVE

　　C．VALIDATE　　　　　　　　　D．NOUPDATE

3．下列关于数据库的说法正确的是（　　）。

　　A．同一时刻只有一个当前数据库

　　B．同一时刻只能打开一个数据库

　　C．同一时刻可以打开多个数据库

　　D．使用某个数据库必须指定其为当前数据库

4．在 VFP 中，可以为字段设置默认值的表是（　　）。

　　A．数据库表　　　　　　　　　　B．自由表

　　C．A、B 都能设置　　　　　　　D．A、B 都不能设置

5．在 VFP 中不允许出现重复字段值的索引是（　　）。

　　A．主索引和唯一索引　　　　　　B．主索引和候选索引

C. 候选索引和唯一索引　　　　　　　　D. 唯一索引和普通索引

6. 在 VFP 中数据库的完整性不包括（　　）。

 A. 实体完整性　　B. 参照完整性　　C. 域完整性　　　　D. 约束完整性

7. 在 VFP 中参照完整性规则不包括（　　）。

 A. 更新规则　　　B. 查询规则　　　C. 删除规则　　　　D. 插入规则

8. 在 VFP 数据库中设置参照完整性时，要设置成：当父删除表中的记录时，同时删除相关子表中对应的记录，应在"删除规则"选项卡中选择（　　）。

 A. 忽略　　　　　B. 级联　　　　　C. 限制　　　　　　D. 排它

9. 在 VFP 中，使用 LOCATE 命令查找记录，当查找到满足条件的第一条记录后，若要继续查找下一条满足条件的记录，应使用命令（　　）。

 A. SKIP　　　　　B. GO　　　　　　C. CONTINUE　　　D. GOTO

10. 命令 SELECT 0 的功能是（　　）。

 A. 随机选择一个空闲工作区　　　　　B. 选择编号最小的空闲工作区

 C. 选择编号最大的空闲工作区　　　　D. 任一选择一个工作区

二、填空题

1. 在 VFP 中，表分为_____和_____，其扩展名为_____。

2. 打开数据库设计器的命令是_____。

3. 在定义字段有效性规则时，在"规则"框中输入的表达式类型为_____。

4. 数据库表的索引有四种类型：_____、候选索引、普通索引和_____。

5. 数据完整性是指数据的_____、_____和相容性。

6. 实体完整性是用于保证表中记录的_____特性。

7. 参照完整性是关系数据库管理系统的一个很重要的功能，其参照完整性规则包括更新规则、_____和_____。

8. 实现表之间的临时关联的命令是_____。

三、上机题

1. 建立一个订货管理数据库，要求如下。

1）数据库名为订货管理。

2）在数据库中建立如下四个表。

仓库（仓库号 C5,城市 C16,面积 I）

职工（职工号 C5,姓名 C16,性别 C2,出生日期 D,仓库号 C5）

订购单（订购单号 C8,职工号 C5,供应商号 C4,订购日期 D）

供应商（供应商号 C4,供应商名 C30,地址 C16）

3）分别为仓库表的仓库号、职工表的职工号、订购单表的订购单号和供应商表的供应商号建立主索引；并为职工表的仓库号、订购单的职工号和供应商号建立普通索引。

4）建立仓库表和职工表之间的联系，职工表和订购单表之间的联系、订购单表和供应商表之间的联系。

2．在仓库表中为面积字段设置有效性规则：规则表达式为"面积>0"，提示信息为"面积必须大于零"，默认值为 0；在职工表中为性别字段设置有效性规则：规则表达式为"性别$男女"，提示信息为"性别只能是男或女"，默认值为"男"。

3．定义仓库表与学生表之间的参照完整性规则，定义更新规则为"级联"，删除规则为"级联"，插入规则为"限制"。

第5章 关系数据库标准语言 SQL

SQL（structured query language），即结构化查询语言，是关系数据库的标准语言。其功能并不仅仅是数据查询，还包括数据定义、数据操作和数据控制。当前，几乎所有的关系数据库管理系统软件都支持 SQL，许多软件厂商对 SQL 基本命令集还进行了不同程度的扩充和修改。

5.1 SQL 概述

5.1.1 SQL 的产生与发展

1970 年，美国 IBM 研究中心的 E.F.Codd 连续发表多篇论文，提出关系模型。1972 年，IBM 公司开始研制实验型关系数据库管理系统 SYSTEM R，为其配制的查询语言称为 SQUARE（specifying queries as relational expression）语言，该语言使用了较多的数学符号。1974 年，Boyce 和 Chamberlin 将 SQUARE 修改为 SEQUEL（structured english query language）。这两个语言在本质上是相同的，但后者去掉了数学符号，采用英语单词表示和结构式的语法规则，看起来很像英语句子，用户比较欢迎这种形式的语言。后来 SEQUEL 简称为 SQL 语言，即结构化查询语言。

在认识到关系模型的诸多优越性后，许多厂商纷纷研制关系数据库管理系统（例如，Visual FoxPro、Oracle、DB2、Sybase 等），这些数据库管理系统的操作语言都以 SQL 为参照。1986 年 10 月美国国家标准化协会（ANSI）发布了 X3.135-1986《数据库语言 SQL》，1987 年 6 月国际标准化组织（ISO）采纳其为国际标准。被称为 SQL-86 标准。1989 年 10 月，ANSI 又颁布了增强完整性特征的"SQL-89"标准。随后，ISO 对该标准进行了大量的修改和扩充，在 1992 年 8 月发布了标准化文件 ISO/IEC 9075：1992《数据库语言 SQL》，被称为 SQL92 或 SQL2 标准。1999 年 ISO 又颁布了 ISO/IEC 9075：1999《数据库语言 SQL》标准化文件，被称为 SQL99 或 SQL3 标准。自 SQL99 之后，SQL 标准一共发布了三版。分别为 SQL 2003、SQL 2006 和 SQL 2008，这三个版本引进了 XM、Window 函数、Mcrge 语句。由于本书采用的是 1998 推出的 VFP 6.0，所以 SQL 采用 SQL2 标准。

5.1.2 SQL 的特点

SQL 之所以能够被用户和业界所接受，并成为国际标准，是因为它是一个综合的、功能极强同时又简洁易学的语言。SQL 集数据定义（data definition）、数据查询（data query）、数据操纵（data manipulation）和数据控制（data control）功能于一体，主要特点包括以下几点。

1. 综合统一

SQL 语言集数据定义语言（DDL）、数据操纵语言（DML）、数据控制语言（DCL）的功能于一体，语言风格统一，可以独立完成数据库生命周期中的全部活动。

1）建立数据库，定义关系，插入数据。

2）对数据库中的数据进行查询和更新。

3）数据库的重构和维护。

4）数据库的安全性和完整性控制。

另外，在关系模型中实体和实体间的联系均用关系表示，这种数据结构的单一性带来了数据操作符的统一性，查询、插入、删除、更新等都有唯一对应的操作符，从而克服了非关系模型由于信息表示的多样性带来的操作复杂性。

2. 高度非过程化

非关系数据模型的数据操作语言是面向过程的语言，用过程化语言完成某项请求，必须指定存取路径。而用 SQL 进行数据操作，只要提出"做什么"，而无需指明"怎么做"，因此无需了解存取路径。SQL 将"做什么"交给系统，系统自动完成全部工作。

3. SQL 语言简洁

SQL 功能极强，但由于设计巧妙，语言十分简洁，完成核心功能只用了 9 个动词。表 5-1 所示为分类的命令动词。

表 5-1 SQL 的命令动词

SQL 功能	操作符
数据查询	SELECT
数据定义	CREATE，ALTER，DROP
数据操纵	INSERT，UPDATE，DELETE
数据控制	GRANT，REVOKE

4. 以同一种语言结构提供多种使用方式

SQL 既是独立式语言，又是嵌入式语言。

作为独立式语言，它能够独立地用于联机交互的使用方式，用户可以在终端键盘上直接键入 SQL 命令对数据库进行操作；作为嵌入式语言，SQL 语言能够嵌入到高级语言（如 C、Java）程序中。此外，现在很多数据库应用开发工具，都融入了 SQL 语言如 VFP、PL/SQL，使用起来更方便。这些使用方式为用户提供了灵活的选择。此外，尽管 SQL 的使用方式不同，但是 SQL 语言的语法基本是一致的。

5.2　数 据 查 询

数据库查询是数据库的核心操作。SQL 提供了 SELECT 语句进行数据库的查询，该语句的基本形式由 SELECT-FROM-WHERE 查询块组成。

格式：

SELECT [ALL|DISTINCT] <目标列表达式 1>[,<目标列表达式 2>]…

FROM <表名 1 或视图名 1>[,<表名 2 或视图名 2>]…

[WHERE <条件表达式 1>]

[GROUP BY <列名 1> [HAVING <条件表达式 2>]]

[ORDER BY <列名 2> [ASC|DESC]]

说明：

1）SELECT 用于指定要查询的数据。

2）FROM 用于指定要查询数据的来源（表或视图），可以对单个或多个表（视图）进行查询。

3）WHERE 用于指定查询条件即选择元组的条件。

4）GROUP BY 用于对查询结果进行分组，可以利用它进行分组汇总。

5）HAVING 用于指定分组必须满足的条件，必须跟随 GROUP BY 使用，

6）ORDER BY 用于对查询的结果进行排序。

整个 SELECT 语句的含义是，根据 WHERE 子句的条件表达式从 FROM 子句指定的基本表或视图中找出满足条件的元组，再按 SELECT 子句中的目标列表达式选出元组中的属性值形成结果表。

如果有 GROUP BY 子句，则将结果按<列名 1>的值进行分组，该属性列值相等的元组为一个组。如果 GROUP BY 子句有 HAVING 短语，则只有满足指定条件的分组才予以输出。

如果有 ORDER BY 子句，则结果按<列名 2>的值升序或降序排列。

SELECT 查询命令的使用非常灵活，用它可以构造各种各样的查询。用 SQL SELECT 命令查询数据时，涉及的数据表可以不必打开。本节通过大量的实例来介绍 SELECT 命令的使用。

本节查询示例全部基于第 4 章建立的"成绩管理"数据库，为了方便读者对照和验证查询的结果，这里给出了数据库中四个关系的具体取值，如图 5-1 所示。

学生表

学号	姓名	性别	出生日期	籍贯	入学成绩	专业
2012001	刘科	男	10/05/93	重庆	432.0	计算机
2012002	张文	女	05/08/94	北京	458.0	计算机
2012003	李思思	女	07/18/94	重庆	460.0	计算机
2012004	罗成	男	11/18/93	四川	438.0	中文
2012005	徐丽	女	07/23/94	重庆	465.0	中文
2012006	刘梦茹	女	09/30/94	北京	471.0	中文
2012007	张龙	男	12/08/93	四川	480.0	中文
2012008	李宗云	男	08/19/93	重庆	472.0	管理
2012009	刘欣	女	07/15/84	重庆	465.0	管理
2012010	李洋	女	08/28/84	北京	477.0	管理

成绩表

学号	课程号	成绩
2012001	K001	88.0
2012001	K002	82.0
2012001	K003	76.0
2012001	K004	90.0
2012002	K001	78.0
2012002	K002	56.0
2012002	K003	69.0
2012002	K004	80.0
2012003	K001	77.0
2012003	K002	85.0
2012003	K003	91.0
2012003	K004	82.0
2012004	K001	73.0
2012004	K002	55.0
2012004	K003	66.0
2012004	K004	74.0
2012005	K001	76.0
2012005	K002	83.0
2012005	K003	91.0
2012005	K004	88.0
2012006	K001	77.0
2012006	K002	80.0
2012006	K003	83.0
2012006	K004	51.0

课程表

课程号	课程名称	学分	教师号
K001	大学英语	6.0	J005
K002	体育	2.0	J002
K003	数学	4.0	J001
K004	军事理论	1.0	J008
K005	普通话	1.0	J007
K006	思想道德	2.0	J003
K007	形势与政策	2.0	J003
K008	近代史	2.0	J007
K009	安全教育	2.0	J004

教师表

教师号	姓名	性别	所在部门	职称	出生日期	专职	基本工资
J001	李发忠	男	教学一部	教授	07/30/60	T	4500.00
J002	汪明春	男	教学一部	教授	03/09/56		4200.00
J003	李生绪	男	教学一部	副教授	09/05/68	T	4000.00
J004	崔永红	女	教学一部	讲师	05/22/80		3500.00
J005	王青华	女	教学二部	教授	10/13/58	T	4500.00
J006	周玉祥	男	教学二部	副教授	05/10/73		4000.00
J007	冯国华	男	教学二部	讲师	12/08/76		3200.00
J008	王江兰	女	教学二部	讲师	10/20/78		3200.00
J009	陈军	男	教学三部	讲师	06/17/80	T	3500.00
J010	王锋	男	教学三部	助教	08/15/83	T	3000.00

图 5-1 "成绩管理" 数据库

5.2.1 单表查询

单表查询是指仅涉及一个表的查询。

1. 选择表中的若干列

选择表中的若干列指选择表中的全部列或部分列。

（1）查询指定列

【例 5-1】 从学生表中查询全体学生的学号和姓名。

```
SELECT 学号,姓名 FROM 学生表
```

注意：在 SELECT 子句中指定要查询的属性列学号和姓名。

（2）查询全部列

【例 5-2】 从学生表中查询全体学生的详细记录。

```
SELECT * FROM 学生表
```

等价于：

    SELECT 学号,姓名,性别,出生时间,籍贯,入学成绩,专业 FROM 学生表

注意： "*" 是通配符，表示所有属性（全部列）。

【例 5-3】 从教师表中查询所有的职称。

    SELECT 职称 FROM 教师表

执行上面的 SELECT 语句后，显示结果：

职称
教授
教授
副教授
讲师
教授
副教授
讲师
讲师
讲师
助教

注意： 在此结果中有重复值，如果要去掉重复值只需要指定 DISTINCT 短语，命令如下。

    SELECT DISTINCT 职称 FROM 教师表

执行上面的 SELECT 语句后，显示结果：

职称
教授
副教授
讲师
助教

注意： DISTINCT 短语的作用是去掉查询结果中的重复值。

如果没有指定 DISTINCT 短语，则默认为 ALL，即保留查询结果中的重复值。

    SELECT 职称 FROM 教师表

等价于：

    SELECT ALL 职称 FROM 教师表

（3）查询计算值

【例 5-4】 从学生表中查询全体学生的姓名和年龄。

    SELECT 姓名, YEAR(DATE()) - YEAR(出生日期) FROM 学生表

执行上面的 SELECT 语句后，结果：

姓名	Exp_2
刘科	19
张文	18
李思思	18
罗成	19
徐丽	18
刘梦茹	18
张龙	19
李宗云	19
刘欣	28
李洋	28

注意：SELECT 子句的<目标列表达式>不仅可以是表中的属性列，也可以是表达式。

用户可以通过指定别名来改变查询结果的列标题。格式如下。

列名［AS］别名

其中 AS 可以省略。

对于上例，可以定义下列别名。

```
SELECT 姓名 AS 名字, YEAR(DATE()) - YEAR(出生日期) AS 年龄 FROM 学生表
```

等价于：

```
SELECT 姓名 名字, YEAR(DATE()) - YEAR(出生日期) 年龄 FROM 学生表
```

在"命令"窗口执行上面的 SELECT 语句后，结果：

名字	年龄
刘科	19
张文	18
李思思	18
罗成	19
徐丽	18
刘梦茹	18
张龙	19
李宗云	19
刘欣	28
李洋	28

2. 选择表中的若干元组

选择表中的若干元组是指根据查询条件查询出满足条件的元组。指定条件通过 WHERE 子句来实现。

WHERE 子句中常用的查询条件如表 5-2 所示。

表 5-2 常用的查询条件

查询条件	关键字
比较大小	=、<、<=、>、>=、<>、!=
确定范围	[NOT] BETWEEN、[NOT] IN
字符匹配	[NOT] LIKE
空值	IS [NOT] NULL
多重条件	AND、OR、NOT

（1）比较大小

用于比较的运算符比较运算符共有七个，分别是=（等于）、<（小于）、<=（小于等

于）、>（大于）、>=（大于等于）、<>（不等于）、!=（不等于）。

【例 5-5】 从学生表中查询女学生的学号、姓名和入学成绩。

    SELECT 学号,姓名,入学成绩 FROM 学生表 WHERE 性别 = "女"

在"命令"窗口执行上面的 SELECT 语句后，结果：

学号	姓名	入学成绩
2012002	张文	458.0
2012003	李思思	460.0
2012005	徐丽	465.0
2012006	刘梦茹	471.0
2012009	刘欣	465.0
2012010	李洋	477.0

【例 5-6】 从成绩表中查询有不及格学生的学号。

    SELECT DISTINCT 学号 FROM 成绩表 WHERE 成绩 < 60

（2）确定范围

1）用于范围比较的关键字有两个 BETWEEN 和 IN。

2）当要查询的条件在两个值之间时，可以使用 BETWEEN…AND…。

3）使用 IN 关键字可以指定一个值表，值表中列出所有可能的值，当属性值与值表中的任意一个值匹配时，即返回 TRUE，否则返回 FALSE。

【例 5-7】 查询学分在 2 到 4 之间的课程号、课程名和学分。

    SELECT 课程号,课程名称,学分 FROM 课程表 WHERE 学分 BETWEEN 2 AND 4

在"命令"窗口执行上面的 SELECT 语句后，结果：

课程号	课程名称	学分
K002	体育	2.0
K003	数学	4.0
K006	思想道德	2.0
K007	形势与政策	2.0
K008	近代史	2.0
K009	安全教育	2.0

注意：BETWEEN…AND…包括范围的两个端点值，其中 BETWEEN 后是范围的下限，AND 后是范围的上限。

【例 5-8】 查询学分不在 2 到 4 之间的课程号、课程名和学分。

    SELECT 课程号,课程名称,学分 FROM 课程表 WHERE 学分 NOT BETWEEN 2 AND 4

在"命令"窗口执行上面的 SELECT 语句后，结果：

课程号	课程名称	学分
K001	大学英语	6.0
K004	军事理论	1.0
K005	普通话	1.0

注意：NOT BETWEEN…AND…表示查询不在某两个值之间的数据。

【例 5-9】 查询中文、计算机和管理专业的学生学号和姓名。

    SELECT 学号,姓名 FROM 学生表 WHERE 专业 IN ("中文","计算机","管理")

【例 5-10】 查询既不是中文和计算机专业，也不是管理专业的学生学号和姓名。

```
SELECT 学号,姓名 FROM 学生表 WHERE 专业 NOT IN ("中文","计算机","管理")
```

注意： NOT IN 表示属性值不属于指定的值表。

（3）字符匹配

LIKE 命令用来进行字符串相匹配，其格式如下。

[NOT] LIKE　'<匹配串>'

其含义是查找指定的属性列值与<匹配串>相匹配的元组。<匹配串>可以是一个完整的字符串，也可以是含有通配符%和_。

1）%（百分号）代表任意长度（长度可以为 0）的字符串。

例如，a%b 表示以 a 开头，以 b 结尾的任意长度的字符串，如 acb、addgb、ab 等都满足该匹配串。

2）_（下划线）代表任意单个字符。

例如，a_b 表示以 a 开头，以 b 结尾的长度为 3 的任意字符串，如 acb、afb 等都满足该匹配串。

【例 5-11】 查询教师号为 J005 的教师的详细情况。

```
SELECT * FROM 教师表 WHERE 教师号 LIKE "J005"
```

等价于：

```
SELECT * FROM 教师表 WHERE 教师号 = "J005"
```

注意： 如果 LIKE 后面的匹配串中不含通配符，则可以用 "=" 取代 LIKE，用!=或<>（不等于）运算符取代 NOT LIKE。

【例 5-12】 查询所有姓刘的学生的学号、姓名和性别。

```
SELECT 学号,姓名,性别 FROM 学生表 WHERE 姓名 LIKE "刘%"
```

在 "命令" 窗口执行上面的 SELECT 语句后，结果：

学号	姓名	性别
2012001	刘科	男
2012006	刘梦茹	女
2012009	刘欣	女

【例 5-13】 查询所有不姓刘的学生的学号、姓名和性别。

```
SELECT 学号,姓名,性别 FROM 学生表 WHERE 姓名 NOT LIKE "刘%"
```

在 "命令" 窗口执行上面的 SELECT 语句后，结果：

学号	姓名	性别
2012002	张文	女
2012003	李思思	女
2012004	罗成	男
2012005	徐丽	女
2012007	张龙	男
2012008	李宗云	男
2012010	李洋	女

【例 5-14】 查询姓刘且姓名为 2 个汉字的学生的学号、姓名和性别。

```
SELECT 学号,姓名,性别 FROM 学生表 WHERE 姓名 LIKE "刘_"
```

在"命令"窗口执行上面的 SELECT 语句后，结果：

学号	姓名	性别
2012001	刘科	男
2012009	刘欣	女

（4）空值

当需要判定指定的属性列值是否为空值时，可以使用 IS NULL/IS NOT NULL 关键字。

【例 5-15】 查询所有没有成绩的学生的学号和相应的课程号。

```
SELECT 学号,课程号 FROM 成绩表 WHERE 成绩 IS NULL
```

注意："IS" 不能用 "=" 代替。

【例 5-16】 查询所有有成绩的学生的学号和相应的课程号。

```
SELECT 学号,课程号 FROM 成绩表 WHERE 成绩 IS NOT NULL
```

（5）多重条件

逻辑运算符 AND 和 OR 可以用来联接多个查询条件。AND 表示查询条件需要同时满足，OR 表示只需满足其中一个查询条件。AND 的优先级高于 OR，但用户可以用括号改变优先级。

逻辑运算符 NOT 表示取反。

【例 5-17】 查询由 J007 号教师讲授且学分为 2 的课程号和课程名称。

```
SELECT 课程号,课程名称 FROM 课程表 WHERE 教师号 = "J007" AND 学分 = 2
```

在"命令"窗口执行上面的 SELECT 语句后，结果：

课程号	课程名称
K008	近代史

例 5-7 中的 BETWEEN…AND…可以用 AND 来实现。因此例 5-7 中的查询可以用 AND 运算符写成如下等价形式。

```
SELECT 课程号,课程名称 FROM 课程表 WHERE 学分>=1 AND 学分<=4
```

【例 5-18】 查询教学一部和教学二部的教师的教师号、教师名和所在部门。查询结果按所在部门降序排列。

```
SELECT 教师号,姓名,所在部门 FROM 教师表;
WHERE 所在部门 = "教学一部" OR 所在部门 = "教学二部";
ORDER BY 所在部门 DESC
```

在"命令"窗口执行上面的 SELECT 语句后，结果：

教师号	姓名	所在部门
J001	李发忠	教学一部
J002	汪明春	教学一部
J003	李生绪	教学一部
J004	崔永红	教学一部
J005	王青华	教学二部
J006	周玉祥	教学二部
T007	冯国华	教学二部
J008	王江兰	教学二部

注意：; （分号）是续行符号。

在例 5-9 中的 IN 可以用 OR 来实现。因此例 5-9 中的查询可以用 OR 运算符写成如下等价形式。

```
SELECT 学号,姓名 FROM 学生表 WHERE 专业 ="中文" OR 专业 ="计算机" OR 专业 ="管理"
```

【例 5-19】　查询 K002 号课程成绩不大于等于 60 分的学生的学号。

```
SELECT 学号 FROM 成绩表 WHERE 课程号 = "K002" AND NOT 成绩>=60
```

等价于：

```
SELECT 学号 FROM 成绩表 WHERE 课程号 = "K002" AND 成绩<60
```

在"命令"窗口执行上面的 SELECT 语句后，结果：

学号
2012002
2012004

3. 聚集函数

为了进一步方便用户，增强查询功能，SQL 提供了许多聚集函数，主要有

COUNT （[DISTINCT|ALL] *）　　　　　　　统计记录个数

COUNT （[DISTINCT|ALL] <列名>）　　　　统计一列中值的个数

SUM （[DISTINCT|ALL] <列名>）　　　　　计算一列值的总和

AVG （[DISTINCT|ALL] <列名>）　　　　　计算一列值的平均值

MAX （[DISTINCT|ALL] <列名>）　　　　　计算一列值中的最大值

MIN （[DISTINCT|ALL] <列名>）　　　　　计算一列值中的最小值

如果指定 DISTINCT 短语，则表示字计算时要取消指定列中的重复值。如果不指定 DISTINCT 短语或指定 ALL 短语（ALL 为默认值），则表示不取消重复值。

【例 5-20】　查询学生总人数。

```
SELECT COUNT(*) FROM 学生表
```

等价于：

```
SELECT COUNT(学号) FROM 学生表
```

注意：一个记录描述一个学生，所有记录数就是学生人数。学生通过学号标识，学

号个数也就是学生人数。

【例 5-21】　查询选修了课程的学生人数。

　　SELECT COUNT(DISTINCT 学号) AS 学生人数 FROM 成绩表

在“命令”窗口执行上面的 SELECT 语句后，结果：

注意：一个学生选修了多门课程，为避免重复计算学生人数，必须在 COUNT 函数中使用 DISTINCT 短语。如果不用 DISTINCT 短语，可将语句改为如下形式：

　　SELECT COUNT(学号) AS 学生人数 FROM 成绩表

在“命令”窗口执行上面的 SELECT 语句后，结果：

【例 5-22】　查询 K002 号课程的平均成绩。

　　SELECT AVG(成绩) FROM 成绩表 WHERE 课程号 = "K002"

【例 5-23】　查询 K002 号课程的最高分数和最低分数。

　　SELECT MAX(成绩),MIN(成绩) FROM 成绩表 WHERE 课程号 = "K002"

【例 5-24】　查询 2012001 号学生选修课程的总成绩、最高分数和最低分数。

　　SELECT AVG(成绩) AS 总成绩,MAX(成绩) AS 最高分数,MIN(成绩) AS 最低分数;
　　FROM 成绩表 WHERE 学号 = "2012001"

在“命令”窗口执行上面的 SELECT 语句后，结果：

总成绩	最高分数	最低分数
84.00	90.0	76.0

4. 分组

GROUP BY 子句将查询结果指定的一列或多列的值分组，值相等的为一组。

如果分组后还要求按一定的条件对这些组进行筛选，最终只输出满足指定条件的元组，则可以用 HAVING 短语指定筛选条件。格式如下。

GROUP BY 分组字段名[,分组字段名] [HAVING 条件]

【例 5-25】　查询男生和女生的平均入学成绩。

　　SELECT 性别, AVG(入学成绩) AS 平均入学成绩 FROM 学生表 GROUP BY 性别

在“命令”窗口执行上面的 SELECT 语句后，结果：

性别	平均入学成绩
男	455.50
女	466.00

【例 5-26】 查询各个课程号及相应的选课人数。

```
SELECT 课程号, COUNT(学号) AS 选课人数 FROM 成绩表 GROUP BY 课程号
```

【例 5-27】 查询选修了 4 门以上（包括 4 门）课程的学生的学号和选修课程数。

```
SELECT 学号,COUNT(课程号) AS 选修课程数 FROM 成绩表;
GROUP BY 学号 HAVING COUNT(课程号)>=4
```

在"命令"窗口执行上面的 SELECT 语句后，结果：

学号	选修课程数
2012001	4
2012002	4
2012003	4
2012004	4
2012005	4
2012006	4

注意： 在该例中先用 GROUP BY 子句按学号进行分组，再用 COUNT()函数对每一组计数。

HAVING 短语给出了选择组的条件，只有满足条件的组才输出。

HAVING 短语与 WHERE 子句的区别在于作用对象不同。WHERE 子句作用于基本表或视图，从中选择满足条件的元组。HAVING 短语作用于组，从中选择满足条件的组。

5．排序

用户可以使用 ORDER BY 子句对查询结果按照一个或多个属性列排列。排列方式有升序（ASC）和降序（DESC）两种，默认值为升序。格式如下。

```
ORDER BY 排序字段名 1[ASC|DESC][,排序字段名 2[ASC|DESC]…]
```

【例 5-28】 查询职称为教授的教师号、教师名和出生日期，查询结果按出生日期降序排列。

```
SELECT 教师号,姓名,出生日期 FROM 教师表 WHERE 职称 = "教授";
ORDER BY 出生日期 DESC
```

在"命令"窗口执行上面的 SELECT 语句后，结果：

教师号	姓名	出生日期
J001	李发忠	07/30/60
J005	王青华	10/13/58
J002	汪明春	03/09/56

【例 5-29】 查询全体女同学的情况，查询结果按所在专业升序排列，同一专业的学生按出身时间降序排列。

```
SELECT * FROM 学生表 WHERE 性别 = "女";
ORDER BY 专业,出生日期 DESC
```

在"命令"窗口执行上面的 SELECT 语句后，结果：

学号	姓名	性别	出生日期	籍贯	入学成绩	专业
2012010	李洋	女	08/28/84	北京	477.0	管理
2012009	刘欣	女	07/15/84	重庆	465.0	管理
2012003	李思思	女	07/18/94	重庆	460.0	计算机
2012002	张文	女	05/08/94	北京	458.0	计算机
2012006	刘梦茹	女	09/30/94	北京	471.0	中文
2012005	徐丽	女	07/23/94	重庆	465.0	中文

注意：先按专业升序排列，专业相同再按出生日期降序排列。

5.2.2　联接查询

前面的查询都是针对一个表进行的。若一个查询同时涉及到两个或两个以上的表，则称为联接查询。联接查询有两种表示形式。一种是用联接谓词的表示形式，另一种是用关键字 JOIN 的表示形式。

1. 联接谓词

在 SELECT 语句的 WHERE 子句中使用比较运算符给出联接条件对表进行联接，将这种表示形式称为联接谓词表示形式。

用来联接两个表的条件称为联接条件或联接谓词。格式如下。

[<表名 1>.]<列名 1>　<比较运算符>　[<表名 2>.]<列名 2>

其中，比较运算符有=、>、<、>=、<=、!=（或<>）。

当联接运算符为=时，称为等值联接。使用其他运算符的称为非等值联接。

联接谓词中的列名称为联接字段。联接条件中的各联接字段类型必须是可比的，但名字不必是相同的。联接字段为同名属性时，都必须加表名前缀。

【例 5-30】　查询每个学生的学号和姓名以及他选修课程的课程号和成绩。

```
SELECT 学生表.学号,姓名,课程号,成绩 FROM 成绩表,学生表 ;
WHERE 学生表.学号=成绩表.学号
```

注意："学号"在两个关系中都有，这时必须用表名前缀指明属性所属的关系。如学生表.学号，"."前面是表名，后面是属性名。

【例 5-31】　查询计算机专业每个学生的学号和姓名以及他选修课程的课程号和成绩。

```
SELECT 学生表.学号,姓名,课程号,成绩 FROM 成绩表,学生表 ;
WHERE 学生表.学号=成绩表.学号 AND 专业="计算机"
```

注意：若要求联接条件和限定条件同时满足，则用 AND 联接。

在"命令"窗口执行上面的 SELECT 语句后，结果：

学号	姓名	课程号	成绩
2012001	刘科	K001	88.0
2012001	刘科	K002	82.0
2012001	刘科	K003	76.0
2012001	刘科	K004	90.0
2012002	张文	K001	78.0
2012002	张文	K002	56.0
2012002	张文	K003	69.0
2012002	张文	K004	80.0
2012003	李思思	K001	77.0
2012003	李思思	K002	85.0
2012003	李思思	K003	91.0
2012003	李思思	K004	82.0

【例 5-32】 查询与刘科在同一个专业学习的学生的学号、姓名和专业。

```
SELECT A.学号, A.姓名, A.专业 FROM 学生表 A,学生表 B;
WHERE A.专业 = B.专业 AND B.姓名 = "刘科"
```

在"命令"窗口执行上面的 SELECT 语句后，结果：

学号	姓名	专业
2012002	张文	计算机
2012001	刘科	计算机
2012003	李思思	计算机

注意：该例为自身联接（学生表与学生表进行联接）。

自身联接指的是一个表与其自己进行联接。为了加以区别，需要给表起别名。格式如下。

<表名> <别名>

同时由于所有属性名都是同名属性，因此必须使用别名前缀。

【例 5-33】 查询选修了大学英语且成绩在 80 分以上的学生的学号，姓名，课程名和成绩。

```
SELECT 学生表.学号,姓名,课程名称,成绩;
FROM 学生表,成绩表,课程表;
WHERE 学生表.学号 = 成绩表.学号 AND 成绩表.课程号 = 课程表.课程号;
AND 课程名称 = "大学英语" AND 成绩 >= 80
```

注意：三个表联接有两个联接条件。

在"命令"窗口执行上面的 SELECT 语句后，结果：

学号	姓名	课程名称	成绩
2012001	刘科	大学英语	88.0

【例 5-34】 查询选修了王青华老师讲授的大学英语的学生的学号和姓名。

```
SELECT DISTINCT 学生表.学号,学生表.姓名;
FROM 学生表,成绩表,课程表,教师表;
WHERE 学生表.学号 = 成绩表.学号 AND 课程表.课程号 = 成绩表.课程号;
AND 课程表.教师号 = 教师表.教师号;
AND 教师表.姓名 = "王青华" AND 课程名称 = "大学英语"
```

在"命令"窗口执行上面的 SELECT 语句后，结果：

学号	姓名
2012001	刘科
2012002	张文
2012003	李思思
2012004	罗成
2012005	徐丽
2012006	刘梦茹

注意：四个表联接有三个联接条件。

【例5-35】 查询选修了四门以上（包括四门）课程的男同学的学号和选修课程数。

```
SELECT 学生表.学号,姓名,COUNT(课程号) AS 选修课程数 FROM 学生表,成绩表;
WHERE 学生表.学号=成绩表.学号 AND 性别="男";
GROUP BY 学生表.学号 HAVING COUNT(课程号)>=4
```

在"命令"窗口执行上面的 SELECT 语句后，结果：

学号	姓名	选修课程数
2012001	刘科	4
2012004	罗成	4

2. 以 JOIN 关键字指定的联接

VFP 扩展了以 JOIN 关键字指定联接的表示方式，使表的联接运算能力有了增强。联接表的格式如下。

<表名1> <联接类型> <表名2> ON <联接条件>

其中，表名1和表名2为需联接的表，ON 用于指定联接条件。联接类型的格式如下。

[INNER]| { LEFT | RIGHT | FULL } [OUTER] JOIN

其中，

1）INNER JOIN 表示普通联接或内联接（INNER 关键字可省略）。

2）OUTER JOIN 表示外联接。外联接分左外联接（LEFT OUTER JOIN）、右外联接（RIGHT OUTER JOIN）和完全外联接（FULL OUTER JOIN）三种。这三种联接中的 OUTER 关键字均可省略。

（1）内联接

内联接按照 ON 所指定的联接条件联接两张表，结果中只返回满足条件的行。

【例5-36】 用 JOIN 关键字查询每个学生的学号和姓名以及他选修课程的课程号和成绩。

```
SELECT 学生表.学号,姓名,课程号,成绩;
FROM 学生表 INNER JOIN 成绩表 ON 学生表.学号=成绩表.学号
```

【例5-37】 用 JOIN 关键字查询计算机专业学生的学号和姓名以及他选修课程的课程号和成绩。

```
SELECT 学生表.学号,姓名,课程号,成绩;
FROM 成绩表 INNER JOIN 学生表 ON 学生表.学号=成绩表.学号 WHERE 专业="计算机"
```

等价于：

```
SELECT 学生表.学号,姓名,课程号,成绩;
FROM 成绩表 INNER JOIN 学生表 ON 学生表.学号=成绩表.学号 AND 专业="计算机"
```

注意：以 JOIN 关键字指定的联接，限定条件可以跟在 WHERE 关键字后，也可以跟在 ON 后用 AND 联接起来。

【**例 5-38**】　用 JOIN 关键字查询选修了大学英语且成绩在 80 分以上的学生的学号，姓名，课程名和成绩。

```
SELECT 学生表.学号,姓名,课程名称,成绩;
FROM 学生表 INNER JOIN 成绩表 INNER JOIN 课程表 ;
ON 成绩表.课程号 = 课程表.课程号 ON 学生表.学号 = 成绩表.学号;
WHERE 课程表.课程名称 = "大学英语" AND 成绩表.成绩 >= 80
```

注意：内联接可以用于多个表的联接。一个 JOIN 对应一个 ON，JOIN 后表的顺序和 ON 中表的联接顺序相反。

（2）外联接

外联接的结果表中不但包含满足联接条件的行，还将不满足联接条件的元组也保存在结果关系中，而在其他属性上填空值（NULL）。

外联接包括以下三种。

1）左外联接（LEFT OUTER JOIN）：结果表中除了包括满足联接条件的行外，还包括左表的所有行。

2）右外联接（RIGHT OUTER JOIN）：结果表中除了包括满足联接条件的行外，还包括右表的所有行。

3）完全外联接（FULL OUTER JOIN）：结果表中除了包括满足联接条件的行外，还包括两个表的所有行。

以上三种联接中的 OUTER 关键字均可省略。

【**例 5-39**】　查询每个学生的学号，姓名，专业以及他们选修课程的课程号和成绩，要包括学生未选修任何课程的情况。

```
SELECT 学生表.学号,姓名,专业,课程号,成绩;
FROM 学生表 LEFT OUTER JOIN 成绩表 ON 学生表.学号 = 成绩表.学号
```

在"命令"窗口执行上面的 SELECT 语句后，结果（由于表中数据太多，只列出了部分结果）：

学号	姓名	专业	课程号	成绩
2012004	罗成	中文	K001	73.0
2012004	罗成	中文	K002	55.0
2012004	罗成	中文	K003	66.0
2012004	罗成	中文	K004	74.0
2012005	徐丽	中文	K001	76.0
2012005	徐丽	中文	K002	83.0
2012005	徐丽	中文	K003	91.0
2012005	徐丽	中文	K004	88.0
2012006	刘梦茹	中文	K001	77.0
2012006	刘梦茹	中文	K002	80.0
2012006	刘梦茹	中文	K003	83.0
2012006	刘梦茹	中文	K004	51.0
2012007	张龙	中文	.NULL.	NULL.
2012008	李宗云	管理	.NULL.	NULL.
2012009	刘欣	管理	.NULL.	NULL.
2012010	李洋	管理	.NULL.	NULL.

注意：本例执行时，若某学生未选修课程，则结果表中相应行的课程号和成绩字段值均为.NULL.。

【例 5-40】　查询被选修的课程的选修情况和所有开设的课程名称。

```
SELECT 成绩表.*,课程名称;
FROM 成绩表 RIGHT OUTER JOIN 课程表 ON 成绩表.课程号 = 课程表.课程号
```

在"命令"窗口执行上面的 SELECT 语句后，结果（由于表中数据太多，只列出了部分结果）：

学号	课程号	成绩	课程名称
2012001	K003	76.0	数学
2012002	K003	69.0	数学
2012003	K003	91.0	数学
2012004	K003	66.0	数学
2012005	K003	91.0	数学
2012006	K003	83.0	数学
2012001	K004	90.0	军事理论
2012002	K004	80.0	军事理论
2012003	K004	82.0	军事理论
2012004	K004	74.0	军事理论
2012005	K004	88.0	军事理论
2012006	K004	51.0	军事理论
.NULL.	.NULL.	NULL.	普通话
.NULL.	.NULL.	NULL.	思想道德
.NULL.	.NULL.	NULL.	形势与政策
.NULL.	.NULL.	NULL.	近代史
.NULL.	.NULL.	NULL.	安全教育

注意：本例执行时，若某课程未被选修，则结果表中相应行的学号、课程号和成绩字段值均为.NULL.。

5.2.3　嵌套查询

在 SQL 语句中，一个 SELECT-FROM-WHERE 语句称为一个查询块。将一个查询块嵌套在另一个查询块的 WHERE 子句或 HAVING 短语的条件中的查询称为嵌套查询。

【例 5-41】

```
SELECT 姓名 FROM 学生表 WHERE 学号 IN;              &&外层查询/父查询
  (SELECT 学号 FROM 成绩表 WHERE 课程号= "K001")   &&内层查询/子查询
```

本例中，下层查询块"SELECT 学号　FROM 成绩表　WHERE 课程号="K001""是嵌套在上层查询块"SELECT 姓名 FROM 学生表 WHERE 学号 IN 的 WHERE"条件中。上层的查询块称为外层查询或父查询，下层查询块称为内层查询或子查询。

子查询和父查询的关系是子查询的查询结果是作为父查询的查询条件。在子查询中不能使用 ORDER BY 子句，此外，子查询要加括号。

嵌套查询分为不相关子查询和相关子查询。不相关子查询是指子查询的查询条件不依赖于父查询。相关子查询是指子查询的查询条件依赖于父查询。本部分只介绍不相关子查询。

不相关子查询执行过程是由里向外逐层处理。即先执行子查询（只执行一次），然后将子查询的结果用于建立其父查询的查找条件。

引出子查询的关键字有比较运算符、IN、ANY(SOME)、ALL 和 EXISTS。由于 EXISTS 引出的子查询都是相关子查询，所以本部分只介绍前面三种。

1. 带有比较运算符的子查询

带有比较运算符的子查询是指父查询和子查询用比较运算符连接。当确切知道内层查询返回单值时，可用比较运算符（>、<、=、>=、<=、!=或<>）来连接父查询和子查询。

【例 5-42】 用嵌套查询法查询与刘科在同一个专业学习的学生的学号、姓名和专业。

```
SELECT 学号,姓名,专业 FROM 学生表 WHERE 专业 = ;
    (SELECT 专业 FROM 学生表 WHERE 姓名 = "刘科")
```

2. 带有 IN 关键字的子查询

带有 IN 关键字的子查询是指父查询和子查询用 IN 关键字连接。当确切知道内层查询返回单值或多个值（集合）时，可用 IN 关键字来连接父查询和子查询。

【例 5-43】 用嵌套查询法查询选修了 K001 号课程的学生的学号，姓名。

```
SELECT 学号,姓名 FROM 学生表 WHERE 学号 IN;
    (SELECT 学号 FROM 成绩表 WHERE 课程号= "K001")
```

在"命令"窗口执行上面的 SELECT 语句后，结果：

学号	姓名
2012001	刘科
2012002	张文
2012003	李思思
2012004	罗成
2012005	徐丽
2012006	刘梦茹

【例 5-44】 用嵌套查询法查询未选修 K001 号课程的学生的学号，姓名。

```
SELECT 学号,姓名 FROM 学生表 WHERE 学号 NOT IN;
    (SELECT 学号 FROM 成绩表 WHERE 课程号= "K001")
```

在例 5-43 中，由于一个学生只属于一个专业，也就是说内层查询的结果是一个值，因此可以用 IN 代替=，即可改为如下形式。

```
SELECT 学号,姓名,专业 FROM 学生表 WHERE 专业 IN;
    (SELECT 专业 FROM 学生表 WHERE 姓名 = "刘科")
```

3. 带有 ANY（SOME）或 ALL 量词的子查询

ANY 、SOME 和 ALL 都是量词，使用时必须同时使用比较运算符。其中 ANY 和 SOME 是同义词，表示某一个值，只要子查询中有一行能使结果为真，则结果就为真。ALL 表示所有值，要求子查询中的所有行都使结果为真，则结果才为真。

【例 5-45】 用嵌套查询法查询其他教学部中比教学二部某个教师基本工资高的教师的教师号、姓名和基本工资。

```
SELECT 教师号,姓名,基本工资 FROM 教师表 WHERE 基本工资>ANY;
    (SELECT 基本工资 FROM 教师表 WHERE 所在部门 = "教学二部");
    AND 所在部门<> "教学二部"
```

在"命令"窗口执行上面的 SELECT 语句后，结果：

教师号	姓名	基本工资
J001	李发忠	4500.00
J002	汪明春	4200.00
J003	李生绪	4000.00
J004	崔永红	3500.00
J009	陈军	3500.00

注意：子查询一定要加括号。

【例 5-46】 用嵌套查询法查询其他专业比计算机专业所有学生年龄大的学生的学号和姓名。

```
SELECT 学号,姓名 FROM 学生表 WHERE 出生日期<ALL;
    (SELECT 出生日期 FROM 学生表 WHERE 专业 = "计算机");
    AND 专业<> "计算机"
```

在"命令"窗口执行上面的 SELECT 语句后，结果：

学号	姓名
2012008	李宗云
2012009	刘欣
2012010	李洋

注意：出生日期越早的学生年龄越大。

5.2.4 集合查询

SELECT 语句的查询结果是元组的集合，所以多个 SELECT 语句的结果可进行集合操作。集合操作主要包括并操作（UNION）、交操作（INTERSECT）、差操作（EXCEPT）。在 VFP 只支持并操作（UNION）。下面就介绍并操作（UNION）。

并操作（UNION）可以将两个或多个 SELECT 查询的结果合并成一个结果。格式如下。

<查询块>

UNION

<查询块>

注意：参加集合操作的各查询结果的列数必须相同；对应项的数据类型也必须相同。

【例 5-47】　查询在教学一部和教学二部工作的教师信息。

```
SELECT * FROM 教师表 WHERE 所在部门="教学一部";
UNION ;
SELECT * FROM 教师表 WHERE 所在部门="教学二部"
```

等价于：

```
SELECT * FROM 教师表 WHERE 所在部门="教学一部" OR 所在部门="教学二部"
```

注意：并操作（UNION）可以通过关键词 OR 实现。

5.2.5　VFP 中 SQL SELECT 的几个特殊选项

1. TOP 选项

格式：TOP 数字表达式 [PERCENT]

功能：显示前面部分结果。

说明：

1）数字表达式的范围是 1～32767，只需显示满足条件的前面几个记录。

2）PERCENT 的范围是 0.01～99.99 显示结果中前百分之几的记录。

注意：TOP 短语与 ORDRE BY 短语同时使用才有效。

【例 5-48】　显示入学成绩最高的三位学生的信息。

```
SELECT * TOP 3 FROM 学生表 ORDER BY 入学成绩 DESC
```

【例 5-49】　显示入学成绩最低的那 20% 的学生的信息。

```
SELECT * TOP 20 PERCENT FROM 学生表 ORDER BY 入学成绩
```

2. INTO ARRAY 选项

格式：INTO ARRAY 数组名

功能：将查询结果存放到数组中。

注意：一般用二维数组，每行一条记录，每列对应查询结果的一列。

【例 5-50】　将查询到的教师信息存放在数组 AA 中。

```
SELECT * FROM 教师表 INTO ARRAY AA
```

3. INTO CURSOR 选项

格式：INTO CURSOR 临时文件名
功能：将查询结果存放在临时文件中。

注意：临时文件是一个只读的 dbf 文件，当关闭文件时该文件将自动删除。一般利用 INTO CURSOR 选项存放一些临时结果。

【例 5-51】 将查询到的教师信息存放在临时文件 TMP 中。

```
SELECT * FROM 教师表 INTO CURSOR TMP
```

4. INTO DBF|TABLE

格式：INTO DBF|TABLE 表名
功能：将查询结果存放在永久表中。

注意：将结果存放在永久表中（dbf 文件）。

【例 5-52】 将查询到的基本工资最高的三位教师的信息存放在表 TEACHER 中。

```
SELECT * TOP 3 FROM 教师表 INTO DBF TEACHER ORDER BY 基本工资 DESC
```

5. TO FILE 选项

格式：TO FILE 文件名[ADDITIVE]
功能：将查询结果存放到文本文件中。

注意：ADDITIVE 选项表示将结果追加在原文件的尾部，如不使用该选项将覆盖原有文件。

【例 5-53】 将查询到的基本工资最高的三位教师的信息存放在文本文件 BB 中。

```
SELECT * TOP 3 FROM 教师表 TO FILE BB ORDER BY 基本工资 DESC
```

6. TO PRINTER 选项

格式：TO PRINTER[PROMPT]
功能：将查询结果输出到打印机。

注意：PROMPT 选项表示在开始打印之前会弹出打印机设置对话框。

【例 5-54】 将查询到的基本工资最高的三位教师的信息输出到打印机。

```
SELECT * TOP 3 FROM 教师表 TO PRINTER ORDER BY 基本工资 DESC
```

5.3　数　据　操　作

对数据库中的数据进行操作有三种：向表中插入数据、修改表中的数据和删除表中的数据。在 SQL 中有相应的三类语句。

1. 插入数据

VFP 支持两种 SQL 插入命令的格式。一是 SQL 的标准格式；另一种是 VFP 的特殊格式。

格式 1：INSERT INTO <表名> [(<属性列 1>[,<属性列 2 >…)]
　　　　　　VALUES (<表达式 1> [,<表达式 2>]…)

说明：

1）INSERT INTO 子句指定要插入数据的表名及属性列，当插入的是一条完整的记录，且属性列顺序与表定义中的顺序一致时，属性列表可以省略。

2）VALUES 子句给出具体的记录值。VALUES 子句提供的值必须与 INTO 子句在顺序、值的个数、值的类型上匹配。

功能：将新记录插入到指定表中。其中新记录的属性列 1 的值为表达式 1，属性列 2 的值为表达式 2，……

注意：

1）用 SQL INSERT 命令在数据表中插入数据时，该数据表事先不必打开。

2）当数据表设置了"主索引"或"候选索引"时，不能用以前的 INSERT 插入记录命令来添加记录，只能使用 SQL 语言的 INSERT INTO 添加。

3）INTO 子句中没有出现的属性列，新记录在这些列上将取空值。

4）当插入的不是完整记录时，必须指定字段。

【例 5-55】　向学生表插入记录("2012011","刘晨","女",1992/05/12,"南京",490,"计算机")。

```
INSERT INTO 学生表(学号,姓名,性别,出生日期,籍贯,入学成绩,专业);
VALUES("2012011","刘晨","女",{^1992-05-12},"南京",490,"计算机")
```

等价于：

```
INSERT INTO 学生表;
VALUES("2012011","刘晨","女",{^1992-05-12},"南京",490,"计算机")
```

注意：因为插入的是一条完整的学生记录，且属性列顺序与学生表定义中的顺序一致时，所以属性列表可以省略。另外注意日期型数据的表示方法。

【例 5-56】　向成绩表插入记录("2012011","K005")。

```
INSERT INTO 成绩表(学号,课程号);
```

```
VALUES("2012011","K005")
```

注意：新插入的记录在成绩列上自动地赋空值。

格式 2：INSERT INTO　表名　FROM ARRAY　数组名| FROM MEMVAR

说明：

1）From ARRAY 数组名表示从指定的数组中插入记录值。

2）From MEMVAR 表示根据同名的内存变量插入记录值，若不存在同名的变量，则相应的字段为默认值或空值。

【例 5-57】　复制学生表结构得到 Student 表，然后将学生表中的当前记录读到数组 AA 中，最后将数组 AA 中的数据插入 Student 表中。

```
*打开学生表
USE 学生表
*将当前记录读到数组 AA 中
SCATTER to AA
*复制学生表的结构到 Student
COPY STRUCTURE TO Student
*从数组 AA 中插入一条记录到 Student 表中
INSERT INTO Student FROM ARRAY AA
*切换到 Student 表所在的工作区
SELECT Student
*浏览插入到 Student 表中的记录
BROWSE
* 关闭 Student 表
USE
```

【例 5-58】　复制学生表结构得到 Student2 表，然后将学生表中的当前记录读到内存变量，最后将内存变量中的数据插入 Student2 表中。

```
*打开学生表
USE 学生表
*将当前记录读到内存变量（变量名与字段名同名）
SCATTER MEMVAR
*拷贝学生表的结构到 Student
COPY STRUCTURE TO Student2
*从数组 AA 中插入一条记录到 Student 表中
INSERT INTO Student2 FROM MEMVAR
*切换到 Student 表所在的工作区
SELECT Student2
*浏览插入到 Student 表中的记录
BROWSE
* 关闭 Student 表
USE
```

2. 修改数据

修改数据又称为更新数据。

格式：UPDATE <表名> SET <列名>=<表达式>[,<列名>=<表达式>]…[WHERE <条件>]

说明：

1）SET 子句用于指定要修改的列和修改后的取值。

2）WHERE 子句用于指定要修改的元组所满足的条件，省略表示要修改表中的所有元组。

功能：修改指定表中满足 WHERE 子句条件的元组。

注意：用 UPDATE 命令修改数据表中的数据时，该数据表事先可以不必打开。

【例 5-59】 将"KOO4"号课程的学分改为 2。

```
UPDATE 课程表 SET  学分=2 WHERE 课程号="K004"
```

【例 5-60】 将所有课程的学分增加 1 个学分。

```
UPDATE 课程表 SET  学分=学分+1
```

注意：若没有 WHERE 子句则将修改课程表中的所有元组。

【例 5-61】 将"J006"号教师的职称改为教授，基本工资改为 4200。

```
UPDATE 教师表 SET  职称="教授"，基本工资=4200 WHERE 教师号="J006"
```

注意：一次可以修改多个字段。

3. 删除数据

删除数据的格式及说明如下。

格式：DELETE FROM <表名> [WHERE <条件>]

说明：

1）DELETE FROM 子句用于指定要删除数据的表；

2）WHERE 子句用于指定要删除的元组所满足的条件，缺省表示要删除表中的所有元组。

功能：删除指定表中满足 WHERE 子句条件的元组。

注意：

1）用 SQL DELETE 命令删除数据表中的数据时，该数据表事先可以不必打开。

2）在 VFP 中 SQLDELETE 命令同样是逻辑删除记录，需物理删除则还应使用 PACK 命令。

【例 5-62】 删除学号为"2012011"的学生记录。

```
Delete from 学生表 where 学号="2012011"
```

【例 5-63】　删除课程表中的所有记录。

```
Delete from 课程表
```

5.4　数 据 定 义

标准 SQL 的数据定义功能非常广泛，一般包括数据库的定义、表的定义、视图的定义、索引的定义和存储过程的定义等。本节将主要介绍一下 VFP 支持的表定义功能。

5.4.1　表的定义

定义表的格式及说明如下。

格式：

CREATE TABLE | DBF <表名> [FREE]

(< 字段名 1><类型> [(宽度 [, 小数位数])] [列级完整性约束条件]

[,< 字段名 2><类型> [(宽度 [, 小数位数])] [列级完整性约束条件]]

…

[,<表级完整性约束条件>])

|FROM ARRAY 数组名

说明：

1）TABLE|DBF：TABLE 和 DBF 是等价的，前者是标准 SQL 的关键词，后者是 VFP 的关键词。

2）表名：所要定义的基本表的名字。

3）FREE：建立自由表。

4）字段名：组成该表的各个字段。

5）列级完整性约束条件：对相应字段的完整性约束条件，在列定义的后面直接说明。

6）表级完整性约束条件：涉及一个或多个属性列的完整性约束条件，另起一行定义（注：当完整性约束条件涉及到多个字段时，必须定义在表级上，否则既可以定义在列级上也可以定义在表级上）。

7）列级：<约束类型>。

8）表级：<约束类型> 字段名 1[+字段名 2…] TAG <标记名>。

9）FROM ARRAY：说明通过指定数组的内容建立表，这种方式很少使用。

表 5-3 所示为 CREARE TABLE 命令中可以使用的数据类型及说明。

表 5-3　数据类型说明

字段类型	字段宽度	小数位	说明
C	n	-	字符型，宽度为 n
D	-	-	日期型

续表

字段类型	字段宽度	小数位	说明
T	-	-	日期时间型
N	n	D	数值型，宽度为 n，小数位为 D
F	n	D	浮点数值型，宽度为 n，小数位为 D
I	-	-	整数型
B	-	D	双精度型，小数位为 D
Y	-	-	货币型
L	-	-	逻辑型
M	-	-	备注型
G	-	-	通用型

注意：-表示长度固定，由系统自动指定。

常用的约束类型如下。

[NULL | NOT NULL]

CHECK <有效规则 1> [ERROR <提示信息 1>]]

[DEFAULT <默认值 1>]

[PRIMARY KEY | UNIQUE]

[REFERENCES <表名 2> [TAG <标记名 1>]]

说明：

1）NULL|NOT NULL：字段是否允许为空。

2）CHECK：定义域完整性。

3）DEFAULT：指定默认值。

4）PRIMARY KEY：定义主索引。

5）UNIQUE：定义唯一索引。

6）REFERENCES：定义表之间的联系。如果是表级约束，格式如下。

FOREIGN KEY<字段名>TAG<标记名 1>REFERENCES<表名>[TAG<标记名 2>]

在第 4 章中利用表设计器建立了成绩管理数据库以及库中教师表、学生表、课程表和成绩表这四张表。在本节用 SQL 命令来建立相同的数据库及库中的表（为了加以区别，在原来的名字后加 1），然后利用数据库设计器和表设计器来检验用 SQL 命令建立的数据库及库中的表。

【例 5-64】 用 SQL 命令创建"成绩管理 1"数据库。

```
CREATE DATABASE 成绩管理 1
```

【例 5-65】 用 SQL 命令创建"教师表"。

```
CREATE TABLE 教师表 1(;
教师号 C(8) PRIMARY KEY,;
姓名 C(10),;
性别 C(2) DEFAULT'女',;
所在部门 C(16),;
```

```
职称 C(12),;
出生日期 D,;
专职 L,,;
基本工资 N(8,2) )
```

注意：DEFAULT 约束表示设置默认值，在输入记录时如果没有对性别取值，则性别默认取值为"女"。

【例 5-66】　用 SQL 命令创建"学生表"。

```
CREATE TABLE 学生表 1(;
学号 C(7) PRIMARY KEY,;
姓名 C(8),;
性别 C(2),;
出身日期 D,;
籍贯 C(16),;
入学成绩 N(5,1), CHECK 入学成绩>=0 AND 入学成绩<=750;
专业 C(16))
```

注意：CHECK 约束用来定义域的完整性。表示入学成绩只能在 0~750 之间取值。

【例 5-67】　用 SQL 命令创建"课程表"。

```
CREATE TABLE 课程表 1(;
课程号 C(4) PRIMARY KEY,;
课程名称 C(20),;
学分 N(4,1), ;
教师号 C(8) REFERENCES 教师表 1)
```

注意：REFERENCES 约束在这里采用的是列级约束的格式。"教师号　C(8) REFERENCES 教师表 1"说明该表通过教师号与教师表产生关联，也就是说教师号是两张表的连接字段。

【例 5-68】　用 SQL 命令创建"成绩表"。

```
CREATE TABLE 成绩表 1(;
学号 C(7),;
课程号 C(4),;
成绩 N(5,1),;
PRIMARY KEY 学号+课程号 TAG AA,;
FOREIGN KEY 学号 TAG 学号 REFERENCES 学生表 1,;
FOREIGN KEY 课程号 TAG 课程号 REFERENCES 课程表 1)
```

注意：

1）PRIMARY KEY 约束只能采用表级约束，因为约束条件涉及学号和课程号两个字段。

2）REFERENCES 约束在此例中采用表级约束，要用格式 FOREIGN KEY<外部关

键字>TAG<标记名 1>REFERENCES<表名>[TAG<标记名 2>]。

3）"FOREIGN KEY 学号 TAG 学号 REFERENCES 学生表"说明该表与学生表产生了联系。"FOREIGN KEY 学号"说明该表在"学号"上建立一个普通索引，"TAG 学号 REFERENCES 学生表"说明引用学生表的主索引"学号"与学生表建立的联系。

以上建立数据库和建立表的命令执行完后可以在数据库设计器中看到如图 5-2 所示的界面，从中可以看到通过 SQL CREATE 命令不仅可以建立表，同时还可以建立表之间的关联。

图 5-2　成绩管理数据库设计器

5.4.2　表的删除

删除表的 SQL 命令格式及功能如下。

格式：DROP TABLE table_name

功能：从磁盘上删除 table_name 对应的 DBF 文件。如果 table_name 是数据库中的表并且相应的数据库是当前数据库，则从数据库中删除了表；否则，虽然从磁盘上删除了扩展名为.dbf 的文件，但是在数据库中（记录在扩展名为.dbc 文件中）的信息却没有被删除，此后会出现错误提示。所以要删除数据中的表时，最好在数据库中进行（即将包含表的数据库设置为当前数据库）。

【例 5-69】　用 SQL 命令删除"成绩表"。

```
DROP TABLE 成绩表
```

5.4.3　表结构的修改

修改表结构的命令是 ALTER TABLE，该命令有三种格式。

格式 1：

ALTER TABLE 表名 ADD|ALTER [COLUMN] <字段名><类型>[(宽度[,小数位数>])]

[NULL | NOT NULL]　　　　　　　　　　&字段是否允许为空

[CHECK <有效规则> [ERROR <提示信息>]]　&&设置字段的有效性规则

[DEFAULT 表达式]　　　　　　　　　　&&设置字段的缺省值

[PRIMARY KEY | UNIQUE]　　　　　　　&&设置字段索引类型

[REFERENCES <表名> [TAG <标记名>]]　　&&设置表之间的联系

说明：

1）ADD：表示添加新字段。

2）ALTER：表示修改已有的字段。

3）其他选项的含义跟前面介绍的一样。

功能：该格式可以添加新字段和修改已有字段的类型、宽度、有效性规则、错误信息、默认值，定义主索引、唯一索引和表之间的联系等。但不能修改字段名，不能删除字段，也不能删除已定义的规则等。

【例 5-70】　为课程表 1 增加一个开课学期字段，该字段的数据类型为数值型，宽度为 1。

```
ALTER TABLE 课程表 1 ADD 开课学期 N(1)
```

【例 5-71】　将教师表 1 的教师号字段的宽度由 8 改为 5。

```
ALTER TABLE 教师表 1 ALTER 教师号 C(5)
```

格式 2：

ALTER TABLE　表名　ALTER [COLUMN]　字段名

[NULL | NOT NULL]　　　　　　　　　　　&&字段是否允许为空

[SET DEFAULT　表达式]　　　　　　　　　&&设置字段的默认值

[SET CHECK <有效规则> [ERROR <提示信息>]]　&&设置字段的有效性规则

[DROP DEFAULT]　　　　　　　　　　　&&删除字段的默认值

[DROP CHECK]　　　　　　　　　　　　&&删除字段的有效性规则

功能：该格式主要用于定义、修改、删除字段级有效性规则和默认值定义。

【例 5-72】　将课程表 1 的开课学期字段设置为空。

```
ALTER TABLE 课程表 1 ALTER 开课学期 NULL
```

【例 5-73】　为学生表 1 的性别字段设置默认值"男"。

```
ALTER TABLE 学生表 1 ALTER 性别 SET DEFAULT '男'
```

【例 5-74】　删除学生表 1 中性别字段的默认值。

```
ALTER TABLE 学生表 1 ALTER 性别 DROP DEFAULT
```

【例 5-75】　为成绩表 1 的成绩字段设置有效性规则（成绩为 0～100 分）。

```
ALTER TABLE 成绩表 1 ALTER 成绩;
SET CHECK 成绩>=0 AND 成绩<=100 ERROR '成绩应该在 0 到 100 分之间'
```

【例 5-76】　删除成绩表 1 中成绩字段的有效性规则。

```
ALTER TABLE 成绩表 1 ALTER 成绩 DROP CHECK
```

格式 3：

ALTER TABLE　表名

[DROP [COLUMN] 字段名]　　　　　　　　&&删除字段

[SET CHECK <有效规则> [ERROR <提示信息>]] &&设置表的有效性规则

[DROP CHECK] &&删除表的有效性规则

[ADD PRIMARY KEY <字段名> TAG <标记名>[FOR<条件>]]&&增加表级的主索引

[DROP PRIMARY KEY] &&删除表级的主索引

[ADD UNIQUE <字段名> TAG <标记名>[FOR<条件>]] &&增加表级的唯一索引

[DROP UNIQUE TAG <标记名>] &&删除表级的唯一索引

[ADD FOREIGN KEY <字段名> TAG <标记名 1> [FOR<条件>] REFERENCES <表名>[TAG<标记名 2>]] &&增加表级联系

[DROP FOREIGN KEY TAG <标记名>] &&删除表级联系

[RENAME COLUMN 字段名 1 TO 字段名 2 &&修改字段名

功能：该格式可以删除字段、修改字段，可以定义、修改和删除表级的完整性规则。

【例 5-77】 删除课程表 1 中的开课学期字段。

```
ALTER TABLE 课程表 1 DROP 开课学期
```

【例 5-78】 将教师表 1 的所在部门字段名改为部门。

```
ALTER TABLE 教师表 1 RENAME 所在部门 TO 部门
```

【例 5-79】 将学生表 1 的姓名字段定义为唯一索引。

```
ALTER TABLE 学生表 1 ADD UNIQUE 姓名 TAG XM
```

【例 5-80】 删除学生表 1 的唯一索引 XM。

```
ALTER TABLE 学生表 1 DROP UNIQUE TAG XM
```

5.5 视 图

5.5.1 视图的概念

视图是从一个或多个表（或视图）导出的表。视图与基本表不同，视图是一个虚表，数据库中只存储视图的定义，视图所对应的数据不进行实际存储，这些数据仍存放在原来的基本表中。对视图的数据进行操作时，系统根据视图的定义去操作与视图相关联的基表。从这个意义上讲，视图就是操作表的一个窗口。

视图一经定义，就可以和基本表一样被查询和删除。也可以在一个视图之上再定义新的视图，但对视图的更新（插入、删除、修改）操作则有一定的限制。本节讨论视图的定义、查询和更新。

5.5.2 视图的定义

1. 建立视图

SQL 语言用 CREATE VIEW 命令建立视图。

格式：CREATE VIEW <视图名> AS <子查询>

说明：<子查询>是一个任意的 SELECT 查询语句，它说明和限定了视图中的数据；视图的字段名将与<子查询>中指定的字段名同名。

下面通过举例来介绍五类视图的创建。

（1）从单个表派生出来的视图

【例 5-81】　建立包括学生的学号、姓名、性别和出生日期的视图。

```
CREATE VIEW Student AS ;
SELECT 学号,姓名,性别,出生日期 FROM    学生表
```

注意：

1）该例是从学生表中限定列构成的视图，其中 Student 是视图的名称。

2）要打开对应的数据库才能建立视图。

3）视图的结果保存在数据库中，在磁盘上找不到类似的文件。

4）视图一旦定义，就可以和基本表一样进行各种查询与修改。

【例 5-82】　建立计算机专业学生的视图，视图中包括学生的学号、姓名、性别和出生日期。

```
CREATE VIEW CS_Student AS ;
SELECT 学号,姓名,性别,出生日期 FROM    学生表  WHERE  专业="计算机"
```

注意：该例是从学生表中限定行和列构成的视图，其中 CS_Student 是视图的名称。

（2）基于多个基本表的视图

在上面的例子中，视图都是建立在一张基本表上的。除此以外，视图还可以建立在两张或者两张以上的基本表上。

【例 5-83】　建立计算机专业选修了 K001 号课程的学生的视图，视图中包括学生的学号、姓名和成绩。

```
CREATE VIEW CS_Student2 AS ;
SELECT 学生表.学号,姓名,成绩 FROM 学生表,成绩表 ;
WHERE 学生表.学号=成绩表.学号 AND 专业="计算机" AND 课程号="K001"
```

注意：该视图建立在学生表和成绩表之上，其中 CS_Student2 是视图的名称。

【例 5-84】　建立选修了大学英语这门课程的学生的视图，视图中包括学生的学号、姓名和成绩。

```
CREATE VIEW EN_Student AS ;
SELECT 学生表.学号,姓名,成绩 FROM 学生表,成绩表,课程表 ;
WHERE 学生表.学号=成绩表.学号 AND 课程表.课程号=成绩表.课程号;
AND 课程名称="大学英语"
```

注意：该视图建立在学生表、成绩表和课程表之上，其中 EN_Student 是视图的名称。

（3）基于视图的视图

视图不仅可以建立在一个或多个基本表上，也可以建立在一个或多个已经定义好的视图上，或是建立在基本表与视图上。

【例 5-85】 建立计算机专业选修了 K001 号课程且成绩在 80 分以上的学生的视图，视图中包括学生的学号、姓名和成绩。

```
CREATE VIEW CS_Student3 AS ;
SELECT * FROM CS_Student2 WHERE 成绩>80
```

注意：该视图建立在视图 CS_Student2 之上，其中 CS_Student3 是视图的名称。

（4）包含表达式的视图

用一个查询来建立视图的 SELECT 子句可以包含算术表达式或函数，这些表达式或函数与视图的其他字段一样对待，由于它们是计算得来的，在基本表中并不实际存在，所以称为虚拟字段。带虚拟字段的视图称为带表达式的视图。

【例 5-86】 建立一个包含学生学号、姓名和年龄的视图。

```
CREATE VIEW AGE_Student AS ;
SELECT 学号,姓名,YEAR(DATE())-YEAR(出生日期) AS 年龄 FROM 学生表
```

注意：

1）AGE_Student 视图是一个带表达式的视图。

2）视图中的年龄是通过计算得到的，是一个虚拟字段。在这里利用 AS 重新定义了字段名。

（5）分组视图

分组视图是指用包含聚集函数和 GROUP BY 子句的查询来定义的视图。

【例 5-87】 将学生的学号、姓名及他的平均成绩定义为一个视图。

```
CREATE VIEW SCORE_Student AS ;
SELECT 学生表.学号,姓名,AVG(成绩) AS 平均成绩 FROM 学生表,成绩表;
WHERE 学生表.学号=成绩表.学号;
GROUP BY 学生表.学号
```

注意：

1）AGE_Student 视图是一个分组视图。

2）视图中的平均成绩是通过聚集函数得到的，是一个虚拟字段。在这里利用 AS 重新定义了字段名。

2．删除视图

由于视图是从基本表派生出来的，所以视图不存在修改结构（在 VFP 中可以修改视图，参见第 6 章）的问题，但是视图可以被删除。

格式：DROP VIEW <视图名>;

功能：将视图的定义从数据字典中删除。

【例 5-88】   删除 Student 视图。

```
DROP  VIEW Student
```

【例 5-89】   删除 SCORE_Student 视图。

```
DROP  VIEW SCORE_Student
```

5.5.3   视图的查询

视图定义后，用户可以像对基本表一样对视图进行查询。

【例 5-90】   在计算机专业学生的视图 CS_Student 中查询女同学的学号，姓名和出生日期。

```
SELECT 学号,姓名,出生日期 FROM CS_Student;
WHERE 性别="女"
```

【例 5-91】   查询计算机专业选修了 K001 号课程的学生的学号、姓名和成绩。

```
SELECT * FROM CS_Student2
```

注意：由于建立了计算机专业选修了 K001 号课程的学生的视图 CS_Student2，所以可直接在视图的基础上查询。

由此可见，通过定义视图，可以将表与表之间的联接操作对用户隐蔽起来了。用户通过视图查询可以简化操作。

如果没有定义视图 CS_Student2，则需要使用如下 SELECT 命令查询。

```
SELECT 学生表.学号,姓名,成绩 FROM 学生表,成绩表;
WHERE 学生表.学号=成绩表.学号 AND 专业="计算机" AND 课程号="K001"
```

【例 5-92】   在 SCORE_Student 视图中查询平均成绩高于 80 分的学生的学号、姓名和平均成绩。

```
SELECT * FROM SCORE_Student;
WHERE 平均成绩>80
```

在"命令"窗口执行上面的 SELECT 语句后，结果：

学号	姓名	平均成绩
2012001	刘科	84.00
2012003	李思思	83.75
2012005	徐丽	84.50

注意：在视图 SCORE_Student 上查询，不需要联接，也不需要分组，大大简化了用户的操作。

5.5.4   视图的更新

在 VFP 中视图是可更新的。由于视图是虚表，视图所对应的数据不进行实际存储，这些数据仍存放在原来的基本表中。所以对视图的更新会反映在对应的基本表中。但是在默认的情况下，对视图的更新不会反映在基本表中，对基本表的更新也反映不到视图中。要想对视图的更新反映在基本表中，需要对视图更新属性进行设置（详见第 6 章）。

　　在 VFP 中视图可以像基本表一样进行查询，但是插入、更新和删除操作在视图上却是有一定限制的。一般情况下，当一个视图是由单个表导出时可以进行插入和更新操作，但不能进行删除操作；当视图是由多个表导出时，插入、更新和删除操作都不允许进行。这种限制是很有必要的，可以避免一些潜在的问题。

习　题　5

一、选择题

1. 与"SELECT * FROM 教师表 INTO DBF A"等价的语句是（　　）。
   A．SELECT * FROM 教师表 TO DBF A
   B．SELECT * FROM 教师表 TO TABLE A
   C．SELECT * FROM 教师表 INTO TABLE A
   D．SELECT * FROM 教师表 INTO A

2. 查询"教师表"的全部记录并存储于临时文件 one.dbf （　　）。
   A．SELECT * FROM 教师表 INTO CURSOR one
   B．SELECT * FROM 教师表 TO CURSOR one
   C．SELECT * FROM 教师表 INTO CURSOR DBF one
   D．SELECT * FROM 教师表 TO CURSOR DBF one

3. SQL 查询命令的结构是 SELECT…FROM…WHERE…GROUP BY…HAVING…ORDER BY…，其中指定查询条件的短语是（　　）。
   A．SELECT　　　　　　　　　　B．FROM
   C．WHERE　　　　　　　　　　D．ORDER BY 短语

4. SQL 查询命令的结构是 SELECT…FROM…WHERE…GROUP BY…HAVING…ORDER BY…，其中 HAVING 必须配合使用的短语是（　　）。
   A．FROM　　　　　B．GROUP BY　　　C．WHERE　　　　D．ORDER BY

5. 如果 SQL 查询的 SELECT 短语中使用 TOP，则必须配合（　　）短语。
   A．HAVING　　　　B．GROUP BY　　　C．WHERE　　　　D．ORDER BY

6. 在 VFP 中，如下描述正确的是（　　）。
   A．对表的所有操作，都不需要使用 USE 命令先打开表
   B．所有 SQL 命令对表的所有操作都不需要使用 USE 命令先打开表
   C．部分 SQL 命令对表的所有操作都不需要使用 USE 命令先打开表
   D．传统的 VFP 命令对表的所有操作都不需要使用 USE 命令先打开表

7. SQL 语句中，能够判断"订购日期"字段是否为空值的表达式是（　　）。

    A. 订购日期=NULL   B. 订购日期=EMPTY

    C. 订购日期 IS NULL   D. 订购日期 IS EMPTY

8. SQL 语言的更新命令的关键词是（　　）。

    A. INSERT   B. UPDATE   C. CREATE   D. SELECT

9. 给 student 表增加一个"平均成绩"字段（数值型，总宽度6，2位小数）的 SQL 命令是（　　）。

    A. ALTER TABLE student ADD 平均成绩 N(b,2)

    B. ALTER TABLE student ADD 平均成绩 D(6,2)

    C. ALTER TABLE student ADD 平均成绩 E(6,2)

    D. ALTER TABLE student ADD 平均成绩 Y(6,2)

10. 在 VFP 中，执行 SQL 的 DELETE 命令和传统的 VFP DELETE 命令都可以删除数据库表中的记录，下面正确的描述是（　　）。

    A. SQL 的 DELETE 命令删除数据库表中的记录之前，不需要先用 USE 命令打开表

    B. SQL 的 DELETE 命令和传统的 VFP DELETE 命令删除数据库表中的记录之前，都需要先用命令 USE 打开表

    C. SQL 的 DELETE 命令可以物理地删除数据库表中的记录，而传统的 FoxPro DELETE 命令只能逻辑删除数据库表中的记录

    D. 传统的 FoxPro DELETE 命令还可以删除其他工作区中打开的数据库表中的记录

11. 删除 student 表的"平均成绩"字段的正确 SQL 命令是（　　）。

    A. DELETE TABLE student DELETE COLUMN 平均成绩

    B. ALTER TABLE student DELETE COLUMN 平均成绩

    C. ALTER TABLE student DROP COLUMN 平均成绩

    D. DELETE TABLE student DROP COLUMN 平均成绩

12. 在 VFP 中，关于视图的正确描述是（　　）。

    A. 视图也称为窗口

    B. 视图是一个预先定义好的 SQL SELECT 语句文件

    C. 视图是一种用 SQL SELECT 语句定义的虚拟表

    D. 视图是一个存储数据的特殊表

13. 从 student 表删除年龄大于30的记录的正确 SQL 命令是（　　）。

    A. DELETE FOR 年龄>30

    B. DELETE FROM student WHERE 年龄>30

    C. DEL ETE student FOP 年龄>30

    D. DELETE student WF IERE 年龄>30

14. 向 student 表插入一条新记录的正确 SQL 语句是（　　　）。

　　A．APPEND INTO student VALUES('0401', '王芳', '女', 18)

　　B．APPEND student VALUES('0401', '王芳', '女', 18)：

　　C．INSERT INTO student VALUES('0401', '王芳', '女', 18)

　　D．INSERT student VALUES('0401', '王芳', '女', 18)

15. 消除 SQL SELECT 查询结果中的重复记录，可采取的方法是（　　　）。

　　A．通过指定主关键字　　　　　　　B．通过指定唯一索引

　　C．使用 DISTINCT 短语　　　　　　D．使用 UNIQUE 短语

第 16～20 题使用如下三个数据库表。

学生表：student（学号，姓名，性别，出生日期，院系）

课程表：course（课程号，课程名，学时）

选课成绩表：score（学号，课程号，成绩）

其中出生日期的数据类型为日期型，学时和成绩为数值型，其他均为字符型。

16. 查询"计算机系"学生的学号、姓名、学生所选课程的课程名和成绩，正确的命令是（　　　）。

　　A．SELECT s.学号,姓名,课程名,成绩

　　　　FROM student s, score sc, course c

　　　　WHERE s.学号= sc.学号, sc.课程号=c.课程号, 院系='计算机系'

　　B．SELECT 学号,姓名,课程名,成绩

　　　　FROM student s, score sc, course c

　　　　WHERE s.学号＝sc.学号 and sc.课程号＝c.课程号 and 院系='计算机系'

　　C．SELECT s.学号,姓名,课程名,成绩

　　　　FROM （student s JOIN score sc ON s.学号＝sc.学号）．

　　　　JOIN course cON sc.课程号＝c.课程号

　　　　WHERE 院系='计算机系'

　　D．SELECT 学号,姓名,课程名,成绩

　　　　FROM （student s JOIN score sc ON s.学号＝sc.学号）

　　　　JOIN course c ON sc.课程号＝c.课程号

　　　　WHERE 院系='计算机系'

17. 查询所修课程成绩都大于等于85分的学生的学号和姓名,正确的命令是(　　　)。

　　A．SELECT 学号,姓名 FROM student s WHERE NOT EXISTS

　　　　(SELECT*FROM score sc WHERE sc.学号＝s.学号 AND 成绩＜85)

　　B．SELECT 学号,姓名 FROM student s WHERE NOT EXISTS

　　　　(SELECT * FROM score sc WHERE sc.学号=s.学号 AND 成绩>= 85)

　　C．SELECT 学号,姓名 FROM student s, score sc

　　　　WHERE s.学号=sc.学号 AND 成绩>= 85

　　D．SELECT 学号,姓名 FROM student s, score sc

WHERE s.学号＝sc.学号 AND ALL 成绩>=85

18. 查询选修课程在 5 门以上（含 5 门）的学生的学号、姓名和平均成绩，并按平均成绩降序排序，正确的命令是（   ）。

  A. SELECT s.学号,姓名,平均成绩 FROM student s, score sc

    WHERE s.学号=sc.学号

    GROUP BY s.学号 HAVING COUNT(*)>=5 ORDER BY 平均成绩 DESC

  B. SELECT 学号,姓名,AVG(成绩)FROM student s, score sc

    WHERE s.学号=sc.学号 AND COUNT(*)>=5

    GROUP BY 学号 ORDER BY 3 DESC

  C. SELECT s.学号,姓名, AVG(成绩)平均成绩 FROM student s, score sc

    WHERE s.学号=sc.学号 AND COUNT(*)>= 5

    GROUP BY s.学号 ORDER BY 平均成绩 DESC

  D. SELECT s.学号,姓名, AVG(成绩)平均成绩 FROM student s, score sc

    WHERE s.学号=sc.学号

    GROUP BY s.学号 HAVING COUNT(*)>=5 ORDER BY 3 DESC

19. 查询同时选修课程号为 C1 和 C5 课程的学生的学号，正确的命令是（   ）。

  A. SELECT 学号 FROM score sc WHERE 课程号＝'C1'AND 学号 IN

    (SELECT 学号 FROM score sc WHERE 课程号＝'C5')

  B. SELECT 学号 FROM score sc WHERE 课程号＝'C1'AND 学号＝

    (SELECT 学号 FROM score sc WHERE 课程号＝'C5'}

  C. SELECT 学号 FROM score sc WHERE 课程号='C1' AND 课程号='C5'

  D. SELECT 学号 FROM score sc WHERE 课程号＝'C1'OR 'C5'

20. 删除学号为"20091001"且课程号为"C1"的选课记录，正确命令是（   ）。

  A. DELETE FROM score WHERE 课程号＝'C1'AND 学号='20091001'

  B. DELETE FROM score WHERE 课程号＝'C1'OR 学号='20091001'

  C. DELETE FORM score WHERE 课程号＝'C1'AND 学号='20091001'

  D. DELETE score WHERE 课程号＝'C1'AND 学号='20091001'

二、填空题

1. 在 SQL 语言中，用于对查询结果计数的函数是_____。

2. 在 SQL 的 SELECT 查询中，使用_____关键词消除查询结果中的重复记录。

3. 为"学生表"的"年龄"字段增加有效性规则"年龄必须在 18～45 岁之间"的 SQL 语句是：ALTER TABLE 学生 ALTER 年龄_____年龄<=45 AND 年龄>=18。

4. 使用 SQL SELECT 语句进行分组查询时，有时要求分组满足某个条件时才查询，这时可以用_____子句来限定分组。

5. SQL 语句"SELECT TOP 10 PERCENT*FROM 订单 ORDER BY 金额 DESC"的查询结果是订单中金额_____的 10%的订单信息。

6．使用 SQL 的 CREATE TABLE 语句建立数据库表时，为了说明主关键字应该使用关键词_____。

7．删除视图 MyView 的命令是_____。

8．SQL 支持集合的并运算，运算符是_____。

9．在 VFP 中 SQL DELETE 命令是_____删除记录。

10．要将"学生"表中的"学号"字段名修改为"学生编号"的 SQL 语句是：

ALTER TABLE 学生_____学号 TO 学生编号

第 6 章　查询与视图

查询与视图有很多地方是相似的，在创建查询和视图时，它们的步骤很相似。视图具有表和查询的特点，查询可以根据表或视图来定义，查询与视图有很多交叉之处，查询和视图都是为了快速、方便地使用数据库中的数据提供的一种方法，本章将重点介绍查询和视图的基本概念，如何建立视图和查询以及它们的使用。

6.1　查　　询

查询表示从数据库中查询数据，是一个及物动词，然而在本章讲的查询查询可以看成是名词，它是 VFP 支持的一种数据对象，也可以看成 VFP 方便检索数据提供的一种工具和方法。

6.1.1　查询的基本概念

查询实际上是定义一个 SELECT 语句，在不同的条场合反复地使用来提高查询的效率。在实际应用中很多地方都需要建立相应的查询，例如，报表信息查看数据相关子集等。这些查询建立的基本过程是相同的。

查询是从指定的表或视图中提取满足条件的记录，然后按照要得到的输出类型定向输出查询结果，如浏览器、报表、标签等，设计一个查询都要多次使用，查询的扩展名是.qpr 的文件保存在磁盘上的，这是一个文本文件，它的主题是 SQL SELECT 语句，别的还有和输出定向有关的语句。

6.1.2　利用查询设计器

在利用查询设计器查询时，需要真正地理解 SQL SELECT 语句才能设计查询，因为他是基于 SQLSELECT 的。

以下介绍建立查询的四种方法。

1）可以用命令 CREATE QUERY 打开查询设计器建立查询。

2）可以选择"文件→新建"选项，将弹出"新建"对话框，然后选择"查询"并单击"新建文件"打开查询设计器建立查询。

3）可以在项目管理器中选中"数据"，文件类型选择"查询"，然后单击"新建"命令按钮打开查询设计器建立查询。

4）还可以用 SQL SELECT 直接编辑扩展名为.qpr 的文件建立查询。

下面介绍使用查询设计器建立查询的方法。

无论使用哪种方法打开查询设计器都可以，都要弹出如图 6-1 所示的"添加表或视图"对话框,选择用于建立查询的表或视图,然后单击"添加"按钮。选择完表或视图后,单击"关闭"按钮打开如图 6-2 所示的查询设计器窗口。

图 6-1 "添加表或视图"对话框

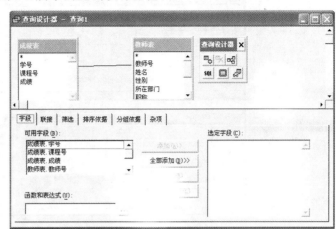

图 6-2 查询设计器

当一个查询是基于多个表时,这些表之间必须是有联系的,查询设计器会自动根据联系提取联接条件,在打开图 6-2 所示查询设计器窗口之前还会弹出一个指定连接对话框,由用户设计联接条件。

下面分别介绍图 6-2 所示查询设计器界面的各种选项卡,与 SQL SELECT 语句的各短语是相对的。

1)前面已经选择了设计查询的表或视图,对应于 FROM 短语,此后还可以从"查询"菜单或工具栏中选择"添加表"或选择"移去表"重新指定设计查询的表。

2)"字段"选项卡对应于 SELECT 短语,指定所要查询的数据,这时可以单击"全部添加"选择所有的字段,也可以逐个选择字段后单击"添加";在"函数和表达式"编辑框中可以输入或编辑计算表达式。

3)"联接"选项卡对应于 JOIN ON 短语,用于编辑联接条件。

4)"筛选"选项卡对应于 WHERE 短语,用于指定查询条件。

5)"排序依据"选项卡对应于 ORDER BY 短语,用于指定排序的字段和排序方式。

6)"分组依据"选项卡对应于 GROUP BY 短语和 HAVING 短语,用于分组。

"杂项"选项卡用来指定是否要重复记录,对应于 DISTINCT 及列在前面的记录对应于 TOP 短语等。

对于以上各选项卡的内容,如果读者熟悉 SQL SELECT,那么设计查询是非常简单的反之很难。

6.1.3 建立查询

下面通过一个例子具体来说明如何利用查询设计器建立查询。

【例 6-1】 建立一个含有学生号、课程号、成绩、学号和姓名信息的查询。

这个查询基于学生表和成绩两个表,从"可用字段"中选择字段,并把它们添加到

"选定字段"中，只要按顺序选择如图 6-3 所示进行添加即可。

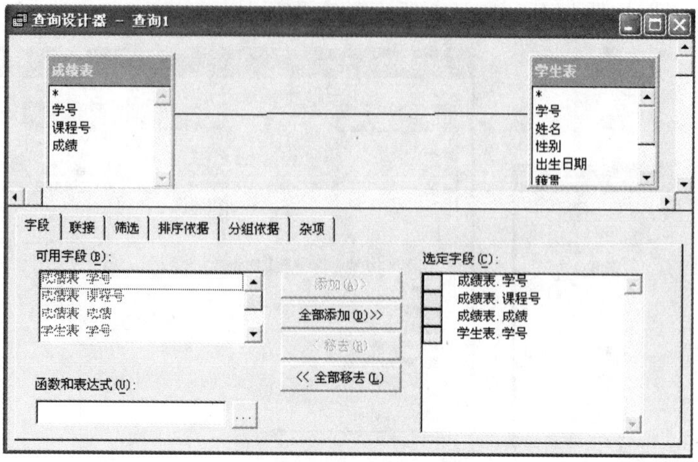

图 6-3　选定添加字段

一个简单的查询就建立好了，此时按 Ctrl＋Q 组合键，单击工具栏中的"运行"按钮或者选择"查询"→"运行查询"选项都可以立刻运行查询并看到查询的结果。此时由查询设计器建立的查询实际上是生成了相应的 SQL SELECT 语句。可以在查询设计器中选择"查询"→"查看 SQL"选项或单击查询设计器工具栏中的"显示 SQL 窗口"按钮图标查看 SQL SELECT 语句如下。

```
SELECT 成绩表.*, 学生表.学号;
FROM  成绩管理!成绩表 INNER JOIN 成绩管理!学生表 ;
ON  成绩表.学号 = 学生表.学号
```

注意：除了建立简单的查询之外，还可以对查询添加相应的计算、为查询设计排序、利用分组功能进行统计。如果熟悉 SQL 语言，应用起来就会非常简单。

【例 6-2】　在以上基础上为查询增加查询计算表达式。

假设计算表达式为"成绩+5"，则可以在图 6-3 所示界面切换到左下角的"函数和表达式"框输入计算表达式，或者单击旁边的"…"按钮打开"表达式生成器"对话框编辑计算表达式，然后单击"添加"按钮将函数或表达式添加到"可用字段"。此时再运行查询就会发现多了一个计算字段，成绩字段的值增加 12。如果单击查询设计器工具栏中的"显示 SQL 窗口"按钮图标可以看到如下的 SQL SELECT 语句。

```
SELECT 成绩表.*, 学生表.学号,成绩. 成绩+5;
FROM  成绩管理!成绩表 INNER JOIN 成绩管理!学生表;
ON  成绩表.学号 = 学生表.学号
```

【例 6-3】　为查询设计排序。

假设要求先按学号升序排序，再按成绩降序排序。将图 6-2 或图 6-3 所示界面切换到如图 6-4 所示的"排序依据"选项卡界面，依次选择要排序的字段，并单击"添加"

按钮把它们添加到"排序条件"中，单击"排序选项"的升序或降序可以决定它们的排序方式（默认是升序）。此时再运行查询就会发现结果已按要求排序。如果单击查询设计器工具栏中的"显示 SQL 窗口"按钮图标可以看到如下的 SQL SELECT 语句。

```
SELECT 学生表.学号，成绩表.成绩;
FROM  成绩管理!成绩表 INNER JOIN 成绩管理!学生表 ;
ON  成绩表.学号 = 学生表.学号;
ORDER BY 学生表.学号，成绩表.成绩 DESC
```

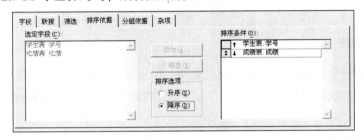

图 6-4　设计排序

【例 6-4】　利用分组功能统计各科成绩的总分。

在图 6-3 所示的界面中，从字段选项卡选择并添加"成绩.成绩"字段，并在左下角的"函数和表达式"编辑框中输入表达式：

```
SUM（成绩.成绩+5）AS 总成绩
```

然后单击"添加"按钮把它添加到"选定字段"列表框。切换到"分组依据"选项卡，选择"职工成绩.学号"字段并把它添加到"分组字段"中。

此时运行查询即可得到所需要的统计结果。如果单击查询设计器工具栏中的"显示 SQL 窗口"图标可以看到如下的 SQL SELECT 语句。

```
SELECT 成绩.成绩，SUM（成绩.成绩+5）AS 总成绩;
FROM 学生管理! 成绩;
GROUP BY 成绩.成绩
```

以上简单介绍了利用查询设计器建立查询的方法。

6.1.4　查询设计器的局限性

用查询设计器建立的查询，简单，易学，但在应用中有一定的局限性，它适用于比较规范的查询，而对于较复杂的查询是无法实现的，下面来看一个用 SELECT 查询的例子。

【例 6-5】　查询入学成绩最高的学生的学号和姓名。

新建一个查询程序文件 x.qpr。

```
OPEN DATA 学生
SELECT a1.学号,a1.姓名,a1.入学成绩 FROM 学生 AS a1;
WHERE 入学成绩=(SELECT MAX(入学成绩) FROM 学生 AS b1;
WHERE a1.学号=b1.学号)
```

这个例子用查询分析器是无法完成查询的，若用查询设计器修改会弹出如图 6-5 所示的提示消息对话框。

图 6-5 提示消息对话框

6.1.5 使用查询

退出查询设计器后要执行查询也很简单。如果在项目管理器中，将数据选项卡的查询项展开，然后选择要运行的查询，并单击"运行"按钮。如果以命令方式执行查询，则命令格式如下。

DO QureryFile

其中 QureryFile 是查询文件名，此时必须给出查询文件的扩展名.qpr。

设计查询的目的不只是为了完成一种查询功能，在查询设计器中还可以根据需要输出定位到各种情况，选择"查询"→"查询去向"选项，或在"查询设计器"工具栏中单击"查询去向"按钮，此时，将弹出"查询去向"对话框，如图 6-6 所示，可以在其中选择将查询结果送往何处。这些查询去向的具体含义如下。

浏览：在"浏览"（BROWSE）窗口中显示查询结果（默认的输出去向）。

临时表：将查询结果存储在一个命名的临时只读表中。

表：使查询结果保存为一个命名的表中。

图形：使查询结果可用于 Microsoft Graph（Graph 是包含在 Visual FoxPro 中的一个独立的应用程序）。

屏幕：在 VFP 主窗口或当前活动输出窗口中显示查询结果。

报表：将输出送到一个报表文件（.frx）。

标签：将输出送到一个标签文件（.lbx）。

许多选项都可以有一些可以影响输出结果的附加选择。例如，"表"按钮要求输入

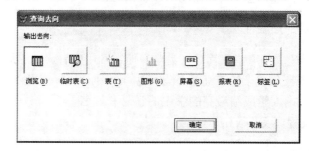

图 6-6 查询去向

一个表名，"报表"按钮可以选择打开报表文件，并在打印之前定制报表，也可以选用"报表向导"帮助用户创建报表。

根据选择不同的查询去向，生成的查询文件均会有所变化。

下面以查询去向为"图形"示例来说明查询的使用。选择了查询去向为"图形"后，单击查询设计器工具栏中的"显示 SQL 窗口"图标可以看到如下的内容。

```
SELECT 成绩表.*，学生表.学号；
FROM  成绩管理!成绩表 INNER JOIN 成绩管理!学生表；
ON  成绩表.学号 = 学生表.学号
```

6.2　视　　图

6.2.1　视图的基本概念

数据库中只存放视图的定义，视图的定义被保存在数据库中，数据库不存放视图的对应数据，这些数据仍然存放在表中。

视图与查询一样都要从表中获取数据，它们查询的基础实质上都是 SELECT 语句，它们的创建步骤也是相似的。视图与查询的区别主要是：视图是一个虚拟表，而查询是以*.qpr 文件形式存放在磁盘中，更新视图的数据同时也就更新了表的数据，这一点与查询是完全不同的。视图从获取数据来源方面可被分为本地视图和远程视图两种。本地视图是指使用当前数据库中表建立的视图，远程视图是指使用非当前数据库的数据源中的表建立的视图。

6.2.2　建立本地视图

1．用向导建立本地视图

在打开所需数据库的基础上，选择"文件"→"新建"选项或单击工具栏中的"新建"按钮，在弹出的"新建"对话框中选择文件类型视图向导，然后按向导提示完成操作。

2．用视图设计器建立本地视图

在打开所需数据库的基础上，文件→新建或使用工具栏中的新建按钮→文件类型视图→新建文件按钮，打开添加表或视图对话框→在数据库的下拉列表框中选择所需数据库→在数据库的列表框中选表→添加，若需多张表可反复选表，单击"添加"按钮→关闭，打开如图 6-7 所示的视图设计器窗口，它与查询设计器几乎一样，就多一个"更新条件"选项卡，以后的步骤除"更新条件"选项卡外都与查询设计器在建立查询时一样的步骤。

最后关闭视图设计器窗口，在弹出的确认对话框中单击"是"按钮，在弹出的"保存"对话框中输入视图的名称，单击"确认"按钮。

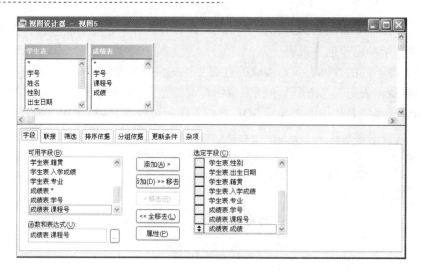

图 6-7　视图设计器

3. 其他方式

可以用 CREATE VIEW 命令打开视图设计器建立视图；如果非常熟悉 SQL SELECT，还可以直接用建立视图的 SQL 命令 CREATE VIEW…AS…建立视图。

视图设计器和查询设计器的使用方式有很多相同的地方，不同点主要表现在以下三点。

1）查询设计器的结果是将查询以.qpr 为扩展名的文件形式保存在磁盘中；而视图设计完后，在磁盘上找不到类似的文件，视图的结果保存在数据库中。

2）由于视图是可以用于更新的，所以它有更新属性需要设置，为此在视图设计器中多了"更新条件"选项卡，如图 6-7 所示。

3）在视图设计器中没有查询去向的问题。

6.2.3　远程视图与连接

为了建立远程视图，必须首先建立连接远程数据库的"连接"，"连接"是 VFP 数据库中的一种对象。

从 VFP 内部可定义数据源和连接。

数据源一般是（ODBC 开放数据库互联，一种连接数据库的通用标准）数据源，为了定义 ODBC 数据源必须首先要安装 ODBC 驱动程序。利用 ODBC 驱动程序可以定义远程数据库的数据源，也可以定义本地数据库的数据源。

而连接是 VFP 数据库中的一种对象，它是根据数据源创建并保存在数据库中的一个命令连接，以便在创建远程视图时按其名称进行引用，而且还可以通过设置命令连接的属性来优化 VFP 与远征数据源的通信。当激活远程视图时，视图连接将成为通向远程数据源的管道。

可以用如下方法建立连接。

1）可以用 CREATE CONNECTION 命令打开"连接设计器"，或完全用命令方式建立连接（命令格式较复杂，一般不使用）。

2）可以选择"文件→新建"选项，在弹出的"新建"对话框中选择"连接"，并单击"新建文件"弹出连接设计器对话框建立连接。

3）可以在项目管理器的"数据"选项卡中将要建立的数据库分支展开，并选择"连接"，然后单击"新建 "命令按钮弹出连接设计器对话框建立连接。

连接设计器对话框如图 6-8 所示。一般只需要选择"数据源"即可，并且可以单击"验证连接"按钮验证是否能够成功地连接到远程数据库。如果连接成功则可以单击工具栏中的"保存"按钮将该连接保存，以备建立和使用远程视图时使用。

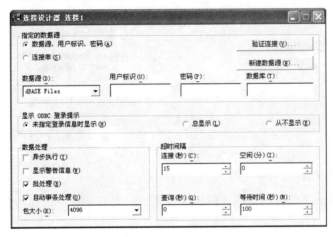

图 6-8　连接设计器对话框

注意：这里选择的数据源是用 ODBC 数据源管理器建立的 ODBC 数据源，一般可以在 Windows 的控制面板中打开 ODBC 数据源管理器建立数据源。在图 6-8 所示的界面单击"新建数据源"命令按钮也可以打开 ODBC 数据源管理器。

连接建立好以后就可以建立远程视图了。建立远程视图和建立本地视图的方法基本一样，建立远程视图时一般是要根据网络上其他计算机或其他数据库中的表建立视图，所以需要首先选择"连接"或"数据源"。

另外还有一点要特别注意，利用数据源和连接建立的远程视图的 SQL 语法要符合远程数据库的语法，例如，SQL Server 的语法和 VFP 的语法就有区别。

6.2.4　视图与更新

通过视图进行查询时，其结果时只读的。要想对视图查询结果进行修改，必须在视图设计器中的更新条件选项卡中进行一些相应的设置，视图的修改可以使得原表随着修改。

1. 设置关键字段与更新字段

在视图设计中→更新条件选项卡，如图 6-9 所示。字段各列表框中显示着视图查询结果中的字段名→字段名左侧带钥匙的为关键字段，此时出现 V，说明此字段已经设置为了关键字段，若要恢复到设置前的初始状态，可单击"重置关键字"按钮→字段名左侧出现修改完毕标识，说明此字段已设置为更新字段。若要更新所有字段，可将所有字段设为更新→全部更新。

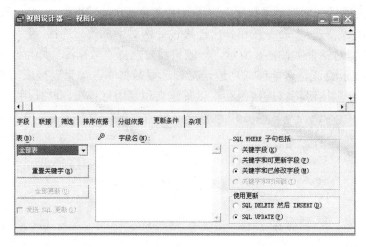

图 6-9　视图设计器

（1）向表发送更新数据

若要将视图修改结果送到源表即视图更新时源表随之更新，则勾选"发送 SQL 更新"复选框即可。

（2）检查更新冲突

主要用于多用户工作环境中，视图数据源中的数据可能正在被其他用户访问，这包括用户对数据的使用、更新、删除等操作，为了让 VFP 检查视图所用数据源中的数据在更新前是否被其他用户修改过，可使用更新选项卡中的 SQL WHERE 子句，包括框中的选项来帮助管理遇到其他用户访问同一用户时如何更新记录。

以下为 SQL WHERE 子句包括框中各单选按钮的含义。

1）关键字段：当源表中的关键字段被改变时，使更新失败。

2）关键字段和可以更新字段：当远程表中的任何标记可更新的字段被改变时，更新失败。

3）关键字和修改字段：当在视图中改变任意字段的值时，源表中已被改变时，更新失败。

4）关键字和时间戳：当远程表上记录的时间戳在首次检索之后被更改时，更新失败。

2. 使用更新方式

使用更新框主要用于对视图更新方法的控制，它有以下两个单选按钮。

1）"SQL DELETE 然后 INSERT"单选按钮作用为，先用 SQL DELETE 命令将原值

删除，然后用 SQL INSERT 命令向源表插入更新记录。

2）"SQL UPDATE"单选按钮作用为，使用 SQL UPDATE 更新信息表记录。

6.2.5 远程视图

在数据库打开基础上，以下操作均可运行远程视图。

1）双击视图标题栏。

2）右击"视图"，弹出如图 6-10 所示快捷菜单，选择"修改"选项，即可打开视图设计器，在其中单击工具栏的"运行"按钮即可。

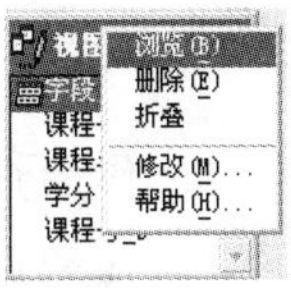

图 6-10　浏览菜单

3）使用命令 USE<视图名>，然后按 Enter 键。

习　题　6

一、选择题

1．查询与视图正确的叙述是（　　）。

　　A．查询与视图都可以更新表

　　B．查询与视图都不可以更新表

　　C．查询不可以更新表，而视图可以更新表

　　D．查询可以更新表，而视图不可以更新表

2．查询的正确叙述是（　　）。

　　A．只能用自由表建立查询　　　　　　B．不能用自由表建立查询

　　C．只能用数据库表建立查询　　　　　D．自由表、数据库表都可以建立查询

3．视图正确叙述是（　　）。

　　A．只能用自有表建立查询　　　　　　B．不能用自由表建立查询

　　C．只能用数据库表建立查询　　　　　D．自由表、数据库表都可以建立查询

4．查询的默认输出去向是（　　）。

　　A．浏览　　　　　B．临时表　　　　　C．表　　　　　D．屏幕

5．SQL 语句中条件子句的关键字是（　　）。

　　A．FOR　　　　　B．WHILE　　　　　C．WHERE　　　　　D．IF

6．下列关于视图的说法中，错误的是（　　）。

　　A．视图可以从单个表或多个表中派生

　　B．可以在磁盘中找到相应的视图文件

　　C．视图可以作为查询的数据源

　　D．利用视图可以暂时使数据从数据库中分离成为自由数据

7．在 SQL 的 SELECT 查询的结果中，消除重复记录的方法是（　　）。

　　A．通过指定主索引实现　　　　　　　B．通过指定唯一索引实现

　　C．使用 DISTINCT 短语实现　　　　　　D．使用 WHERE 短语实现

　　8．在视图设计器中有，而在查询设计器中没有的选项卡是（　　）。

　　A．排序依据　　　B．更新条件　　　C．分组依据　　　D．杂项

二、填空题

　　1．作为查询的数据源，可以是数据库表、_____或_____。

　　2．在数据库中可以设计视图和查询，其中_____不能独立存储为文件（存储在数据库中）。

　　3．已有查询文件 query.qpr，要执行该查询文件可使用命令_____。

三、上机题

　　根据第 4 章建立的成绩管理数据库，完成如下操作。

　　1．对学生，学生成绩，学生成绩表应用 SQL 的 SELECL 命令查询。

　　1）查询入学成绩大于等于 500 分的学生自然情况。

　　2）查询姓名为王丽华学生的 VFP 的所有成绩。

　　3）查询性别为男学生的 VFP 成绩。

　　4）将学生表按入学成绩降序排序且显示。

　　5）查询姓王的学生自然情况。

　　6）统计性别为女的学生人数。

　　7）统计男生，女生的平均入学成绩。

　　8）查询入学成绩最高分的学生自然情况。

　　2．用学生数据库建立一个查询，选定字段自定。

　　3．用学生数据库建立一个视图，选定字段自定。

第 7 章　程序设计基础

前面章节介绍了 VFP 的交互式操作方式，本章将开始讨论 VFP 相关的程序设计。程序设计就是将许多 VFP 命令按一定的逻辑结构编排成一个完整的应用程序，然后输入到计算机内自动、连续地执行。VFP 程序设计包括结构化程序设计和面向对象程序设计，结构化程序设计是面向对象程序设计的基础。

本章介绍结构化程序设计，包括程序的建立、执行和调试；程序的三种控制结构为顺序结构、分支结构与循环结构；多个程序模块的组合方法等内容。

7.1　程序设计基础知识

学习程序设计首先要了解程序设计的概念，熟悉程序设计的过程和程序的控制结构，以及结构化设计方法。

7.1.1　程序设计的概念

对于初学者来说，程序设计被简单地理解为只是编写一个程序，这仅仅是片面的理解。程序设计是利用计算机解决问题的全过程，包括了多方面的内容，而编写程序只是其中的一个方面。使用计算机来解决实际问题，首先应对问题进行分析并建立数学模型，再考虑数据的组织方式和算法，并选用某种程序设计语言编写程序，最后调试程序，使之能够得到预期的结果，这一过程称为程序设计。

在解决一个实际问题时，没有把要解决的问题分析清楚就急于编写程序，这样会导致编程思路混乱，难以得到预期的结果。在编写程序时，应对需解决的问题进行深入分析，从而确定求解问题的数学模型，再进行算法设计，并画出程序流程图。通过程序流程图，再编写程序就显得非常容易。

例如，在"教师表"中，按输入的教师号进行查询该教师的姓名和职称，写出其算法。

根据表操作的相关知识，很容易写出如下算法。

1）打开"教师表"。

2）输入待查询的教师的教师号。

3）查找教师号所对应的记录。

4）显示该记录的教师号、姓名和职称。

在实际应用中，通常采用程序流程图来描述算法，形象直观且简单方便。一般程序流程图常用菱形框表示判断，用矩形表示进行某种处理，用流程线将各个操作步骤连接起来。

7.1.2　程序的控制结构

与其他高级语言程序相似，VFP 程序也有三种基本控制结构，分别为顺序结构、分支结构和循环结构。

1. 顺序结构

顺序结构的程序运行时按照语句排列的先后顺序，逐条执行，它是程序中最简单的一种基本结构，其流程图如图 7-1（a）所示。

2. 分支结构

分支结构是根据条件是否满足而去执行不同的程序块。在图 7-1（b）中，当判断条件满足时执行语句 1，否则执行语句 2。

3. 循环结构

在处理实际问题的过程中，有时需要重复执行某些操作，即对一段程序进行循环操作，这种被重复执行的语句序列称为循环体。循环结构分为当型循环和直到型循环两种，流程图分别如图 7-1（c）和图 7-1（d）所示。

当型循环是先判断条件是否满足，当条件满足时重复执行循环体，每执行一次测试一次条件，直到条件不满足时才跳出循环体执行它下面的语句。

直到型循环先执行一次循环体，再判断条件是否满足，如果满足则反复执行循环体，直到条件不满足为止。

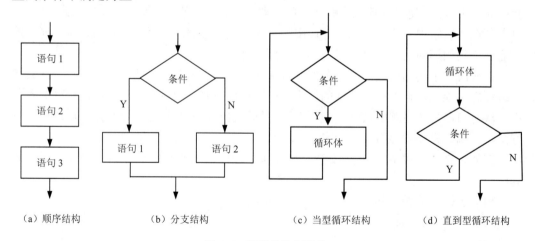

（a）顺序结构　　　　（b）分支结构　　　　（c）当型循环结构　　　　（d）直到型循环结构

图 7-1　程序的控制结构

两种循环结构的区别在于：当型循环结构是先判断条件，后执行循环体，而直到型循环结构是先执行循环体，再判断条件。即直到型循环至少执行一次循环体，而当型循环有可能一次也不执行循环体。

7.1.3 结构化程序设计方法

结构化程序设计是由迪克斯特拉（E.W.dijkstra）在 1969 年提出的，是以模块化设计为中心，将待开发的软件系统划分为若干个相互独立的模块，这样使完成每一个模块的工作变简单而明确，为设计一些较大的软件打下了良好的基础。结构化分析方法是普遍采用的一种程序设计方法，在程序设计方法学中占有十分重要的位置。用这种方法设计的程序结构清晰，易于阅读和理解，便于调试和维护。

结构化程序设计方法引入了工程思想和结构化思想，使大型软件的开发和编程得到了极大的改善。结构化程序设计采用自顶向下、逐步求精和模块化的分析方法，并使用了三种基本结构，即顺序结构、分支结构和循环结构。

自顶向下是指对设计的系统要有一个全面的理解，从问题的全局入手，把一个复杂的问题分解成若干子问题，然后对每个子问题再进一步分解，直到每个问题都容易解决为止。即先考虑整体，再考虑细节；先考虑全局目标，再考虑局部目标。

逐步求精是指程序设计的过程是一个循序渐进的过程，将系统功能按层次进行分解，每一层不断将功能细化，到最后一层都是功能单一、简单易实现的模块。求解过程可以划分为若干个阶段，在不同阶段采用不同的工具来描述问题。在每个阶段有不同的规则和标准，产生出各阶段的文档资料。即对复杂问题设计一些子目标作为过渡，逐步细化。

模块化是结构化程序设计的重要原则。所谓模块化是将大程序按照功能分为较小的程序。当计算机在处理较复杂的任务时所编写的程序经常由上万条语句组成，需要由许多人来共同完成。这样常常把一个复杂的任务分解成若干个子任务，每个子任务又分成多个小子任务，每一个小子任务只完成一项简单的功能。这样的程序设计方法被称为"模块化"，由一个个功能模块构成的程序结构为模块化结构。这种程序的模块化结构如图 7-2 所示。

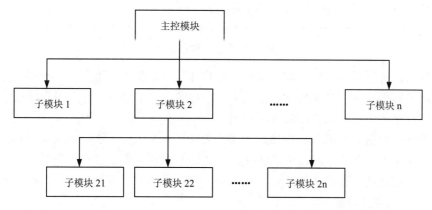

图 7-2 程序的模块化结构

结构化程序设计的过程就是将问题的求解由抽象逐步具体化的过程。这种方式符合人们解决复杂问题遵循的普遍规律，也可以提高程序设计的质量和效率。

7.2　程　序　文　件

程序文件是以一个文件的形式将多个命令或函数有机地结合在一起运行。因此，需要一套建立和修改程序的方法及命令。本节主要介绍程序的建立、执行以及专用于程序文件中的若干命令。

7.2.1　程序文件的建立与运行

1. 程序文件的建立

VFP 程序是包含一系列命令语句的文本文件。它可以由 VFP 系统内置的文本编辑器编写，也可以用其他系统的文本编辑器编写（如 Windows 操作系统中的记事本）。

（1）使用菜单的方式建立程序文件

启动 VFP 应用程序后，选择"文件"→"新建"选项，在弹出的"新建"对话框中点选"程序"单选按钮，然后单击"新建文件"按钮，将会弹出程序编辑窗口，如图 7-3 所示。

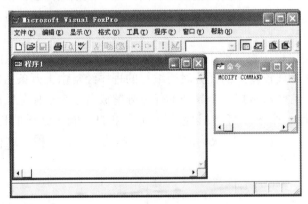

图 7-3　程序文件的建立

此时用户可以看到，VFP 将自动以"程序 1"为文件名来建立一个程序文件，若再次建立新的程序文件，其文件名会依次为"程序 2"、"程序 3"等，用户可在编辑器窗口中根据程序的需要输入和编辑程序代码。

当程序代码输入和编辑完成后，选择"文件"→"保存"选项，或者按 Ctrl＋W 组合键，将弹出"另存为"对话框，选择程序文件的保存位置，并在"保存文档为"文本框中输入要保存的程序名（如"pro7-1.prg"），然后单击"保存"按钮，其程序文件的扩展名为.prg，如图 7-4 所示。

（2）使用命令的方式建立程序文件

在 VFP 中，用户还可以使用命令来建立程序文件。

格式：MODIFY COMMAND <文件名>

功能：打开文本编辑器，用于建立或修改程序文件。

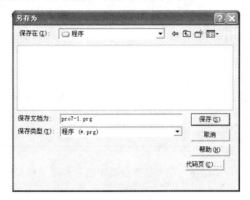

图 7-4 程序文件的保存

说明：

1）程序文件由 VFP 命令组成，文件名由用户指定，默认的扩展名为.prg。

例如，在"命令"窗口中输入"MODIFY COMMAND PRO1"，按 Enter 键后，主窗口会打开一个标题为 pro1.prg 的文本编辑窗口，便可以通过键盘输入命令，如图 7-5 所示。

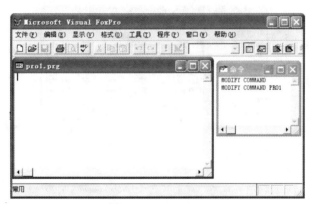

图 7-5 以命令的方式建立程序文件

命令输入完毕后，选择"文件"→"保存"选项或者按 Ctrl＋W 组合键，对文件进行保存，并在默认目录下建立一个名为 PRO1.prg 的程序文件。

2）文件名前也可以指明路径，如 MODIFY COMMAN D:\VFP\PRO1。

3）执行该命令时，系统首先检索磁盘文件。如果指定的文件存在，则打开修改；否则，系统就会新建一个程序文件。

（3）在项目管理器中建立程序文件

在 VFP 中，其数据库、数据库表、查询、视图等可以在项目管理器中建立，建立程序文件也不例外。

在打开或新建的项目管理器窗口中，切换到"代码"选项卡，选择"程序"选项，然后单击"新建"按钮即可建立程序文件，如图 7-6 所示。

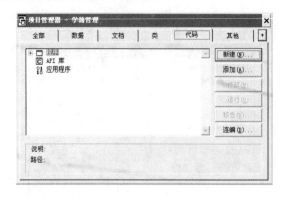

图 7-6　在项目管理器中建立程序文件

2．程序文件的运行

程序文件建立后便可以运行，程序文件在 VFP 中的运行有三种方式：使用菜单方式运行、在"命令"窗口中通过命令运行和在项目管理器中运行。

（1）使用菜单方式运行程序

选择"程序"→"运行"选项，将会弹出"运行"对话框，在对话框中选择需要运行的程序文件，然后单击"运行"按钮即可，如图 7-7 所示。

图 7-7　"运行"对话框

（2）使用命令运行程序

格式：DO <文件名>

功能：将指定的程序文件调入内存中并运行。

DO 命令默认运行扩展名是.prg 的程序。若运行的是扩展名为.prg 程序，则可以省略文件的扩展名；若运行的是其他程序，则必须包括文件扩展名。该命令在"命令"窗口发出，也可以出现在程序中。也就是说，一个程序在执行的过程中还可以调用执行另一个程序。

当程序文件被执行时，文件中包含的命令将被依次执行，直到程序的最后一条命令被执行为止，或者执行到以下命令。

1）CANCAL：终止程序运行，清除所有的私有变量，返回"命令"窗口。

2）DO：转去执行另一个程序。

3）RETURN：结束当前程序的执行，将返回到调用它的上级程序，若无上级程序则返回到"命令"窗口。

4）QUIT：退出 VFP 系统，返回操作系统。

另外，VFP 程序可以通过编译获得目标程序，目标程序是紧凑的非文本文件，运行速度快，并可以起到对源程序加密的作用。

实际上 VFP 运行的是目标程序。对于新建或者已被修改的 VFP 程序，执行 DO 命令时会自动对它进行编译并产生与程序名相同的目标程序，然后执行该目标程序。例如执行命令 DO PRO1 时，将先对 pro1.prg 编译产生目标程序文件 pro1.fxp，然后运行 pro1.fxp。也可以选择主窗口中"程序"→"编译"选项来编译指定程序或正在编辑的程序。

目标程序的扩展名因源程序而异，如扩展名为.prg 程序的目标程序的扩展名为.fxp，而查询程序的目标程序的扩展名为.qpx。

（3）在项目管理器中运行程序

在打开的项目管理器窗口中，在"代码"选项卡中选择运行的程序文件，然后单击"运行"按钮，则可以运行该程序文件，如图 7-8 所示。

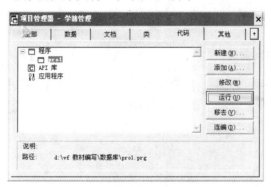

图 7-8　在项目管理器中运行程序

另外，当程序已经被打开后，也可以单击工具栏上的"运行"按钮对程序进行执行。

3．程序文件的修改

如果用户已经建立好了程序文件，还需要对该程序进行修改，则可以使用下面的方法来打开程序文件并进行修改。

1）在"命令"窗口中输入"MODIFY COMMAND <程序文件名>"来打开程序文件。

2）选择"文件"→"打开"选项，弹出"打开"对话框，在"文件类型"下拉列表框中选择"程序"选项，然后选择需要修改的程序文件，最后单击"确定"按钮，即可打开要修改的程序文件。

3）在打开的项目管理器窗口中，在"代码"选项卡中选择要修改的程序文件，然后单击"修改"按钮，也可以打开程序文件。

4. 程序的书写规则

（1）命令分行

在程序中的每条命令都以 Enter 键作为结尾标志，一行只能写一条命令，若命令需要分行书写，应在一行结束时输入续行符"；"作为换行标志，然后再按 Enter 键。

（2）命令注释

为了提高程序的可读性，在程序中可以插入一些注释。在 VFP 中，有以下两种注释方式。

1）* <注释内容> 或 NOTE <注释内容>。以 * 或 NOTE 开始的代码行为注释行，一般用于对下面一段命令代码进行说明。

2）&& <注释内容>。以&&开头的注释放在命令行的尾部，是对所在行的命令进行说明。

这两种注释方式一般不以"；"结尾，否则会将下一行仍被作为注释行处理。

【例 7-1】 编写一个程序，将职称为讲师的教师的基本工资上涨 100 元。

```
* pro7-1.prg
USE 教师表      &&打开教师表
* 将职称为讲师的教师的基本工资加 100
REPLACE 基本工资 WITH 基本工资+100  FOR 职称="讲师"
```

7.2.2　输入命令和输出命令

在程序运行过程中，要随时接受用户输入的数据，才能够按照用户的要求来完成各种操作。同时计算机也需要输出相应的提示信息，这样用户才能知道在什么时候输入什么数据。

1. INPUT 命令

格式：INPUT [<字符表达式>] TO <内存变量>

功能：该命令等待用户从键盘输入数据，可以输入任意合法的表达式，按 Enter 键结束输入，系统将表达式的值存入指定的内存变量，然后程序继续执行。

说明：

1）如果命令中选用<字符表达式>，那么系统会在屏幕上显示该表达式的值，作为输入的提示信息。

2）输入的数据可以是常量、变量，也可以是一般的表达式。但不能不输入任何内容而直接按 Enter 键。

3）输入内容的格式必须符合相应的语法要求。如在输入字符串时必须使用定界符"[]"、"'"和""""，输入逻辑型常量时要用圆点定界符（如.T.、.F.），输入日期型常量时要用定界符"{}"（如{^2012-05-04}）。

【例 7-2】 根据输入圆的半径，求圆的面积。

```
* pro7-2.prg
*根据半径求圆的面积
```

```
CLEAR ALL
INPUT  "请输入圆的半径: "  TO  R
S=PI( )*R*R                &&计算圆的面积,函数 PI( )返回圆周率
? "圆的面积=",S
RETURN
```

运行结果:

```
请输入圆的半径: 10
圆的面积=314.16
```

2．ACCEPT 命令

格式：ACCEPT [<字符表达式>] TO <内存变量>

功能：该命令等待用户输入字符串，按 Enter 键结束输入，系统将该字符串存入到指定的内存变量，然后程序继续往下执行。

说明：

1）如果命令中选用<字符表达式>,那么系统会在屏幕上显示该表达式的值，作为输入的提示信息。

2）该命令只能接受字符串。在输入字符串时不需要加定界符，否则系统将定界符作为字符串的一部分的处理。

3）如果不输入任何内容就直接按 Enter 键，系统会将空串赋给内存变量。

【例 7-3】 输入学生的姓名，在学生表中查找，并显示该学生的信息。

```
* pro7-3.prg
USE 学生表
ACCEPT  "请输入查找人的姓名: "  TO  XM
LOCATE FOR 姓名=XM
DISPLAY
```

运行结果:

请输入查找人的姓名：刘欣

记录号	学号	姓名	性别	籍贯	入学成绩	专业
9	2012009	刘欣	女	重庆	465.0	管理

3．@ … SAY|GET 命令

格式：@ <行,列> [SAY <表达式 1>][GET <变量>][DEFAULT <表达式 2>]
[RANGE <表达式 3>,<表达式 4>][VALID <条件>]

功能：在屏幕的指定的行、列位置输出指定表达式的值，并且将输入的数据保存到指定的变量中。

说明：

1）<行,列>表示数据在窗口中显示的位置，行自顶向下编号，列自左向右编号，编号均从 0 开始。行和列均应是数值表达式，还可使用十进制小数精确定位。

2）SAY <表达式 1>子句用于在屏幕上指定的行、列位置输出表达式的值。

3）GET <变量>子句是用于在屏幕上指定的行、列位置输入数据赋给指定的变量，其变量必须有初值。GET 子句的变量必须用 READ 命令来激活，即在若干个带有 GET 子句的定位输入输出命令后，必须遇到 READ 命令才能编辑 GET 变量。

4）DEFAULT <表达式 2>子句用于给 GET 变量赋初值。

5）RANGE <表达式 3>,<表达式 4> 子句用于规定 GET 子句输入的数值型和日期型数据的上界和下界，这两个表达式的类型必须与 GET 子句中变量的类型相同。

6）VALID <条件>子句用于规定 GET 子句输入变量值所需符合条件，才可以完成赋值操作。

【例7-4】 按照@ … SAY|GET 命令输入字段

```
* pro7-4.prg
CLEAR
USE 学生表
APPEND BLANK
@ 6,15  SAY  "学号: "  GET  学号
@ 8,15  SAY  "姓名: "  GET 姓名
@ 10,15  SAY  "性别: "  GET  性别 VALID 性别$"男女"
@ 12,15  SAY  "出生日期: "  GET  出生日期 RANGE  {^1920-01-01},date()
@ 14,15  SAY  "籍贯: "  GET 籍贯
@ 16,15  SAY  "入学成绩: "  GET 入学成绩  RANGE  0,999
@ 18,15  SAY  "专业: "  GET  专业
READ
BROWSE
USE
```

4．WAIT 命令

格式：WAIT [<字符表达式>] [TO <内存变量>] [WINDOW [AT <行>,<列>]]
       [NOWAIT] [CLEAR | NOCLEAR] [TIMEOUT <数值表达式>]

功能：暂停程序的运行，并显示字符表达式的值作为提示信息，直到用户按任意键或单击，程序才继续运行。

说明：

1）WAIT 命令使 VFP 程序暂停运行，用户按任意键或单击鼠标后，程序继续运行。

2）如果没有指定<字符表达式>，则显示默认的提示信息"按任意键继续…"；如果<字符表达式>的值为空串，则不会显示任何提示信息。

3）<内存变量>用来保存键入的字符，其类型是字符型。如果用户按的是 Enter 键或单击鼠标，则<内存变量>保存的是空串。如果不选 TO 子句，则输入的数据不保存。

4）WINDOW 子句会在主屏幕上出现一个 WAIT 提示窗口，位置在 AT 选项的<行>、<列>来指定。若不使用 AT 选项，提示窗口将显示在主屏幕的右上角。

5）如果使用 NOWAIT 选项，系统将不等用户按键，立即往下执行。

6）CLEAR 选项用来关闭提示窗口。NOCLEAR 表示不关闭提示窗口，直到执行下一个 WAIT…WINDOW 命令时才关闭。

7）TIMEOUT 子句用来设定等待时间，时间为秒数。一旦超过时间就不在等待用户按键，会自动往下执行。

【例 7-5】 用 WAIT 命令输出提示信息。

```
WAIT  "请检查输入的内容是否正确!"  WINDOW  TIMEOUT  6
```

该命令执行时，在主屏幕的右上角打开一个提示窗口，其中显示的提示信息为"请检查输入的内容是否正确!"，并进入系统等待状态。当用户按任意键或超过 6 秒时，提示窗口关闭，程序将继续执行。

VFP 中的 WAIT 命令主要用于输出提示信息，同时用户可以借助键盘输入参数或将控制量赋给变量，以控制程序的执行流程或用于数据处理。立即往下执行命令与设定延迟时间关闭提示窗口的功能也比较常用。

7.3 程序的控制结构

程序的控制结构是指程序中命令或语句执行的流程结构。与其他高级语言程序相似，VFP 的程序也有三种基本控制结构：顺序结构、分支结构和循环结构。顺序结构按命令或语句的书写顺序依次执行；分支结构是根据指定条件的满足情况，在两条或多条路径中选择一条执行；循环结构则是由指定条件的满足情况来控制循环体是否重复执行。本节将分别介绍这三种结构在 VFP 中的描述方式。

7.3.1 顺序结构

顺序结构的程序运行时按照语句排列的先后顺序，逐条执行，它是程序最基本的结构。当程序执行到文件的最后一条命令或执行到 RETURN 命令时，程序将会正常结束。例 7-4 的程序就是顺序结构。

在实际解决问题时，大多数问题仅仅使用顺序结构是无法解决的，还需要用到分支结构和循环结构。

7.3.2 分支结构

VFP 用条件语句或多分支语句构成分支结构，并根据条件成立与否来决定程序执行的流向。

1. 单分支结构

格式：

IF <逻辑表达式>

　　<语句序列>

ENDIF

说明：语句执行时，首先计算<逻辑表达式>的值。如果其值为真，则执行 IF 与 ENDIF 之间的<语句序列>，然后执行 ENDIF 后面的语句；如果其值为假，直接执行 ENDIF 后面的语句。该语句执行的流程图如图 7-9 所示。

【例 7-6】 编写一个程序，输入一个数，求这个数的绝对值，不能使用 ABS（）函数。

```
*pro7-6.prg
INPUT "请输入一个数：" TO X
IF X<0
    X=-X
ENDIF
? "该数的绝对值为：",X
RETURN
```

这个例子是一个单分支结构，如果输入的数值 X 小于 0，则执行 X=-X，再执行 ENDIF 后面的语句；否则，直接执行 ENDIF 后面的语句。

2. 有 ELSE 的分支结构

格式：

IF <逻辑表达式>

  <语句序列 1>

ELSE

 <语句序列 2>

ENDIF

说明：语句执行时，首先计算<逻辑表达式>的值。如果<逻辑表达式>的值为真，则执行<语句序列 1>，然后执行 ENDIF 后面的语句；如果<逻辑表达式>的值为假，则执行<语句序列 2>，然后执行 ENDIF 后面的语句。即<语句序列 1>和<语句序列 2>有且只有一个语句序列被执行。该语句执行的流程图如图 7-10 所示。

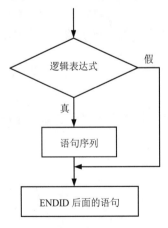

图 7-9 单分支语句结构

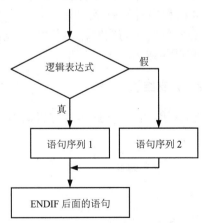

图 7-10 有 ELSE 的分支结构

【例 7-7】　编写一个程序，在学生表中按姓名查找记录，如果找到，则显示该记录，否则提示"查无此人！"。

```
*pro7-7.prg
USE 学生表
ACCEPT "请输入待查找学生的姓名：" TO XM
LOCATE FOR 姓名=XM
IF .NOT.EOF( )              &&若记录指针没有指向文件尾部,则表示已经查找到
    DISPLAY
ELSE
    WAIT "查无此人！" WINDOW TIMEOUT 5
ENDIF
USE
RETURN
```

该程序使用了 LOCATE 命令进行定位查找。如果 EOF( )的值为真，则表示不存在此人。因为执行 LOCATE 命令时，记录指针从首记录开始查找，直到最后一条记录都没有发现该姓名的记录，其记录指针将停在文件尾部。如果 EOF( )的值为假时，其记录指针停在待查人的记录上，则表示存在待查找学生姓名的记录。

注意：分支语句中的 IF 和 ENDIF 必须成对出现。分支语句还可以嵌套使用，一个分支控制语句块中还可以嵌套另一个 IF…ENDIF，但不能交叉出现。为了使程序清晰、易于阅读，应按缩进格式书写。

3. 嵌套的 IF 语句

IF 子句和 ELSE 子句中可以是任意合法的 VFP 语句，因此当然也可以是 IF 语句，通常被称为嵌套的 IF 语句。其中内嵌的 IF 语句既可以嵌套在 IF 子句中，也可以嵌套在 ELSE 子句中。下面分别讨论在 IF 子句中嵌套 IF 语句和在 ELSE 子句中嵌套 IF 语句。这里只介绍嵌套两层的情况。

（1）在 IF 子句中嵌套 IF 语句

在 IF 子句中嵌套 IF 语句有两种情况，第一种是内嵌的 IF 语句不带 ELSE 子句，第二种是内嵌的 IF 语句带有 ELSE 子句。

1）内嵌的 IF 语句不带 ELSE 子句。

格式：

```
IF   <逻辑表达式 1>
    IF   <逻辑表达式 2>
        <语句序列 1>
    ENDIF
ELSE
    <语句序列 2>
ENDIF
```

说明：当<逻辑表达式 1>的值为真时，执行内嵌的 IF 语句；当<逻辑表达式 1>的值为假时，则执行<语句序列 2>。其中内嵌的 IF 语句仍按照 IF 语句的执行过程执行。

2）内嵌的 IF 语句带有 ELSE 子句。

格式：

```
IF    <逻辑表达式 1>
    IF    <逻辑表达式 2>
        <语句序列 1>
    ELSE
        <语句序列 2>
    ENDIF
ELSE
    <语句序列 3>
ENDIF
```

说明：当<逻辑表达式 1>的值为真时，执行内嵌的 IF 语句；当<逻辑表达式 1>的值为假时，则执行<语句序列 3>。

（2）在 ELSE 子句中嵌套 IF 语句

在 ELSE 子句中嵌套 IF 语句也有两种情况，第一种是内嵌的 IF 语句不带 ELSE 子句，第二种是内嵌的 IF 语句带有 ELSE 子句。

1）内嵌的 IF 语句不带 ELSE 子句。

格式：

```
IF    <逻辑表达式 1>
    <语句序列 1>
ELSE
    IF    <逻辑表达式 2>
        <语句序列 2>
    ENDIF
ENDIF
```

说明：当<逻辑表达式 1>的值为真时，执行<语句序列 1>；当<逻辑表达式 1>的值为假时，则执行 ELSE 子句中内嵌的 IF 语句。

2）内嵌的 IF 语句带有 ELSE 子句。

格式：

```
IF    <逻辑表达式 1>
    <语句序列 1>
ELSE
    IF    <逻辑表达式 2>
        <语句序列 2>
    ELSE
```

<语句序列 3>

　　　　ENDIF

　　ENDIF

　　说明：当<逻辑表达式 1>的值为真时，执行<语句序列 1>；当<逻辑表达式 1>的值为假时，则执行 ELSE 子句中内嵌的 IF 语句。

　　【例 7-8】　编写一个验证用户名和密码的程序。

```
* pro7-8.prg
CLEAR
ACCEPT "用户名: " TO USER
ACCEPT "密  码: " TO PASS
IF USER=="admin"
   IF PASS=="abc123"
      WAIT "欢迎使用系统!!! " WINDOW TIMEOUT 5
   ELSE
      WAIT "密码错误，请重新输入！" WINDOW TIMEOUT 3
   ENDIF
ELSE
   WAIT "该用户不存在！" WINDOW TIMEOUT 3
ENDIF
RETURN
```

　　当然，IF 语句允许多重嵌套，也可以在 IF 子句和 ELSE 子句中同时嵌套 IF 语句，因而可以形成复杂的分支程序结构。

　　4. 多分支结构

　　格式：

DO CASE

　　CASE <逻辑表达式 1>

　　　　　<语句序列 1>

　　CASE <逻辑表达式 2>

　　　　　<语句序列 2>

　　　　　　　…

　　CASE <逻辑表达式 n>

　　　　　<语句序列 n>

　　[OTHERWISE

　　　　　<语句序列 n+1>]

ENDCASE

　　说明：多分支语句执行时，系统依次判断 CASE 后面的逻辑表达式的值是否为真，若某个逻辑表达式的值为真，则执行该 CASE 和下一个 CASE 之间的语句序列，然后执行 ENDCASE 后面的语句。

　　在所有逻辑表达式的值均为假的情况下，若有 OTHERWISE 子句，则执行<语句序列 n+1>，然后执行 ENDCASE 后面的语句。该语句执行的流程图如图 7-11 所示。

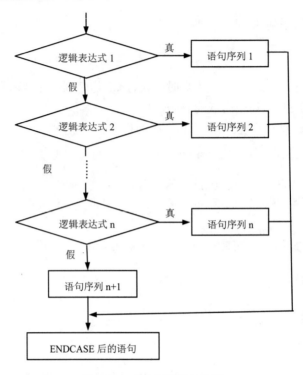

图 7-11 多分支语句结构图

【例 7-9】 编写一个程序，输入一个百分制的成绩，将其转换为等级制并输出，要求：成绩在 90 分及以上为优秀，成绩在 80～89 分为良好，成绩在 70～79 分为中等，成绩在 60～69 分为合格，成绩在 60 分以下为不合格。

```
*pro7-9.prg
CLEAR
INPUT "请输入一个成绩: " TO chengji
DO CASE
   CASE chengji>=90
     ? "成绩等级: ","优秀"
   CASE chengji>=80
     ? "成绩等级: ","良好"
   CASE chengji>=70
     ? "成绩等级: ","中等"
   CASE chengji>=60
     ? "成绩等级: ","合格"
   OTHERWISE
     ? "成绩等级: ","不合格"
ENDCASE
RETURN
```

7.3.3 循环结构

在处理实际问题的过程中，只有顺序和分支结构是远远不够的。有时需要重复执行相同的操作，即对一段程序进行循环操作，这种被重复执行的语句序列称为循环体。

VFP 提供了三种循环流程控制语句，即 DO WHILE 条件循环语句、FOR 步长循环语句和 SCAN 扫描循环语句。在循环体中可以插入语句 EXIT 来结束整个循环，也可以使用 LOOP 语句来结束本次循环并继续循环。

1. 条件循环

格式：

DO WHILE <逻辑表达式>

　　<语句序列>

ENDDO

说明：在语句格式中，<逻辑表达式>称为循环条件，<语句序列>称为循环体。

语句执行时，若 DO WHILE 子句的循环条件为真时，执行 DO WHILE 和 ENDDO 之间的循环体，一旦遇到 ENDDO 就自动返回到 DO WHILE 重新判断循环条件是否成立，以决定是否继续循环；若 DO WHILE 子句的循环条件为假时，就结束循环，然后执行 ENDDO 后面的语句。

注意：DO WHILE 和 ENDDO 必须各占一行，并且每一个 DO WHILE 都必须有一个 ENDDO 与之相对应。

【例 7-10】　使用 DO WHILE 语句编写程序，求从 1 到 10000 的和。

```
* pro7-10.prg
CLEAR
I=1                  && I 为计数器,初值为 1
SUM=0                && SUM 为累加器,初值为 0
DO WHILE I<=10000
   SUM=SUM+I         && 累加
   I=I+1
ENDDO
? "1+2+3+...+10000 =",SUM
RETURN
```

该程序引入了 I 和 SUM 两个变量，I 作为被累加的数据和控制循环条件是否成立的变量，SUM 用来保存累加的结果。

【例 7-11】　编写一个程序，显示学生表中入学成绩大于等于 470 分的学生的姓名。

```
* pro7-11.prg
CLEAR
USE 学生表
LOCATE FOR 入学成绩>=470
DO WHILE FOUND( )
   ? 姓名,入学成绩
   CONTINUE
ENDDO
```

```
USE
RETURN
```

　　由于 LOCATE 命令执行后将使记录指针定位在满足条件的第一条记录上，如果要使指针指向下一条满足 LOCATE 条件的记录，需要用 CONTINUE 命令配合使用。FOUND( )函数是判别 LOCATE 命令是否找到了满足条件的记录，如果有满足条件的记录该函数返回真，否则返回假。

　　2. 步长循环

　　格式：

FOR　<循环变量>=<初值> TO <终值> [STEP <步长>]
　　　　<语句序列>

ENDFOR | NEXT

　　语句执行时，通过比较循环变量值与终值来决定是否执行<语句序列>。当步长为正数时，循环变量的值不大于终值就执行<语句序列>；当步长为负数时，循环变量的值不小于终值就执行<语句序列>。执行一旦遇到 ENDFOR 或 NEXT，循环变量值则加上步长，然后返回到 FOR 重新与终值比较。

　　注意：

　　1）步长的默认值为 1。

　　2）初值、终值和步长都可以是数值表达式，但这些表达式仅在循环语句开始执行时计算一次，在循环语句的执行过程中它们的值是不会改变的。

　　3）在循环体内可以改变循环变量的值，这样会影响循环体的执行次数。

【例 7-12】　编写一个程序计算 S=1！+2！+3！+…+10！的值。

```
* pro7-12.prg
CLEAR
T=1
S=0
FOR I=1 TO 10
  T=T*I
  S=S+T
ENDFOR
? "S=",S
RETURN
```

　　3. 扫描循环

　　格式：

SCAN [<范围>] [FOR <逻辑表达式 1>] [WHILE <逻辑表达式 2>]
　　　　<语句序列>

ENDSCAN

SCAN 循环是对当前表的记录进行循环，<范围>表示记录的范围，默认值为 ALL。

语句执行时，在<范围>中依次寻找满足 FOR 条件或 WHILE 条件的记录，并对找到的记录执行<语句序列>。

【例 7-13】　根据例 7-11 的要求，使用扫描循环语句编程。

```
*pro7-13.prg
CLEAR
USE 学生表
SCAN FOR 入学成绩>=470
      ? 姓名,入学成绩
ENDSCAN
USE
RETURN
```

SCAN…ENDSCAN 语句的功能相当于 LOCATE、CONTINUE 和 DO WHILE…ENDDO 语句的功能合并。

4. LOOP 和 EXIT 语句

在各种循环语句的循环体中，可以插入 LOOP 和 EXIT 语句。LOOP 语句能使执行转向循环语句的首部继续循环；EXIT 语句用来立即退出循环，转去执行 ENDDO、ENDFOR 和 ENDSCAN 后面的语句。

【例 7-14】　编写一个程序，判断一个大于等于 3 的自然数是否为素数。

素数是除去 2 以外的其他质数。要判断一个数 n 是否是素数，其方法是：用 2 到 n-1 的各个整数一个一个去除 n，如果都除不尽，n 为素数；只要存在一个数能整除，n 就不是素数。为了提高程序的效率，不必除到 n-1，只需要除到 INT(SQRT(N)) 即可。

```
*pro7-14.prg
CLEAR
INPUT "请输入一个大于 3 的自然数：" TO N
BOOL=0                          && BOOL 是一个布尔变量
I=2
DO WHILE I<=INT(SQRT(N))
    IF N%I!=0
       I=I+1
       LOOP
    ELSE
       BOOL=1
       EXIT
    ENDIF
ENDDO
IF BOOL=1
   ? N,"不是素数"
ELSE
   ? N,"是素数"
ENDIF
RETURN
```

通常 LOOP 或 EXIT 命令出现在循环体内嵌的选择语句中，根据条件来决定使用 LOOP 回去继续循环，还是使用 EXIT 结束整个循环。

5. 多重循环

如果一个循环语句的循环体内有包含其他的循环，这样就构成了多重循环，也称为循环嵌套。多重循环的层数不受限制，但是嵌套过多的循环语句会降低程序的可读性。

在设计多重循环程序要分清楚外循环和内循环，外循环体中必然包含内循环语句，执行外循环就是将其内循环语句及其他语句执行一遍。

【例 7-15】　利用循环语句编写九九乘法表。

```
*pro7-15.prg
CLEAR
FOR T1=1 TO 9
    T2=1
    ?
    DO WHILE T2<=T1
        ?? SPACE(2)+STR(T1,1)+"×"+STR(T2,1)+"="+STR(T1*T2,2)
        T2=T2+1
    ENDDO
ENDFOR
RETURN
```

运行结果：

```
1×1= 1
2×1= 2   2×2= 4
3×1= 3   3×2= 6   3×3= 9
4×1= 4   4×2= 8   4×3=12   4×4=16
5×1= 5   5×2=10   5×3=15   5×4=20   5×5=25
6×1= 6   6×2=12   6×3=18   6×4=24   6×5=30   6×6=36
7×1= 7   7×2=14   7×3=21   7×4=28   7×5=35   7×6=42   7×7=49
8×1= 8   8×2=16   8×3=24   8×4=32   8×5=40   8×6=48   8×7=56   8×8=64
9×1= 9   9×2=18   9×3=27   9×4=36   9×5=45   9×6=54   9×7=63   9×8=72   9×9=81
```

7.4　多模块程序设计

在许多应用程序中，有一些程序段需要重复执行，这些程序段不是集中在某一固定位置上重复执行，而是分散在程序的不同位置上反复执行。那么这样的程序段就可以与其他嵌入的程序段分开，形成独立的程序模块。这样的程序块可以是子程序、过程和自定义函数。本节主要介绍模块的构成及调用方法以及在多模块程序中变量的作用域。

7.4.1　子程序

子程序是指一个能够独立实现某个功能的程序。它总是被其他程序调用，一般不能单独运行。对于两个具有调用关系的程序文件，通常称调用程序为主程序，被调用程序为子程序。

1．子程序的建立和修改

建立和修改子程序的方法和一般程序的建立和修改方法一样。

格式：MODIFY COMMAND　<子程序文件名>

说明：

1）子程序的扩展名为.prg。

2）子程序的最后一条语句是 RETURN [TO MASTER|TO <程序名>]。如果 RETURN 后不加任何选项，则表示该语句结束子程序文件运行，并返回到调用子程序的主程序的下一条语句执行；如果选择 TO MASTER 选项，则返回到最上一级主程序；如果选择 TO<程序名>选项，则返回到指定的程序文件。

2．子程序的调用

DO 命令能运行 VFP 程序，也可以用来执行子程序，主程序执行时遇到 DO 命令时，执行就转向子程序，称为调用子程序。DO 命令可以带一个 WITH 子句，用来进行参数传递。

格式：DO <程序名 1> [WITH <参数表>] [IN <程序名 2>]

说明：

1）<参数表>中的参数可以是表达式，如果是内存变量时必须有初值；

2）IN 子句表示<程序名 1>是<程序名 2>中的一个过程。

在调用子程序时，参数表中的参数要传送给子程序，那么子程序中必须设置相应的参数接受语句。

在 VFP 中的 PARAMETERS 命令和 LPARAMETERS 命令就具有接受参数和回送参数作用。

格式：PARAMETERS <参数表>

　　　　LPARAMETERS <参数表>

说明：

1）PARAMETERS 命令和 LPARAMETERS 命令必须是子程序中的第一条语句。

2）PARAMETERS 将调用程序传来的数据赋给私有内存变量和数组。

3）LPARAMETERS 将调用程序传来的数据赋给局部内存变量和数组。

4）命令中的参数依次与调用命令的 WITH 子句中的参数一一对应，即两者的参数个数必须相同。

【例 7-16】　设计一个计算圆的面积的子程序和计算圆的周长的子程序，并要求在主程序中调用它们。

主程序：

```
*pro7-17prg
CLEAR
```

```
YZC=0
YMJ=0
INPUT "请输入圆的半径" TO BJ
DO C1 WITH BJ,YZC                    &&调用子程序 C1
DO S1 WITH BJ,YMJ                    &&调用子程序 S1
?"圆的周长: ",YZC
?"圆的面积: ",YMJ
RETURN
```

子程序 1:

```
*c1.prg
PARAMETERS R,C
C=2*PI()*R
RETURN
```

子程序 2:

```
*s1.prg
PARAMETERS R,S
S=PI()*R*R
RETURN
```

在上述程序中,在调用子程序前,调用语句中的参数变量都必须是已被赋值的。在调用子程序 C1 时,调用语句将 BJ 值传送给参数 C1 中的 R,子程序计算圆的周长后,返回主程序时变量 C 的值传送给参数变量 YZC;在调用子程序 S1 时,调用语句将 BJ 值传送给参数 S1 中的 R,子程序计算圆的面积后,返回主程序时变量 S 的值传送给参数变量 YMJ。

3. 子程序嵌套

子程序和主程序是相对的,子程序还可以调用它自己的子程序,这种调用方式称为嵌套调用。在 VFP 的程序中,返回命令包含多种返回方式。

格式: RETURN [TO MASTER | TO <程序名>]

说明:

1) 如果 RETURN 后不加任何选项,则表示该语句结束子程序文件运行,并返回到调用子程序的主程序的下一条语句执行。

2) 如果选择 TO MASTER 选项,则返回到最上一级主程序。

3) 如果选择 TO<程序名>选项,则返回到指定的程序文件。

在程序中,可以使用多重嵌套,嵌套的层数太多,会降低程序的可读性,所以使用较多的是二重嵌套。图 7-12 是子程序嵌套的示意图。

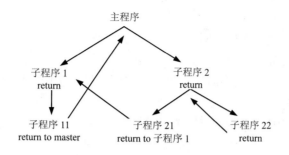

图 7-12　子程序嵌套示意图

7.4.2　过程

过程也是实现某个功能的程序段，是子程序的另一种形式。过程可以是主程序的一部分，一般处于主程序的后面；也可以是一个独立的过程文件，放在扩展名为.prg 的文件中。

1．过程的建立

格式：

PROCEDURE <过程名>

[PARAMETERS|LPARAMETERS <形式参数表>]

　　<语句序列>

[RETURN [<表达式>]]

[ENDPROC]

说明：

1）过程以 PROCEDURE 开头，<过程名>为过程的标志，也是过程调用时使用的名字。

2）PARAMETERS 命令或 LPARAMETERS 命令是声明形式参数，用来接收调用程序传送来的值或变量。

3）RETURN 命令是返回到调用它的主程序。

4）如果 RETURN 命令带有<表达式>，则将<表达式>的值返回给主程序，这种情况必须采用"<过程名>（）"的形式调用过程。

5）ENDPROC 是标志过程的结束，可以省略不写。

2．过程文件的打开和关闭

过程有两种方式保存：一种是直接写在主程序的后面；另一种是以单独的过程文件保存，其扩展名为.prg，且一个过程文件可以包含多个过程。当以过程文件保存时，在调用过程之前，必须先将过程文件打开。

格式：SET PROCEDURE TO <过程文件名表> [ADDITIVE]

说明：

1）打开指定的过程文件，同时关闭以前的过程文件。

2）如果带有 ADDITIVE，则在打开指定的过程文件时不关闭以前打开的过程文件。

当一个过程文件不再使用时，应该及时关闭该过程文件，释放其所占的内存空间。关闭过程文件有以下三种方式。

1）SET PROCEDURE TO 关闭所有打开的过程文件。

2）CLOSE PROCEDURE 关闭所有打开的过程文件。

3）RELEASE PROCEDURE <过程文件名表> 关闭指定的过程文件。

3. 过程的调用

过程的调用格式有以下两种。

格式 1：DO <过程名> WITH <参数表>

说明：在调用过程时，<参数表>中的参数可以是表达式，如果是内存变量时必须有初值。

格式 2：<过程名>([<参数表>])

格式 2 可以作为函数出现在表达式中，也可以作为命令使用，这时返回的值会被忽略。但这种格式的参数传递方式与命令格式 1 有一些区别，其参数传递的方式将在 7.4.4 节讨论。

【例 7-17】　阅读下面程序，熟悉子程序、过程、过程文件的使用。该程序涉及三个文件：主程序文件 f1.prg、子程序文件 f2.prg 和过程文件 f3.prg。其中，主程序文件中包含一个过程 p1，过程文件中包含 p2 和 p3 两个过程。

```
*主程序：f1.prg
? "主程序开始"
SET PROCEDURE TO f3
DO p1                        &&调用过程 p1
DO f2                        &&调用子程序 f2
? "主程序结束"
*过程 p1
PROCEDURE p1
? "过程 p1 开始"
? "调用过程 p2"
? "过程 p2 的返回值：",p2()
? "过程 p1 结束"
ENDPROC
*子程序：f2.prg
? "子程序 f2 开始"
? "调用过程 p3"
? "过程 p3 的返回值：",p3()
? "子程序 f2 结束"
RETURN
```

```
*过程文件 f3.prg
PROCEDURE p2
RETURN 200
ENDPROC
PROCEDURE P3
RETURN 300
ENDPROC
```

在"命令"窗口中，执行 DO f1，其运行结果：

```
主程序开始
过程p1开始
调用过程p2
过程p2的返回值：200
过程p1结束
子程序f2开始
调用过程p3
过程p3的返回值：300
子程序f2结束
主程序结束
```

7.4.3 自定义函数

虽然 VFP 提供许多系统函数，方便用户使用时调用。同时用户还可以根据自己的需要自定义函数，以实现某一特定功能。本小节主要介绍自定义函数的定义和调用。

自定义函数与过程一样，也是一段独立的程序代码，能够完成要经常使用的某些功能。当在程序中需要使用这些功能时，可以调用自定义函数。

1. 自定义函数的建立

格式：

FUNCTION <函数名>

[PARAMETERS|LPARAMETERS <参数表>]

　　　<语句序列>

[RETURN <表达式>]

[ENDFUNC]

说明：

1) 使用 FUNCTION 语句指出函数名，表示该函数包含在过程文件中。如果省略该语句，表示是一个独立文件，扩展名为.prg，文件名就是函数名，可以用 MODIFY COMMAND <函数名>来建立和编辑该自定义函数。

2) 自定义函数不能与系统提供的函数名相同，也不能和内存变量名相同。

3) PARAMETERS 命令或 LPARAMETERS 命令用来声明形式参数，用来接收调用程序传送来的值或变量。

4) <语句序列>称为函数体，用来进行各种处理，函数体可以为空。

5) RETURN 返回<表达式>的值作为函数值，若省略该语句，则返回的函数值为.T.。

2. 自定义函数的调用

在 VFP 的程序中，自定义函数的调用和过程的调用相同，也有两种方法。

格式 1：DO <函数名> WITH <参数表>

说明：在调用过程时，<参数表>中的参数可以是表达式，如果是内存变量时必须有初值。

格式 2：<函数名>([<参数表>])

格式的调用方式，通常将函数放在表达式中使用。其参数传递的方式将在 7.4.4 小节讨论。

【例 7-18】 编写一个求阶乘的自定义函数，使用该函数计算 S=1！+2！+…+N!。

```
*pro7-19.prg
CLEAR
INPUT "N=" TO N
S=0
FOR I=1 TO N
   S=S+f1(I)
ENDFOR
?"S=",S
RETURN
*函数 f1
FUNCTION f1
PARAMETERS M
T=1
FOR K=1 TO M
 T=T*K
ENDFOR
RETURN T
ENDFUNC
```

7.4.4 参数的传递

模块程序设计可以接收调用程序传递的参数，并能够根据收到的参数控制程序的流程，和对接收到的参数进行处理，从而大大提高了模块程序功能设计的灵活性。接收参数的命令有两个，其格式如下。

PARAMETERS|LPARAMETERS <形参 1>[,<形参 2>,…]

在程序中，过程和函数的调用有以下两种形式。

格式 1：DO <过程名>|<函数名> WITH　<实参 1>[,<实参 2>,…]

格式 2：<过程名>|<函数名>（<实参 1>[,<实参 2>,…]）

在调用有接收参数语句的模块时传递给形参的值称为实参。实参可以是常量、变量或一般的表达式，系统会自动把实参传递给对应的形参。形参的数目不能少于实参的数目，否则在运行时会产生错误。如果形参的数目多于实参的数目，则多出的形参取初值为逻辑假。

参数的传递方式有两种情况，一种是按值传递，另一种是按引用传递。数据只能以实参单项传给形参，称为按值传递。数据能够从实参传给形参，同时形参也能将数据传给实参，称为按引用传递。下面讨论两种调用格式的参数传递方式。

　　1）采用格式 1 调用过程或函数。当实参是常量或表达式时，系统会计算出实参的值，并将其赋值给形参变量，这种情形是按值传递；当实参是变量时，系统传递的不是变量的值，而是变量的地址，这种情形是按引用传递。

　　2）采用格式 2 调用过程或函数。参数不论是常量或表达式，还是变量，其传递方式默认为值传递。如果实参是变量，可以再实参前面加上@符号，使其为引用传递，也可以使用 SET UDFPARMS TO VALUE/REFERENCE 指明变量参数采用值传递还是引用传递。

　　TO VALUE：按值传递，即形参变量值的改变不会影响实参变量的值。

　　TO REFERENCE：按引用传递，即实参变量值随形参变量值的改变而改变。

　　【例 7-19】　阅读下面的程序，熟悉按值传递和按引用传递的使用。

```
*pro7-20.prg
CLEAR
A=10
B=10
SET UDFPARMS TO VALUE               &&设置按值传递
DO P1 WITH A,(B)                    && A 按引用传递,B 按值传递
?"第一次调用 P1 后: ","A=",A,"B=",B
STORE 10 TO A,B
P1(A,(B))                          && A,B 均按值传递
?"第二次调用 P1 后: ","A=",A,"B=",B
P1(A,@B)                           && A 按值传递,B 按引用传递
?"第三次调用 P1 后: ","A=",A,"B=",B
STORE 10 TO A,B
SET UDFPARMS TO REFERENCE           && 设置按引用传递
DO P1 WITH A,(B)                    && A 按引用传递,B 按值传递
?"第四次调用 P1 后: ","A=",A,"B=",B
STORE 10 TO A,B
P1(A,(B))                          && A 按引用传递,B 按值传递
?"第五次调用 P1 后: ","A=",A,"B=",B
*过程 P1
PROCEDURE P1
PARAMETERS X,Y
X=X+10
Y=Y+10
ENDPROC
```

程序运行的结果：

```
第一次调用P1后：  A=        20 B=        10
第二次调用P1后：  A=        10 B=        10
第三次调用P1后：  A=        10 B=        20
第四次调用P1后：  A=        20 B=        10
第五次调用P1后：  A=        20 B=        10
```

在上述的程序中使用圆括号将变量 B 括起来，使得 B 变成了表达式，所以不论在什么情形下，总是采用值传递。

注意： 采用 DO 调用过程或函数时，其参数的传递不受 SET UDFPARMS TO 命令的影响。

另外，在过程或函数调用时，也可以将数组作为实参来传递。此时发送参数和接受参数都是数组名。当实参是数组元素时，总是采用按值传递的方式传递元素值。当参数是数组名时，若是按值传递，传递的是数组的第一个元素值；若按引用传递，传递的是整个数组。

采用格式 2 调用过程和函数时，同样也可以在实参前面加上@符号，使其为引用传递，也可以使用 SET UDFPARMS TO VALUE/REFERENCE 指明变量参数使用值传递还是引用传递。

【例 7-20】 数组传递方式的示例。

```
*pro7-21.prg
CLEAR
DIME A(5)
FOR I=1 TO 5
    A(I)=I
ENDFOR
P1(A)
FOR K=1 TO 5
  ??A(K)
ENDFOR
?
p2(@A)
FOR K=1 TO 5
  ??A(K)
ENDFOR
*过程 P1
PROCEDURE P1
PARAMETERS Y
    Y=Y+1
ENDPROC
*过程 P2
PROCEDURE P2
PARAMETERS X
FOR J=1 TO 5
```

```
        X(J)=X(J)+1
    ENDFOR
    ENDPROC
```

程序运行的结果：

```
1       2       3       4       5
2       3       4       5       6
```

在上面的程序中，采用的是格式 2 调用过程，系统在默认状态下，参数数组采用值传递，传递的是第一个数组元素；当在数组名前加上@符号，就是的参数数组采用引用传递。请读者自己练习采用 DO 命令调用过程和使用 SET UDFPARMS TO REFERENCE 的情况。

7.4.5　变量的作用域

在多模块程序设计中，某模块中的变量是否能够在其他模块中使用，这要看变量的作用域在什么范围内有效或能够被访问。在 VFP 中，若按变量的作用域来分类，内存变量可以分为公共变量、私有变量和局部变量。

1．公共变量

公共变量也称全局变量、公用变量。在任何模块中都可以使用的变量称为公共变量。公共变量可以使用 PUBLIC 命令定义。

格式：PUBLIC <内存变量名表>

说明：该命令的功能是建立公共的内存变量，并将这些变量的初值赋为逻辑假（.F.）。

1）不论是在上层模块还是在下层模块建立的公共变量，在整个程序的任何模块均可以使用。

2）在 VFP "命令" 窗口中默认定义的变量都是公共变量，但这样的变量不能在程序方式下使用。

3）当程序运行结束时，定义的公共变量不会自动清除，需要使用 RELEASE 命令和 CLEAR ALL 命令来清除。

2．私有变量

在 VFP 程序中默认定义的变量是私有变量，私有变量仅在定义它的模块和其下层模块中有效，当定义它的模块运行结束时将自动清除。

格式：PRIVATE <内存变量名表>

该命令的功能是声明私有的内存变量。建立变量是声明变量的类型和对变量进行赋值；声明变量只是声明了变量的类型，并没有对其赋值。

说明：

1）在程序中，不加说明的变量系统默认为私有变量。

2）声明私有变量可以隐藏上级模块同名的变量，直到声明它的程序、过程或自定义函数执行结束后，才能恢复使用先前隐藏的变量。

3）在程序模块调用时，命令 PARAMETERS 声明的形参变量也是私有变量，与 PRIVATE 命令的作用相同。

3. 局部变量

局部变量只能在创建它的模块中使用，不能在上层模块或下层模块中使用的变量，在该模块运行结束时局部变量就自动释放。

格式：LOCAL <内存变量名表>

该命令建立指定的局部内存变量，并为这些变量的赋初值为逻辑假（.F.）。

说明：

1）局部变量必须要先定义后使用。

2）由于 LOCAL 与 LOCATE 的前四个字母相同，因此该命令不能缩写。

【例 7-21】 变量作用域的例子。

```
*pro7-22.prg
CLEAR
PUBLIC A,B,C,D                &&建立公共变量A,B,C,D
STORE 100 TO A,B,C,D
DO P1 WITH A                  &&A 为引用传递
?A,B,C,D
RETURN
*过程 P1
PROCEDURE P1
PARAMETERS M
PRIVATE A,B                   &&声明是有变量A,B
LOCAL D                       &&建立局部变量D
STORE 200 TO A,B,C,D
STORE 300 TO M
?A,B,C,D
RETURN
```

程序运行的结果：

```
200      200      200      200
300      100      200      100
```

在主程序中调用过程时，A 是按引用传递，即 A 的值随 M 的值改变而改变，又由于在过程中 A 声明的是私有变量，所以在过程中 A 的值为 200，子程序执行完后主程序中 A 的值为 300。

变量 B 在主程序中是公共变量，而在过程中是私有变量，即在过程中 B 的值为 200，在主程序中 B 的值为 100。

变量 C 在过程中是公共变量，并且在子过程中 C 的值已被修改，所以在过程中和在主程序中 C 的值为 200。

变量 D 在主程序中是公共变量,而在子过程中是局部变量,即在过程中 D 的值为 200,在主程序中 D 的值为 100。

从上面的例子可以看出,使用 LOCAL 命令建立的局部变量,也具有隐藏在上层模块中建立的同名变量的作用。但 LOCAL 命令只能在其所在的模块内隐藏这些同名的变量,一旦到了其下层模块,这些同名变量就会重新出现,而 PRIVATE 命令将其所在的模块以及其下层模块全都被隐藏。

【例 7-22】 比较 LOCAL 命令和 PRIVATE 命令。

```
*pro7-23.prg
CLEAR
PUBLIC A,B
A=100
B=200
DO P1
?A,B
*过程 P1
PROCEDURE P1
PRIVATE A              && 隐藏上层模块中的变量,声明私有变量 A
A=500
LOCAL B               && 隐藏上层模块的变量,建立局部变量 B
DO P2
?A,B
RETURN
*过程 P2
PROCEDURE P2
A="私有变量"           && A 是在 P1 中建立的私有变量
B="公共变量"           && B 是在主程序中建立的公共变量
RETURN
```

程序运行的结果:

```
私有变量        .F.
100            公共变量
```

习 题 7

一、选择题

1. 在 DO WHILE 循环结构中,LOOP 命令的作用是（   ）。

    A. 退出过程,返回程序开始处

    B. 终止循环,将控制转移到本循环结构 ENDDO 后面的第一条语句执行

C．转移到 DO WHILE 语句行，开始下一个判断和循环

D．终止程序执行。

2．下列结构语句中，不可以使用 LOOP 和 EXIT 语句的是（　　　）。

A．DO WHILE...ENDDO　　　　　　B．FOR...ENDFOR

C．DO CASE...ENDCASE　　　　　　D．SCAN...ENDSCAN

3．处理表中记录最适合的循环语句是（　　　）。

A．DO WHILE...ENDDO　　　　　　B．FOR...ENDFOR

C．DO CASE...ENDCASE　　　　　　D．SCAN...ENDSCAN

4．关于过程的调用，叙述正确的是（　　　）。

A．实参与形参的数量必须相等

B．当形参的数量多于实参的数量时，多余的形参取逻辑假

C．当实参的数量多于形参的数量时，多余的实参被忽略

D．B 和 C 都对

5．在 VFP 中，如果一个过程不包含 RETURN 语句，或者 RETURN 语句中没有指定表达式，则该过程的返回值为（　　　）。

A．0　　　　　　　B．.T.　　　　　　C．.F.　　　　　　D．没有返回值

6．下列程序段执行时在屏幕上显示的结果是（　　　）。

```
A=100
B=200
SET UDFPARMS TO VALUE
DO P1 WITH A,B
?A,B
PROCEDURE P1
PARAMETERS X,Y
T=X
X=Y
Y=T
ENDPROC
```

A．200　　200　　B．200　　100　　C．100　　200　　D．100　　100

7．在 VFP 中，如果希望一个内存变量只限于在本过程中使用，说明这种内存变量的命令是（　　　）。

A．PRIVATE　　　　B．PUBLIC　　　　C．LOCAL　　　　D．LOCATE

二、填空题

1．在 VFP 中，程序文件的扩展名是_____。

2．VFP 的程序三种基本控制结构是_____、_____和_____。

3．在 VFP 中，编辑和修改已有的程序文件 proc1.prg 的命令是_____；运行该程

序的命令是_____。

4．在 VFP 程序中，不通过说明，直接使用的内存变量属于_____。

5．有程序段如下：

```
CLEAR
A=12345
B=0
DO WHILE A>0
B=B*(A%10)
A=INT(A/10)
ENDDO
?B
```

该程序执行后，内存变量 B 的值是_____。

6．在 VFP 中，有如下程序：

```
*程序名：TEST1.PRG
PRIVATE  A，B
A="Visual FoxPro "
B="数据库程序设计"
DO P1
?A+B
RETURN
*过程：P1
PROCEDUR P1
LOCAL  A
A="VFP"
B="程序设计"
A=A+B
RETURN
```

执行 DO TEST1 后，屏幕上显示的结果是_____。

7．在 VFP 程序中建立的公共内存变量，该变量的初值为_____。

三、操作题

1．输入 10 个数，找出其中最大的数。

2．有一个数列，前面两个数都是 1，第三个数是前面两个数之和，以后每个数都是其前面两个数之和。要求输出此数列的第 20 个数。（该数列为：1，1，2，3，5，…）

3．编程求 100～999 的全部水仙花数（如果一个三位数等于组成它的各位数字的立方和，即这个数是水仙花数。如 $153=1^3+5^3+3^3$）。

4．铁路托运行李，假设托运 50kg 以内（含）的行李每千克 0.5 元，如果超过 50kg 时，超过的部分每千克 0.3 元。编写一个程序，输入行李重量，计算其托运费。要求使用函数进行编写。

第8章 表单设计与应用

表单（form）是 VFP 提供的用于建立应用程序界面的最主要的工具之一。表单内可以包含命令按钮、文本框、列表框等各种界面元素，产生标准的窗口或对话框。本章将介绍怎样在 VFP 中建立、运行并使用表单。

8.1 面向对象的概念

在 VFP 的表单设计中，处处体现着面向对象的思想和方法。本节将介绍面向对象的基本概念。

8.1.1 对象与类的概念

1. 对象

对象（object）是指现实世界的实体或概念在计算机逻辑中的抽象表示。客观世界里的任何实体都可以被看作对象。对象可以指具体的物或人，如一名学生，一张课桌；也可以指某些概念，如一次考试，一场比赛等。每个对象都有自己的状态，如一名学生的姓名、性别、出生日期等；每个对象也有自己的行为，如学生参加考试。

对象具有两个重要性质：属性和方法。属性用来表示对象的状态；方法用来描述对象的行为。在面向对象的方法里，对象被定义为由属性和相关方法组成的包。

2. 类

类（class）是对一类相似对象的性质描述，这些对象具有相同的性质：相同种类的属性以及方法。类是概括型名词，而对象是具体事物。类就像对象的模板，类定义后，基于类就可以生成该类对象中的任何一个对象。例如，所有的学生可以看作一个类，他们具有一些相似的性质（学号、姓名、性别等；选课、考试、毕业等）。每一个具体的学生可以看作是学生类中的一个对象。基于学生类可以生成任何一个学生对象。

8.1.2 子类与继承

继承表达了一种从一般到特殊的进化过程。在面向对象的方法里，继承是指基于现有的类创建新类时，新类继承了现有类里的方法和属性。此外，可以为新类添加新的方法和属性。新类被称为现有类的子类，现有类被称为新类的父类。

一个子类的成员一般包括从其父类继承的属性和方法、由子类自己定义的属性和方法。

8.2 VFP 基类简介

8.2.1 VFP 基类

VFP 基类（base class）是系统内含的，并不存放在某个类库中。用户可以基于基类生成所需要的对象，也可以扩展基类创建自己的类。

每个基类都有自己的一组属性、方法和事件。当扩展某个基类创建用户自定义类时，该基类就是用户自定义类的父类，用户自定义类继承该基类中的属性、方法和事件。表 8-1 所示为 VFP 基类的最小属性集，任何基类都包含这些属性。

表 8-1　VFP 基类的最小属性集

事件	事件功能
Class	类名，当前对象基于哪个类而生成
BaseClass	基类名，当前类从哪个 VFP 基类派生而来
ParentClass	父类名，当前类从哪个类直接派生而来

8.2.2 容器与控件

VFP 中的类可以分为两种，即控件类和容器类。与此对应，VFP 对象也分为控件对象和容器对象。

控件对象是一个可以以图形化的方式显示出来，并能与用户进行交互的对象。如命令按钮、文本框等。控件通常被放置在容器里。

容器对象可以被认为是一种特殊的控件对象，它能包容其他的控件或容器。如表单、页框等。这里把容器对象称为那些被包容对象的父对象。

表 8-2 所示为 VFP 中常用的容器及其所能包容的对象。

表 8-2　VFP 中常用的容器及其所能包容的对象

容器	能包容的对象
表单集	表单、工具栏
表单	任意控件以及页框、Container 对象、命令按钮组、选项组、表格等对象
表格	列
列	标头和除表单集、表单、工具栏、定时器及其他列之外的任意对象
页框	页
页	任意控件以及 Container 对象、命令按钮组、选项组、表格等对象
命令按钮组	命令按钮
选项组	选项按钮
Container 对象	任意空间以及页框、命令按钮组、选项组、表格等对象

从表 8-2 可以看出，不同的容器所能包容的对象类型是不同的。另外，一个容器内的对象本身也可以是容器，这样就形成了对象的嵌套层次关系。

注意: 对象的层次概念和类的层次概念是两个完全不同的概念。对象的层次指的是包容与被包容的关系,而类的层次指的是继承与被继承的关系。

在对象的嵌套层次关系中,要引用其中的某个对象,需要指明对象在嵌套层次中的位置。表 8-3 所示为常用属性或关键字。

表 8-3　容器层次中常用对象引用属性或关键字

属性或关键字	引用
Parent	当前对象的直接容器对象
This	当前对象
ThisForm	当前对象所在的表单
ThisFormSet	当前对象所在的表单集

Parent 是对象的一个属性,属性值为对象引用,指向该对象的直接容器对象。而 This、ThisForm 和 ThisFormSet 是三个关键字,它们分别表示当前对象、当前表单和当前表单集。这三个关键字只能在方法代码或事件代码中使用。

8.2.3　事件

事件是一种由系统预先定义而由用户或系统发出的动作。事件作用于对象,对象识别事件并作出相应反应。与方法集可以无限扩展不同,事件集是固定的,用户不能定义新的事件。

表 8-4 所示为 VFP 的最小事件集。任何基类都包含这些事件。

表 8-4　VFP 基类的最小事件集

事件	事件功能
Init	对象初始化,当对象生成时引发
Destroy	结束对象,当对象从内存中释放时引发
Error	当方法或事件代码出现运行错误时引发

8.3　创建与运行表单

表单是 VFP 提供的用于建立应用程序界面的最主要的工具之一。表单相当于 Windows 应用程序的窗口,表单可以属于某个项目,也可以游离于任何项目之外,它是一个特殊的磁盘文件,其扩展名为.scx。

8.3.1　创建表单

创建表单常用的方法有两种:用表单向导和用表单设计器。

1. 使用表单向导创建表单

VFP 提供了两种表单向导帮助用户创建表单。

1）"表单向导"适合创建基于一个表的表单。

2）"一对多表单向导"适合创建基于两个具有一对多关系的表单。

使用表单向导创建表单时，首先要打开"表单向导"对话框，打开"表单向导"对话框的常用方法有如下两种。

（1）项目管理器方式

在"项目管理器"窗口中选择"文档"选项卡，选中"表单"图标，单击"新建"按钮，弹出"新建表单"对话框，如图 8-1 所示。单击"表单向导"图标按钮，弹出"向导选取"对话框，如图 8-2 所示。从列表中选择要使用的向导，然后单击"确定"按钮。

图 8-1　"新建表单"对话框

图 8-2　"向导选取"对话框

（2）菜单方式

选择"文件"→"新建"选项，然后在弹出的"新建"对话框中选择"表单"文件类型并单击"向导"按钮，或者选择"工具"→"向导"→"表单"选项，都可以弹出"表单向导"对话框，如图 8-3 所示。

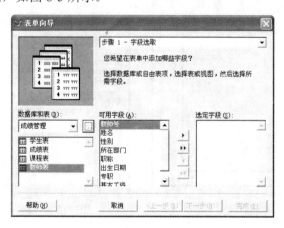

图 8-3　"表单向导"对话框

不管用哪种方法调用表单向导，系统都会弹出"表单向导"对话框，逐步向用户询问一些简单的问题，并根据用户的选择自动创建表单。创建的表单将包含一些控件用以显示表中记录和字段中的数据，表单还会包含一组按钮，用户通过这组按钮，可以实现对表中数据的浏览、查找、添加、编辑、删除以及打印等操作。

2. 使用表单设计器创建表单

调用表单设计器常用方法有如下三种。

（1）项目管理器方式

在"项目管理器"窗口中选择"文档"选项卡，然后选中"表单"图标，单击"新建"按钮，弹出"新建表单"对话框，在此对话框中单击"新建表单"图标按钮。

（2）菜单方式

选择"文件"→"新建"选项，弹出"新建"对话框，选择"文件类型"下拉列表中的"表单"选项，再单击"新建文件"按钮。

（3）命令方式

在"命令"窗口输入"CREATE FORM"或"MODIFY FORM"创建表单。

以上三种方式都是为了打开表单设计器，"表单设计器"窗口如图 8-4 所示。在表单设计器环境下，用户可以交互、可视化地设计出个性化的表单。有关如何在表单设计器中设计表单，将在后面几节中介绍。

在表单设计器环境下，也可以调用表单生成器方便、快速地产生表单。调用表单生成器的方法有以下三种。

1）选择"表单"→"快速表单"选项。

2）单击"表单设计器"工具栏中的"表单生成器"按钮。

3）右击表单窗口，在弹出的快捷菜单中选择"生成器"选项。

表单生成器如图 8-5 所示。选择添加相应的数据信息，保存表单，会在磁盘中产生扩展名为.scx 的表单文件，还会生成一个扩展名为.sct 的备注文件。

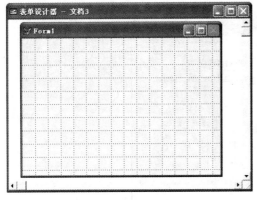

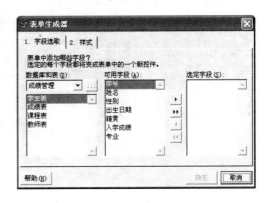

图 8-4　表单设计器　　　　　　　　图 8-5　"表单生成器"对话框

8.3.2　修改已有的表单

通过表单设计器可编辑修改已有的表单。修改一个已有的表单有以下三种方法。

（1）项目管理器方式

在"项目管理器"窗口中，选择"文档"选项卡，然后选择表单文件，单击"修改"按钮。

（2）菜单方式

选择"文件"→"打开"选项，在弹出的"打开"对话框中选择要打开的表单文件，单击"确定"按钮。

（3）命令方式

通过命令"MODIFY FORM <表单文件名>"可打开表单设计器。

8.3.3　运行表单

运行表单的方法有以下三种。

（1）项目管理器方式

在项目管理器中选中要运行的表单文件，再单击"运行"按钮。

（2）菜单方式

选择"表单"→"执行表单"选项；或者选择"程序"→"运行"选项。

（3）命令方式

格式：DO FORM <表单文件名> [NAME <变量名>] WITH <参数 1>[,<参数 2>…]

说明：

1）NAME 用于建立指向表单对象的变量，如果省略，系统建立与表单文件名同名变量指向表单。

2）WITH：在表单 Init 事件发生时，用于将各参数传递给该事件代码 PARAMETERS 子句的各参数。

【例 8-1】　通过完成下面两个小题，来练习创建表单的多种方法。

1）已知学生表结构：学生表（学号（C,7），姓名（C,8），性别（C,2），出生日期（D），籍贯（C,16），入学成绩（N,5,1），专业（C,18）），请使用表单向导制作一个表单，要求显示学生表中的全部字段。表单样式为"边框式"，按钮类型为"滚动网格"，排序字段选择"学号"（升序），表单标题为"学生信息浏览"，最后将表单保存为 MyForm。

2）利用表单设计器设计一个名为 MyForm1.scx 的空表单，并利用命令方式运行该表单。

练习 1）操作步骤如下。

① 单击工具栏中的"新建"按钮，弹出"新建"对话框，如图 8-6 所示，选中"表单"图表，单击"向导"图标按钮，然后选择"表单向导"进入表单向导，如图 8-2 所示。

② 在图 8-7 所示"步骤 1-字段选取"对话框中，选择"学生表"的全部字段添加到右边的"选定字段"列表框中。单击"下一步"按钮。

③ 在图 8-8 所示"步骤 2-选择表单样式"对话框中，选择表单样式为"边框式"；按钮类型点选"定制"单选按钮，选择"滚动网格"，单击"下一步"按钮。

④ 在图 8-9 所示"步骤 3-排序次序"对话框中，选中"学号"字段，单击"添加"按钮，点选"升序"单选按钮，单击"下一步"按钮。

⑤ 在图 8-10 所示"步骤 4-完成"对话框中，输入表单标题为"学生信息浏览"，单击"完成"按钮。

⑥ 输入表单名 MyForm，并保存。

图 8-6 "新建"对话框

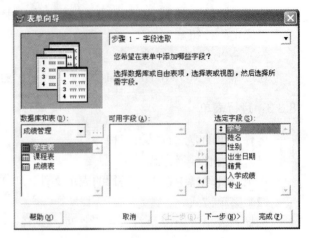

图 8-7 字段选取

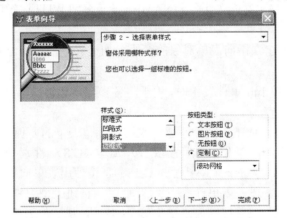

图 8-8 选择表单样式

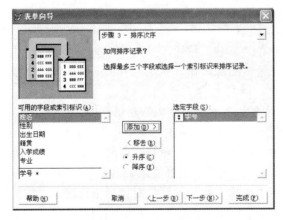

图 8-9 排序次序

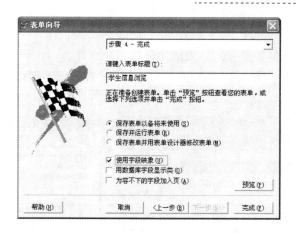

图 8-10　完成

练习 2）操作过程如下。

① 使用命令、菜单、项目管理器中任意方法，打开表单设计器窗口。

② 从"文件"菜单中选择"保存"选项，以 MyForm1 作为文件名保存该表单，关闭表单设计器。

③ 在"命令"窗口输入"DO FORM MyForm1"，运行该表单。

8.4　表单设计器

上一节的内容主要介绍了表单的创建与运行，本节将详细介绍表单设计器的环境，以及在该环境下如何添加控件，如何操作和布局表单控件及设置表单数据环境。

8.4.1　表单设计器环境

表单设计器启动后，VFP 主窗口上将打开"表单设计器"窗口、"属性"窗口、"表单控件"工具栏、"表单设计器"工具栏以及表单菜单，如图 8-11 所示。

1. "表单设计器"窗口

"表单设计器"窗口包含正在设计的表单。用户可在该窗口中可视化地添加和修改控件、改变控件布局，表单窗口只能在"表单设计器"窗口内移动。以新建方式启动表单设计器时，系统将默认为用户创建一个空白表单。

2. "属性"窗口

设计表单的绝大多数工作都是在属性窗口中完成的，因此用户必须熟悉"属性"窗口的用法。"属性"窗口如图 8-12 所示，包括对象框、属性设置框和属性、方法、事件列表框。如果在表单设计器中没有出现"属性"窗口，可在系统菜单中选择"显示"菜单下的"属性"选项。

3. "表单控件"工具栏

设计表单的主要任务是利用"表单控件"设计交互式用户界面。"表单控件"工具栏如图 8-13 所示，是表单设计的主要工具，内含控件按钮，可以方便地向表单中添加控件。

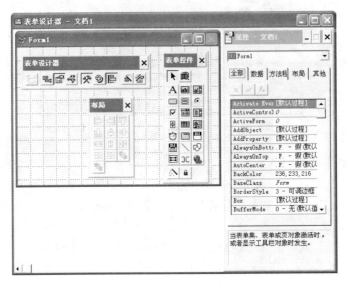

图 8-11　"表单设计器"窗口

图 8-12　"属性"窗口

图 8-13　"表单控件"工具栏

4. "表单设计器"工具栏

打开"表单设计器"窗口时，主窗口中会自动出现"表单设计器"工具栏，如图 8-14 所示，内含"设置 Tab 键次序"按钮、"数据环境"按钮、"属性"窗口等。

5. 表单菜单

表单菜单中的命令主要用于创建、编辑表单或表单集，为表单增加新的属性或方法。

图 8-14　"表单设计器"工具栏

8.4.2　控件的操作与布局

在表单设计器环境下，可以对表单中的控件进行如移动、复制、布局等操作，也可以为控件设置 Tab 键次序。

1. 控件的基本操作

控件的基本操作包括选定控件（选定多个控件按 Shift 键）、移动控件、调整控件大小、复制控件和删除控件（Delete 键）。

2. 设置 Tab 键次序

当表单运行时，用户可以按 Tab 键选择表单中的控件，使焦点在控件间移动。控件的 Tab 键次序决定了选择控件的次序。

常用的设置方法如下。选择"显示"→"Tab 键次序"选项或单击"表单设计器"工具栏中的"设置 Tab 键次序"按钮，进入 Tab 键次序设置状态。此时，控件上方出现深色小方块，称为 Tab 键次序盒，双击某个控件的 Tab 键次序盒，该控件将成为 Tab 键次序中的第一个控件，然后按需要的次序依次单击其他按钮，确认设置。按 Esc 键即放弃设置，退出设置状态。

8.4.3　数据环境

数据环境是一个对象，它包含与表单相互作用的表或视图，以及表单所要求的表之间的关系。用户可以使用数据坏境设计器直观、可视化地设置表单数据环境，并与表单一起保存在表单文件中。

1. 打开数据环境设计器

可以在表单设计器中单击"表单设计器"工具栏中的"数据环境"按钮；或选择"显示"→"数据环境"选项；也可以右击表单，选择"数据环境"选项，即可打开"数据环境设计器"窗口，如图 8-15 所示。

2. 向数据环境添加表或视图

在"数据环境设计器"中，可按下列方法向数据环境添加表或视图。

在系统菜单中选择"数据环境"中的"添加"选项，或右击"数据环境设计器窗口"，在弹出的快捷菜单中选择"添加"选项，弹出"添加表或视图"对话框，如图 8-16 所示。如果数据环境原来是空的，那么在打开数据环境设计器时，该对话框就会自动弹出。

选择所需表，单击"添加"按钮。

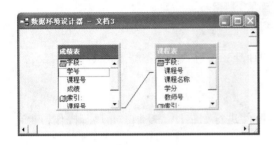

图 8-15 "数据环境设计器"

图 8-16 "添加表或视图"对话框

3. 从数据环境移去表或视图

在"数据环境设计器"窗口中，选择要移去的表或视图，在系统菜单中选择"数据环境"→"移去"选项。也可以右击要移去的表或视图，在弹出的快捷菜单中选择"移去"选项。

8.5　表单属性和方法

本节介绍常用的表单属性和方法，以及如何为表单添加新的属性和方法。

8.5.1　常用的表单属性

对象的属性描述事物的特性和状态。表单属性大约有 100 个，但绝大多数很少用到。表 8-5 所示为常用的表单属性，这些属性经常在设计阶段使用。

表 8-5　表单常见属性

属性	描述	默认值
AlwaysOnTop	指定表单是否总是位于其他打开窗口之上	.T.
AutoCenter	指定表单初始化时是否自动在 VFP 主窗口内居中显示	.F.
BackColor	指明表单窗口的颜色	255，255，255
BorderStyle	指定表单边框的风格	3
Caption	指定表单的标题文本	Form1
Closable	指定是否可以通过单击关闭按钮或双击控制菜单框来关闭表单	.T.
MaxButton	确定表单是否有最大化按钮	.T.
MinButton	确定表单是否有最小化按钮	.T.
Movable	确定表单是否能移动	.T.
Scrollbars	指定表单的滚动条类型	0
WindowState	指定表单状态	0
WindowType	指定表单是模式表单还是非模式表单	0

8.5.2 常用的事件和方法

事件是一种预先定义好的特定的动作，由用户或系统激活。在多数情况下，事件是通过用户的交互操作产生的。例如，对一部电话来说，电话是一个对象，那么我们拿起电话听筒的时候，拿电话的这个动作就激发了一个事件（接听电话的事件）。在 VFP 中，可以激发事件的动作主要包括：鼠标的点击、鼠标的移动、键盘的按下等，如鼠标的单击，就是一个 Click 事件。

方法是规定对象如何实现其行为的程序或过程。它是一个程序，这个程序可以是相对于某个事件而编写的， 例如对于一个 Click 事件，我们可以为它编制一个方法，一旦 Click 事件发生，系统就会调用这个方法来完成相应的程序动作。这是相对于某个事件的方法，但是方法本身也可以独立于事件之外，与任何事件都不发生联系。

VFP 中常用的事件和方法有以下几种。

1）Init 事件：对象建立时触发。在该事件的代码中，可以访问它所包含的所有控件对象。

2）Destroy 事件：对象释放时触发。在该事件的代码中，可以访问它所包含的所有控件对象。

3）Error 事件：对象方法或事件代码在运行中出现错误时触发。

4）Load 事件：对象建立时触发。触发该事件在 Init 事件之前。

5）Unload 事件：表单对象释放时触发。它是表单对象最后一个事件。

6）GotFocus 事件：对象获得焦点时触发。

7）Click 事件：单击鼠标对象时触发。

8）DblClick 事件：双击鼠标对象时触发。

9）RighClick 事件：右击鼠标对象时触发。

10）InteractiveChange 事件：用鼠标或键盘交互式改变一个控件的值时触发。

11）Release 方法：从内存中清除（释放）表单。

12）Refresh 方法：重新绘制表单或控件，并刷新它的所有值。

13）Show 方法：显示表单，并使表单成为活动对象。

14）Hide 方法：隐藏表单。

15）SetFocus 方法：让控件获得焦点，使其成为活动对象。

以上介绍的事件和方法中，有些（如 Load、Unload、Release、Show、Hide）是表单对象特有的，有些（如 InteractiveChange、SetFocus）只是某些控件才具有。其他的事件和方法适用于表单和大多数控件。

8.5.3 添加新的属性和方法

用户可以根据需要向表单添加任意数量的新属性和新方法，并像引用表单的其他属性和方法一样引用。

1. 创建新表单属性

创建步骤如下。

1）选择"表单"→"新建属性"选项，弹出"新建属性"对话框，如图 8-17 所示。

2）在"名称"文本框中输入属性名称。

3）有选择地在"说明"文本框中输入新属性的说明信息，这些信息将显示在"属性"文本框的底部。

2. 创建新方法

创建步骤如下。

1）选择"表单"→"新建方法程序"选项，弹出"新建方法程序"对话框，如图 8-18 所示。

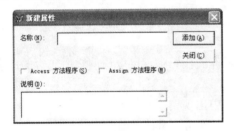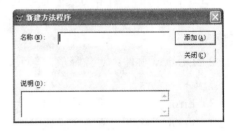

图 8-17　"新建属性"对话框　　　　图 8-18　"新建方法程序"对话框

2）在"名称"文本框中输入方法名称。

3）有选择地在"说明"文本框中输入新方法的说明信息。

3. 编辑方法或事件代码

在表单设计器环境下，编辑方法或事件的代码，步骤如下。

1）打开代码编辑窗口，如图 8-19 所示。打开代码编辑窗口的常用方法有以下三种。

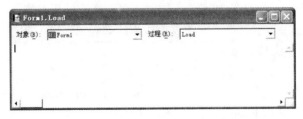

图 8-19　代码编辑窗口

① 选择"显示"→"代码"选项。

② 双击表单或表单中某对象。

③ 双击"属性"对话框中某个方法或事件。

说明：使用"属性"对话框可将某方法或事件重置为默认值，右击要重置的方法或事件，选择"重置为默认值"选项即可实现。

2）打开代码编辑窗口后，从"对象"下拉列表框中选择方法或事件所属的对象（表单或表单中的控件）。

3）在"过程"下拉列表框中指定需要编辑的方法或事件。

4）在编辑区编写或修改方法或事件的代码。

【例 8-2】　打开例 8-1 创建的表单 MyForm1，将其另存为"MyForm2"。

设计该表单，使其满足如下要求：单击表单时，使表单的标题变成"涉外商贸学院"。操作过程如下。

1）在"常用"工具栏中单击"打开"按钮，在弹出的"打开"对话框中的"文件类型"中选择"表单"，选中"MyForm1"，单击"确定"按钮，打开 MyForm1。或在"命令"窗口输入命令"MODIFY FORM MyForm1"，打开 MyForm1。

2）选择"文件"→"另存为"选项，在弹出的"另存为"对话框中输入文件名，另存表单。

3）双击表单，打开表单的代码编辑窗口，在"过程"下拉列表框中选择"Click"，输入代码"ThisForm.Caption=" 涉外商贸学院""。

4）保存表单，单击"常用"工具栏中的"运行"按钮，运行表单。

【例 8-3】　同上打开表单 MyForm1，将其另存为"MyForm3"，设计表单 MyForm3，使得单击表单时，表单的宽度为 350，高度为 350。

操作过程如下。

1）打开 MyForm1 表单，并另存表单。

2）打开 MyForm3 表单的代码编辑窗口，选择 Click 过程，输入如下代码。

```
ThisForm.Width=350;
ThisForm.Heigth=350;
```

3）保存表单，单击"常用"工具栏中的"运行"按钮，运行表单。

8.6　基 本 控 件

表单作为应用程序的用户界面，又是一个容器，一般都会包含一些控件，以实现特定的功能。下面分别介绍常用表单控件的使用和设计。

控件分为基本型控件和容器型控件。基本型控件是指不能包含其他控件的控件，如标签、命令按钮、文本框、列表框等；容器型控件是指可包含其他控件的控件，如选项组、表格等。

本节与下一节将分别介绍常用的基本型控件和容器型控件的使用和设计。

8.6.1　标签控件

标签控件（Label）是用来显示文本的图形控件，被显示的文本由 Caption 属性指定，称为标题文本，标签的标题文本最多可包含 256 个字符。标签不能获得焦点，它把焦点传递给 Tab 键次序中紧跟着标签的下一个控件。

以下为标签控件常用的属性。

1）Caption 属性：用于指定标签的标题文本。很多控件类都具有 Caption 属性，如表单、复选框、选项按钮、命令按钮等。用户可以利用该属性为所创建的对象指定标题文本。标题文本显示在屏幕上以帮助使用者识别各对象。标题文本的显示位置视对象类型不同而不同，例如，标签的标题文本显示在标签区域内，表单的标题文本显示在表单的标题栏上。

2）Name 属性：标签的对象名。Name 属性值即对象的名称。要注意区分 Name 属性和 Caption 属性，在设计代码时，应用 Name 属性值而不能用 Caption 属性值来引用对象。在同一作用域内两个对象（如一个表单内的两个命令按钮）可以有相同的 Caption 属性值，但不能有相同的 Name 属性值。用户在产生表单或控件对象时，系统给予对象的 Caption 属性值和 Name 属性值是相同的，如 Label1、Form1、Command1 等，但用户可以分别重新设置它们。

3）Alignment 属性：指定标题文本在控件中的对齐方式。当属性值为 0 时，表示左对齐（默认），文本显示在区域的左边；当属性值为 1 时，表示右对齐，文本显示在区域的右边；当属性值为 2 时，表示居中对齐，将文本居中排放，使左右两边的空白相等。

4）FontName 属性：设置字体。

5）FontSize 属性：设置字号。

6）BackColor 属性：设置背景颜色。

7）ForeColor 属性：设置字的颜色。

8）AutoSize 属性：自动调整大小。

9）WordWrap 属性：变化垂直方向的大小以适应文本。

8.6.2　命令按钮

命令按钮（Command Button）用来启动某个事件代码、完成特定功能，如关闭表单、移动记录指针等。

1. 常用的属性

1）Name 属性：命令按钮的对象名。

2）Caption 属性：命令按钮的标题。

3）Default 属性：属性值为.T.的命令按钮称为"默认"按钮。命令按钮的默认值为.F.，一个表单只有一个"默认"按钮。

4）Enabled 属性：指定表单或控件能否响应由用户引发的事件，默认值为.T.，即对象是有效的，能被选择，能响应用户引发的事件。

5）Visible 属性：指定对象是可见还是隐藏。在表单设计器环境下创建的对象，该属性的默认值为.T.，即对象是可见的；以编程方式创建的对象，该属性的默认值为.F.，即对象是隐藏的。

6）FontName 属性：设置字体。

7）FontSize 属性：设置字号。

8）BackColor 属性：背景色。

9）ForeColor 属性：前景色。

10）ToolTipText 属性：按钮的功能说明。

11）Picture 属性：按钮的图形。

2．常用事件

命令按钮最常用和最主要的事件就是用户用鼠标单击命令按钮，即命令按钮的Click 事件，所以命令按钮的特定操作代码通常也放置在 Click 事件中。

【例 8-4】　现有"成绩管理"数据库，其中含有三个数据库表：学生表、成绩表和课程表，如图 8-20 所示。为了对"成绩管理"数据库数据进行查询，设计一个表单，文件名为 MyForm4，表单标题为"成绩查询"；表单有"查询"和"关闭"两个命令按钮。

表单运行时，单击"查询"按钮，查询每门课程的最高分，查询结果中含"课程名"和"最高分"字段，结果按课程名升序保存在表 Mytable 中。单击"关闭"按钮，关闭表单。

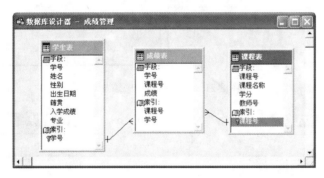

图 8-20　"成绩管理"数据库

操作过程如下。

1）在"命令"窗口中输入命令"CREATE FORM MyForm4"，打开表单设计器。

2）打开数据环境设计器，向数据环境设计器中添加学生表，课程表和成绩表，如图 8-21 所示。

3）通过"表单控件"工具栏向表单添加两个命令按钮。

4）选中表单，在"属性"窗口中修改 Caption 属性值为"成绩查询"，如图 8-22 所示；在"属性"窗口顶端的下拉列表框中选择"Command1"，修改该命令按钮控件的 Caption 属性值为"查询"，如图 8-23 所示；选择"Command2"，修改该命令按钮控件的 Caption 属性值为"关闭"。

5）双击"查询"按钮，在 Click 事件中编写程序命令如下。

```
***命令按钮 Command1(查询)的 Click 事件代码***
SELECT 课程名称,MAX(成绩) AS 最高分;
```

```
FROM 课程表,成绩表;
WHERE 课程表.课程号=成绩表.课程号;
GROUP BY 课程表.课程号;
INTO TABLE mytable
```

6）双击"关闭"按钮，在 Click 事件中编写程序命令"Thisform.Release"。

7）保存并运行表单。通过 BROWSE 命令可查看查询结果。

图 8-21　向数据环境中添加表

图 8-22　设置表单的 Caption 属性　　　　图 8-23　设置 Command1 的 Caption 属性

8.6.3　文本框

文本框是 VFP 里一种常用的控件，用于输入数据或编辑内存变量、数组元素和非备注型字段内的数据。所有标准的 VFP 编辑功能，如剪切、复制和粘贴，在文本框内都可使用。文本框一般包含一行数据。文本框可以编辑任何类型的数据，如字符型、数值型、逻辑型、日期型或日期时间型等。

以下为文本框的常用属性。

1）ControlSource 属性：为文本框指定数据源。数据源是一个字段或内存变量，运行时文本框首先显示变量的内容。

2）Value 属性：用于给文本框指定初始值，默认值为空串。

3）PasswordChar 属性：指定文本框显示方式（用户输入的内容或显示占位符）。该属性的默认值为空串，此时没有占位符，文本框内显示用户输入的内容。当该属性值为一个指定的字符（即占位符，通常为*）时，文本框将只显示占位符，而不会显示用户输入的文本。

4）InputMask 属性：指定在一个文本框中如何输入和显示数据。其属性值为字符串。该字符串通常由一些所谓的模式符组成，每个模式符规定了相应位置上数据的输入和显示行为。各模式符的含义如下。

① X：允许输入任何字符。

② 9：允许输入数字和正负号。

③ #：允许输入数字、空格和正负号。

④ $：在固定位置上显示当前货币符号。

⑤ $$：在数值前面相邻的位置上显示当前货币符号（浮动货币符）。

⑥ *：在数值左边显示星号。

⑦ .：指定小数点的位置。

⑧ ,：分隔小数点左边的数字串。

【例 8-5】　已知学生表结构如下。

学生表（学号（C,7），姓名（C,8），性别（C,2），出生日期（D），籍贯（C,16），入学成绩（N,5,1），专业（C,18））

设计一个浏览学生数据的表单，表单文件名为"MyForm5"，如图 8-24 所示。

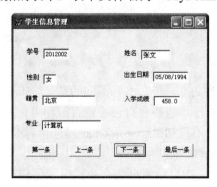

图 8-24　例 8-5 示意图

要求：每单击一次"下一条"按钮，表单显示学生表中下一条的信息，当显示到最后一条记录的时候，"下一条"按钮和"最后一条"按钮都将不可用；每单击一次"上一条"按钮，表单显示学生表中上一条的信息，当显示到第一条记录的时候，"上一条"按钮和"第一条"按钮都将不可用。

操作步骤如下。

1）使用命令、菜单、项目管理器中任意方法，打开表单设计器窗口。

2）从"文件"菜单中选择"保存"选项，以"MyForm5"作为文件名保存该表单，关闭表单设计器。

3）设置表单的 Caption 属性值为"学生信息管理"。为表单添加数据环境"学生表"。

4）将"学生表"中的"学号"、"性别"、"出生日期"等所有字段从数据环境中依次拖入表单窗口。使每个字段在表单中都会创建一个标签和一个文本框，如"学号"字段，对应标签的 Caption 属性值为"学号"，对应的文本框 ControlSource 属性值为"学生表.学号"。

5）为表单添加四个命令按钮，它们的 Caption 属性值分别设置为："第一条"，"上一条"，"下一条"和"最后一条"；设置它们的 Name 属性值分别为："Command1"，"Command2"，"Command3"和"Command4"。

6）分别设置命令按钮的事件代码如下。

```
***命令按钮 Command3(下一条)的 Click 事件代码***
    SKIP
    IF RECNO()=RECCOUNT()
      THISFORM.COMMAND3.ENABLED=.F.
      THISFORM.COMMAND4.ENABLED=.F.
    ENDIF
    THISFORM.REFRESH
***命令按钮 Command2(上一条)的 Click 事件代码**
    SKIP  -1
    IF RECNO()=1
      THISFORM.COMMAND1.ENABLED=.F.
      THISFORM.COMMAND2.ENABLED=.F.
    ENDIF
    THISFORM.REFRESH
```

8.6.4 编辑框

编辑框用于输入或更改文本。与文本框不同的是：编辑框实际上是一个完整的文字处理器，它可以实现自动换行，能够有自己的垂直滚动条。编辑框只能输入、编辑字符型数据，关文本框的属性（不包括 PasswordChar 属性）对编辑框同样适用。

以下为编辑框的常用属性。

1）HideSelection 属性：指当编辑框失去焦点时，编辑框中选定的文本是否依然处于选定状态。如果设置为.T.（默认值），则表示当失去焦点时，编辑框中选定的文本不显示为选定状态，只有当再次获得焦点时才重新处于选定状态；如果该属性值设置为.F.，则表示失去焦点时，该编辑框中选定的文本仍处于选定状态。

2）ReadOnly 属性：指定用户能否对编辑框中的内容进行修改.默认为.F.，即非只读。如果设置为.T.，则该编辑框为只读。

3）ScrollBars 属性：指定编辑框是否具有滚动条。当属性值为 0 时：编辑框没有滚动条；当属性值为 2（默认值）时：编辑框包含垂直滚动条。该属性在设计时可用，在运行时可读写。

4）SelStart 属性：返回用户在编辑框中所选文本的起始点位置或插入点位置。

5）SelLength 属性：返回用户在控件的文本输入区中所选定字符的数目，或指定要选定的字符数目。

6）SelText 属性：返回用户编辑区内选定的文本，如果没有选定任何文本，则返回空串。

8.6.5　复选框

复选框（CheckBox）是从多个选项中选择任意个选项，可以选一个，也可以多选或全选。

以下为复选框的常用属性。

1）Caption 属性：用来指定复选框旁边的标题。

2）ControlSource 属性：指明复选框所绑定的数据源。作为数据源的字段变量或内存变量，其类型可以是数值型或逻辑型。对于数值型变量，值 0、1、2（.NULL.）分别对应复选框未被选中、被选中和不确定；对于逻辑型变量，值.F.、.T.、.NULL.分别表示它的未被选中，被选中和不确定。

3）Value 属性：如果没有设置 ControlSource 属性，那么可以通过 Value 属性来设置或返回复选框的状态，该属性默认值为 0。

8.6.6　列表框

列表框（List）显示一列数据，用户可以从中选择一个或多个数据存入到指定变量中。

以下为列表框的常用属性。

1）RowSourceType 属性：指明列表框中条目的数据源类型。

2）RowSource 属性指明列表框中条目的数据源。

3）ColumnCount 属性：指定列表框的列数。

4）ControlSource 属性：指定列表框要绑定的数据源。

5）Value 属性：返回列表框中被选中的条目。该属性可以是字符型（默认），也可以是数值型。

6）MultiSelect 属性：指定用户能否在列表框中进行多重选择。0 或.F.（默认）不可多选，1 或.T.可多选，由用户按 Ctrl 键来实现多选。

7）List 属性：用以存取列表框中数据条目的字符串数组。

8）Selected 属性：指出列表框内的某个条目是否处于选中状态。

8.6.7 组合框

使用组合框（ComboBox）可以把相关的信息以列表框的形式显示出来。上面介绍的列表框属性对组合框同样适用（除 MutiSelect 外），并且具有相似的含义和用法。可以通过设置其 Style 属性来指定组合框的类型，其中 0 表示下拉组合框，2 表示下拉列表框。

下拉组合框：用户可以单击下拉组合框上的按钮以查看选择项，也可以直接在按钮旁边的框中直接输入一个新项。

下拉列表框：不允许输入新内容，只能在列表项中选择现有项目。

【例 8-6】 已知学生表结构如下：

学生表（学号（C,7），姓名（C,8），性别（C,2），出生日期（D），籍贯（C,16），入学成绩（N,5,1），专业（C,18））

设计一个名称为"MyForm6"的表单，标题为"学生成绩查询"，运行表单如图 8-25 所示。表单中包括的控件有两个标签控件，一个命令按钮控件和一个组合框控件。组合框内容为学生表的学号，当选择一个学号后，单击查询按钮，在标签中显示此学生的入学成绩。

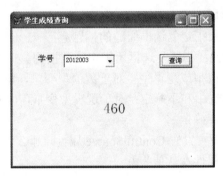

图 8-25 例 8-6 示意图

1）新建表单，以"MyForm6"为文件名保存表单。

2）在表单设计器中，右击空白表单，选择"数据环境"命令，打开表单的数据环境，然后在"打开"对话框中选择数据表文件"学生表"，添加到表单的数据环境中。

3）关闭对话框，为表单添加一个命令按钮控件、两个文本框控件和一个组合框控件，并进行布局。

4）在"属性"窗口中，设置表单的 Caption 属性值为："学生成绩查询"；选中组合框，设置 RowSourceType 属性值为"字段"，设置 RowSource 属性的值为"学生表.学号"；修改第一个文本框（Label1）的 Caption 属性值为"学号"；修改命令按钮的 Caption 属性值为"查询"。

5）双击命令按钮，在命令按钮的 Click 事件中输入以下代码。

    ***命令按钮 Command1 的 Click 事件代码**

```
SELECT 入学成绩 FROM 学生表;
WHERE 学号=ThisForm.Combo1.Value into array a
ThisForm.Label2.Caption=STR(a)
```

6）保存表单，单击常用工具栏中的"运行"按钮，运行表单。

8.6.8　计时器控件

计时器控件（Timer）独立于用户的操作，它对时间作出反应，在一定的时间间隔内触发执行某一任务。在运行过程中计时器控件是不可见的，因此不考虑该控件的位置和大小。它的主要属性是 Interval：规定计时器触发的时间间隔，单位是 ms。它的取值范围是 0～2147483647，即最长时间间隔不超过 24 天。

【例 8-7】　新建一个文件名为"MyForm7"的表单文件。表单中包含一个标签控件，一个计时器控件和三个命令按钮，如图 8-26 所示。要求：表单运行时标签控件显示系统时间，当单击"暂停"按钮时，时钟停止；单击"继续"按钮时，时钟重新开始显示；单击"退出"按钮时，退出表单。

图 8-26　例 8-7 示意图

操作步骤如下。

1）创建表单，然后在表单中添加一个标签按钮（Label1），三个命令按钮和一个计时器控件。

2）设置表单的 Caption 属性值为"电子时钟"；设置三个命令按钮的 Caption 属性值分别为"暂停"，"继续"和"退出"；设置计时器的 Interval 属性值为"1000"。

3）双击计时器控件，打开代码编辑框。对象框中选择"Timer1"，过程对话框中选择"Timer"，并输入相应的代码；同样方法对三个命令按钮的 Click 事件，编辑相应的代码如下。

```
***计时器控件 Timer1 的 Timer 事件代码***
    ThisForm.Label1.Caption=Time()
***命令按钮 Command1(暂停)的 Click 事件代码***
    ThisForm.Timer1.Interval=0
***命令按钮 Command2(继续)的 Click 事件代码***
    ThisForm.Timer1.Interval=1000
```

```
***命令按钮 Command3(退出)的 Click 事件代码***
      ThisForm.Release
```

4）保存并运行表单。

8.7 容器型控件

容器型控件主要有命令按钮组、选项组、表格、页框等。容器与其所包含的控件一般都有自己的属性、方法和事件。

8.7.1 命令按钮组

命令按钮组（CommandGroup）是包含一组命令按钮的容器控件，命令按钮组中的每个按钮都有自己的属性、方法和事件。

以下为命令按钮组的常用属性。

1）ButtonCount 属性：指定命令按钮组中按钮的数目。

2）Buttons 属性：用于存取命令按钮组中各按钮的数组。用户可以利用该数组为命令按钮组中的命令按钮设置属性或调用其方法。

3）Value 属性：返回命令按钮组中的当前按钮的值，该值可以是数值型也可以是字符型。如果是数值型（默认），则指明是第几个按钮；如果是字符型,则指明的是 Caption 属性为该值的按钮。

【例 8-8】 设计一表单，表单文件名为"MyForm8"，要求表单中包含命令按钮组，组中按钮分别为红色、绿色、蓝色。其中，单击"红色"按钮，表单的背景色变为红色；单击"绿色"按钮，表单的背景色变为绿色；单击"蓝色"按钮，表单的背景色变为蓝色。

操作过程如下。

1）新建表单，保存文件名为"MyForm8"。

2）在表单中添加一个命令按钮组，右击命令按钮组，在弹出的快捷菜单中选择"生成器"选项，弹出"命令组生成器"对话框，如图 8-27 所示。

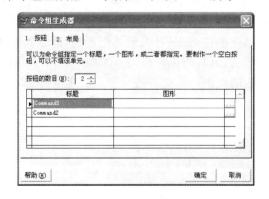

图 8-27 "命令组生成器"对话框

3）在"1.按钮"选项卡的"按钮数"数字框中选择"3"，然后分别填上按钮标题为"红色"，"绿色"和"蓝色"；在"2.布局"选项卡中，选择按钮布局方式，关闭窗口。

4）双击命令按钮组，打开"代码编辑框"窗口，在"过程"下拉列表框中选择 Click。然后输入以下代码。

```
***命令按钮组 Commandgroup1 的 Click 事件代码**
DO CASE
    CASE  ThisForm.Commandgroup1.Value=1
            ThisForm.BackColor=RGB(255,0,0)
    CASE  ThisForm.Commandgroup1.Value=2
            ThisForm.BackColor=RGB(0,255,0)
    OTHERWISE
            ThisForm.BackColor=RGB(0,0,255)
ENDCASE
```

5）保存并运行表单。

8.7.2　选项组

选项组（OptionGroup）是包含选项按钮的一个容器控件。一个选项组一般包含多个选项按钮，但是用户只能从中选择一个按钮，此时该按钮为选中状态，而其他按钮为未选中状态。

下面为选项组常用的属性。

1）ButtonCount 属性：指定选项组中按钮的数目。

2）Buttons 属性：用于存取选项组中各按钮的数组。

3）Value 属性：初始化或返回选项组中被选中的选项按钮。

4）ControlSource 属性：为选项组指定要绑定的数据源。

8.7.3　表格

表格常用来显示数据表的记录，它的外形与浏览表时的 BROWSE 窗口相似。一个表格对象由若干列对象（Column）组成，每个列对象包含一个标头对象（Header）和其他若干控件。

1．表格设计的基本操作

（1）调整表格的行高和列宽

一旦指定了表格的列数，可以用两种方法来调整表格的行高和列宽。

1）通过设置表格的 HeaderHeight 和 RowHeight 属性调整行高，通过设置列对象的 Width 属性调整列宽。

2）使表格处于编辑状态，然后通过鼠标拖动操作表格的行高和列宽。

（2）表格生成器

表格设计也可以调用表格生成器来完成，步骤如下。

在表单中放置一个表格控件，右击表格控件，在快捷菜单中选择"生成器"选项。在弹出的"表格生成器"对话框中设置有关选项参数，如图 8-28 所示，单击"确定"按钮。

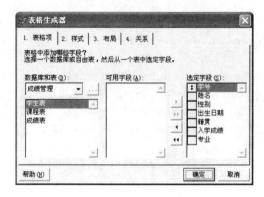

图 8-28 "表格生成器"对话框

2．表格的常用属性

1）RecordSourceType：数据源的类型。

2）RecordSource：数据源。

3）ColumnCount：表格列数。

4）LinkMaster：指定控件中子表的父表名称。

5）ChildOrder：子表的索引。

6）RelationalExpr：确定基于主表字段的关系表达式。

常用列属性有如下两个。

1）ControlSource：指定列中显示的数据源。

2）CurrentControl：指定列对象中的一个控件，该控件用来显示和接收列活动中活动单元格数据。

常用标头属性有如下两个。

1）Caption：标题文本。

2）Alignment：对齐方式。

8.7.4　页框

页框（PageFrame）由页面（Page）组成。每个页面可以同表单一样设计，其上分布用户需要操作的各种控件。在设计过程中，要为页框、页面和页面里的控件分别设置其属性。在页框内某个页面上添加控件时，先要选择页面，然后再添加控件，这样表单执行时此控件将始终显示在页框的各个页面上。

以下为页框常用的属性。

1）PageCount：指定页控件的页数。

2）Pages：用于存取页框中某一对象。

3）Tabs：指定页框中是否显示页面标签栏。

4）ActivePage：返回页框中活动页的页号。

【例8-9】 现有"成绩管理"数据库，其中含有三个数据库表：学生表、成绩表和课程表，如图8-20所示。新建一个文件名为"MyForm9"的表单文件，如图8-29所示。表单包含一个页框控件（共三个页面），每个页面内有一个表格控件。要求三个页面分别显示学生表、课程表和教师表的内容。

操作过程如下。

1）使用命令、菜单、项目管理器中任意方法，打开表单设计器窗口。

2）右击表单，在快捷菜单中选择"数据环境"选项，为表单添加数据环境，选择"学生表"，"课程表"以及"教师表"。

3）在表单中添加页框控件 Pageframe1，选中页框，设置页框的 PageCount 属性值为3；设置 Page1 的 Caption 属性值为"学生信息"，设置 Page2 的 Caption 属性值为"课程信息"，设置 Page3 的 Caption 属性值为"教师信息"；设置表单的 Caption 属性值为"信息浏览"。

4）右键单击页框，在弹出的快捷菜单中选择"编辑"选项，选中第一页（学生信息），把数据环境中的"学生表"拖到 Page1 上，用此方法可以在"学生信息"页添加表格控件，且此表格控件显示"学生表"的信息，如图8-30所示。调整表格控件的大小。

5）用同样的方法，把"课程表"和"教师表"分别拖动到第二页（课程信息）和第三页（教师表）中。

6）选择"文件"→"保存"选项，以"MyForm9"作为文件名保存该表单。

7）运行表单。

图8-29 例8-9的界面示意图   图8-30 例8-9向页框控件内添加表格控件

习 题 8

一、选择题

1．在设计界面时，为提供多选功能，通常使用的控件是（   ）。

A．选项组   B．一组复选框   C．编辑框   D．命令按钮组

2. 在 VFP 中，属于命令按钮属性的是（　　）。

    A. Parent　　　　　　B. This　　　　　　C. ThisForm　　　　　　D. Click

3. 将当前表单从内存中释放的正确语句是（　　）。

    A. ThisForm.Close　　　　　　　　B. ThisForm.Clear

    C. ThisForm.Release　　　　　　　D. ThisForm.Refresh

4. 在 VFP 中，下面关于属性、方法和事件叙述错误的是（　　）。

    A. 属性用于描述对象的状态，方法用于表示对象的行为

    B. 基于同一个类产生的两个对象可以分别设置自己的属性值

    C. 事件代码也可以像方法一样被显示调用

    D. 在创建一个表单时，可以添加新的属性、方法和事件

5. 设置表单标题的属性是（　　）。

    A. Title　　　　　　B. Text　　　　　　C. Biaoti　　　　　　D. Caption

6. 名为 MyForm 的表单中有一个页框 myPageFrame，将该页框的第 3 页（Page3）的标题设置为"修改"，可以使用代码（　　）。

    A. MyForm.Page3.myPageFrame.Caption="修改"

    B. MyForm.myPageFrame.Caption.Page3="修改"

    C. ThisForm.myPageFrame. Page3.Caption="修改"

    D. ThisForm.myPageFrame.Caption.Page3="修改"

7. 假设表单上有一选项组：⊙男，○女，如果选择第二个按钮"女"，则该选项组 Value 属性的值为（　　）。

    A. .F.　　　　　　B. 女　　　　　　C. 2　　　　　　D. 女或2

8. VFP 表单 InteractiveChange 事件的激发条件是（　　）。

    A. 在对象接受焦点时　　　　　　B. 在使用键盘或鼠标更改对象时

    C. 在对象的位置发生改变时　　　　D. 在对象的尺寸发生改变时

9. 启动表单后，使文本框 TEXT1 的数据能显示但不能被用户修改，应设计表单的 INIT 事件代码为（　　）。

    A. ATHISFORM.TRXT1.READONLY=.T.

    B. THISFORM.TRXT1.READONLY=.F.

    C. THISFORM.TRXT1.VISIBLE=.T.

    D. THISFORM.TRXT1.VISIBLE=.F.

10. 要运行表单文件 form1.scx，下列命令正确的是（　　）。

    A. DO form1.scx　　　　　　　　B. DO FORM form1

    C. RUN form1.scx　　　　　　　D. RUN FORM form1

二、填空题

1. 计时器控件的＿＿＿＿属性指定计时器触发的时间间隔，单位是＿＿＿＿。

2．将一个表单定义为顶层表单，需要设置的属性是_____。

3．在 VFP 中，在运行表单时表单最先引发的表单事件时_____事件。

4．在表单设计器中可以通过_____工具栏中的工具快速对其表单中的控件。

5．表单的 Name 属性指定_____，而表单的 Caption 属性指定了表单的_____。

三、设计题

有数据表：管理员.dbf（包括姓名，密码两个字段），设计一登录表单，如图 8-31 所示，将表单中的组合框与数据表中的姓名字段绑定。表单执行后，选择一用户名，输入密码，如果密码正确（与数据表中的密码字段对应），单击"进入"按钮，可以调用表单 main.scx（假设该表单已存在）；如果密码不正确，最多允许输入三次，每次给出错误提示，如图 8-32 所示，如果三次均不正确则直接退出 VFP 系统，返回操作系统；单击"退出"按钮，可以关闭表单。请将如下程序代码补充完整。

表单 Form1 的 Load 事件代码如下。

```
Public n
n=1
```

命令按钮"进入"的 Click 事件代码。

```
Select 管理员
yhm=thisform.combo1.value
mm=thisform.text1.value
locate for 姓名=yhm
if 密码=mm
    do  form main
else
    if n<=3
        messagebox("密码输入"+str(n,1)+"次错误,请重新输入! ")

        _____
        thisform.text1.value=""
        thisform.text1.setfocus
    else
        messagebox("您无权使用该系统! ")

        _____
    endif
endif
```

命令按钮"退出"的 Click 事件代码如下。

_____

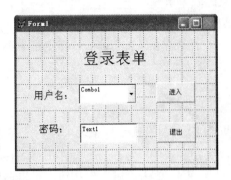

图 8-31　设计界面

图 8-32　运行界面

第9章 菜单设计与应用

菜单在应用程序中是必不可少的。开发者通过菜单将应用程序的功能、内容有条理地组织起来提供给用户使用。菜单是应用程序与用户最直接的交互界面。VFP 为开发者提供了自定义菜单的功能，从而使开发者能根据需要设计符合应用的菜单。本章将具体的介绍菜单的设计以及应用。

9.1 VFP 系统菜单

系统菜单即菜单栏，由若干个下拉菜单组成，每个下拉菜单包含一组菜单选项。利用系统菜单是开发者调用 VFP 系统功能的一种方式或途径。所以在介绍菜单设计与应用之前，应首先了解 VFP 系统菜单的基本结构和特点。

9.1.1 菜单结构

VFP 支持两种类型的菜单：条形菜单（一级菜单）和弹出式菜单（子菜单）。它们都有一个内部名称和一组菜单选项。内部名称不会显示在屏幕上，只用于在代码中引用。而菜单选项将显示在屏幕上供用户选择。用户选择任一选项时都会有一定的动作。这个动作可以是执行一条命令、执行一个过程或是激活另外一个菜单。

每一个菜单选项都可以设置一个热键和一个快捷键。热键通常是一个字符。当菜单激活时，可以按相应的热键快速选择该菜单项。快捷键通常是 Ctrl 键加上另外一个字符组成的组合键。热键与快捷键的区别是热键需要首先激活菜单，而快捷键不需要激活菜单就可以选择相应的菜单选项。

典型的菜单一般都是由一个条形菜单和一组弹出式菜单组成。条形菜单作为主菜单，弹出式菜单作为子菜单。这种菜单类型也称为下拉式菜单。当用户选择一个条形菜单选项时，即激活相应的弹出式菜单。

常见的菜单除了下拉式菜单，还有快捷菜单。快捷菜单一般从属于某个界面对象，列出有关该对象的一些操作。一般由一个或一组上下级的弹出式菜单组成，右击对象会弹出一个快捷菜单。

在设计应用程序的时候，无论创建哪一种菜单，首先都要根据实际需要对应用程序的菜单进行规划与设计，明确需要多少个菜单及子菜单。每个菜单的标题和需要完成的任务等。规划好以后再利用菜单设计器进行设计创建。

9.1.2 系统菜单

VFP 系统菜单是一个典型的菜单系统。其主菜单是一个条形菜单。包含文件、编辑、显示、工具、程序、窗口等菜单项。选择条形菜单中的每一个菜单项都会激活一个弹出式菜单，如图 9-1 所示。

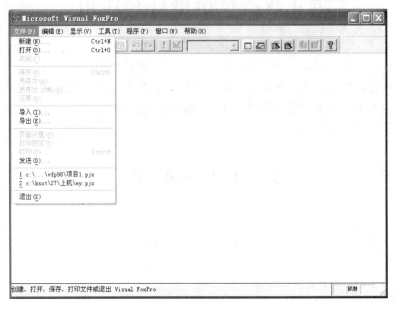

图 9-1　VFP 系统菜单

通过 SET SYSMENU 命令可以允许或者禁止在程序执行时访问系统菜单。格式：

SET SYSMENU ON | OFF | AUTOMATIC

　　| TO [<弹出式菜单名表>] | TO [<条形菜单项名表>]

　　| TO [DEFAULT] | SAVE | NOSAVE

说明：ON 即允许程序执行时访问系统菜单，OFF 即禁止程序执行时访问系统菜单，AUTOMATIC 可使系统菜单显示出来，可以访问系统菜单。TO 子句用于重新设置系统菜单。

TO <弹出式菜单名表>以弹出式菜单项内部名字列出可用的弹出式菜单。例如，命令"SET SYSMENU TO _MFILE,_MEDIT"即为将使系统菜单只保留"文件"和"编辑"两个子菜单。

TO <条形菜单项名表>以条形菜单项内部名字列出可用的子菜单。例如，上面的系统菜单设置命令也可以写成如下格式。

SET SYSMENU TO _MSM_FILE,_MSM_EDIT。

TO DEFAULT 将系统菜单恢复为默认配置。

SAVE 将当前系统菜单配置指定为默认配置。

NOSAVE 将默认设置恢复成 VFP 系统的标准配置。

要将系统菜单恢复成标准设置，可先执行 SET SYSMENU NOSAVE 命令，然后执行 SET SYSMENU TO DEFAULT 命令。

不带参数的 SET SYSMENU TO 命令将屏蔽系统菜单，使系统菜单不可用。

例如，在"命令"窗口中输入"SET SYSMENU TO"，按 Enter 键执行，系统菜单将不可用。

在"命令"窗口中输入"SET SYSMENU TO DEFAULT"，按 Enter 键执行，系统菜单恢复。

9.2 下拉式菜单设计

下拉式菜单是应用程序的总体菜单，由一个条形菜单和一组弹出式菜单组成。用 VFP 提供的菜单设计器可以方便的进行下拉式菜单的设计。具体来说，菜单设计器的功能有两个：一是通过定制 VFP 系统菜单建立应用程序的下拉式菜单，此时其条形菜单的内部名称总是_MSYSMENU；二是为顶层表单设计独立于 VFP 系统菜单的下拉式菜单。

9.2.1 菜单设计的基本过程

建立下拉式菜单的基本过程如下。

首先打开菜单设计器，在菜单设计器中进行菜单定义，保存菜单，生成菜单程序，执行菜单程序等操作。

1. 调用菜单设计器

无论建立菜单或者修改已有的菜单，都需要打开菜单设计器窗口。操作方法如下。

在 VFP 系统主菜单下，选择"文件"→"新建"选项。在弹出的"新建菜单"对话框中单击"菜单"图标按钮，然后单击"新建文件"按钮，弹出"新建菜单"对话框，如图 9-2 所示。

此时若单击"菜单"按钮，将打开"菜单设计器"窗口。

如果要用菜单设计器修改一个已有菜单，可以选择"文件"→"打开"选项打开菜单定义文件（扩展名为.mnx 的文件），打开"菜单设计器"窗口。

图 9-2 "新建菜单"对话框

也可以利用命令调用菜单设计器建立和修改菜单。格式为 MODIFY MENU <文件名>。其中，<文件名>的默认扩展名为.mnx。

2. 菜单定义

在"菜单设计器"窗口中定义菜单，制定菜单的各项内容。如菜单项的名称、快捷键等（具体方法将在后面进行介绍），指定完成菜单的各项内容后，保存菜单。

3. 生成菜单

菜单设计器定义了菜单的各项内容，但这个文件本身是不能运行的。在"菜单设计器"窗口处于打开状态时，允许选择"菜单"→"生成"选项来生成菜单程序。在"生成菜单"对话框中有一个"输出文件"文本框，用来显示系统默认的菜单程序路径及程序名，用户可以自行修改，再单击"生成"按钮就会生成一个可执行的菜单程序文件。

4. 显示菜单

对生成的菜单文件可以使用 DO<文件名>来运行显示菜单。例如：

```
DO MYMENU.MPR
```

注意：文件名的扩展名.mpr 不能省略。

9.2.2 定义菜单

在本小节将详细介绍如何在"菜单设计器"窗口中设计定义下拉式菜单。

1. "菜单设计器"窗口介绍

在"菜单设计器"窗口中，首先显示和定义的是条形菜单，每一行定义当前菜单一个菜单项，包括"菜单名称"、"结果"和"选项"三列内容。另外"菜单设计器"还有"菜单级"下拉列表框及一些命令按钮，如图 9-3 所示。

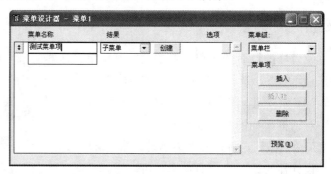

图 9-3 "菜单设计器"窗口

（1）"菜单名称"列

该列用于指定菜单项的名称，也可以称为标题，并非内部名字。用于显示。在设计规划菜单的时候对需要用快捷方式访问的菜单项。可以在此处设置：在访问键的字符前加上"\<"两个字符。如"显示（\<V）"，字母 V 即为该菜单项的访问热键。

可以根据各个菜单项功能的相似性或相近性，将弹出式菜单的菜单项分组，比如常见的将剪切、复制、粘贴分为一个组。设置方法是在相应行的"菜单名称"列上方插入一行，输入"\-"两个字符。

注意：当"菜单级"为菜单栏时，不能使用分组，如果在此处使用分组，运行时将会提示语法错误。

（2）"结果"列

该列用于指定用户选择该项后进行的动作。"结果"列中有命令、过程、子菜单和填充名称或菜单项四种选择。

命令：选择此选项，列表框右侧将会出现文本框，用于输入选择此项后将执行的命令。

例如，当菜单中有"退出"菜单项时，一般在该菜单项的"命令"文本框中输入命令"SET SYSMENU TO DEFAULT"，当运行菜单后，选择"退出"菜单项会恢复到系统菜单。

过程：选择此选项，列表框右侧将会出现"创建"命令按钮，单击此按钮将打开一个过程编辑窗口，可以在其中输入代码，如图 9-4 所示。输入代码后，当选择该菜单项时，将执行此过程代码。

图 9-4　"菜单项"创建过程

子菜单：选择此选项，列表框右侧也会出现"创建"命令按钮，单击后会切换到子菜单页，可在其中定义子菜单。此时右侧"菜单级"列表框不再是菜单栏，而是对应用户操作的子菜单的内部名称。选择"菜单级"下拉列表框内的选项，可以返回到上级子菜单或最上层的条形菜单的定义页面。

默认的子菜单内部名称为上级菜单相应菜单项的标题，但可以重新指定。最上层的条形菜单不能指定内部名称，在"菜单级"下拉列表框内显示为"菜单栏"。

填充名称或菜单项#：选择此选项，列表框右侧会出现一个文本框。可以在文本框内输入菜单项的内部名字或序号。若当前菜单为条形菜单，该选项为"填充名称"，应指定菜单项的内部名字。若当前菜单为子菜单，该选项为"菜单项#"，应指定菜单项的序号。

注意：默认的子菜单内部名字为上级菜单相应菜单项的标题，但可以重新指定。最上层的条形菜单不能指定内部名称。

（3）"选项"列

每一个菜单项的"选项"列都有一个无符号按钮，单击该按钮就会弹出"提示选项"对话框，如图 9-5 所示，供用户定义菜单项的其他属性。设置快捷方式等属性后，按钮将会出现符号√。

快捷方式：指定菜单项的快捷键。单击"键标签"文本框，然后在键盘上按下快捷键即可。例如，按 Ctrl＋A 组合键，则"键标签"文本框内就会出现 Ctrl＋A。

快捷键通常是 Ctrl 键或 Alt 键与另一个字符键的组合。

如果要取消定义好的快捷键，可以单击"键标签"文本框，然后按空格键。

跳过：指定一个表达式，由这个表达式的最终结果来决定这个菜单项是否可选。当菜单被激活时，如果表达式结果为真，那么此菜单项可选，否则，此菜单项呈灰色，将不可选用。

信息：定义菜单项的说明信息。当鼠标指向该菜单项时，将会在 VFP 的状态栏出现此信息。

（4）"菜单级"下拉列表框

此列表框一般用于条形菜单与子菜单之间切换。

（5）"菜单项"命令按钮

"插入"按钮：单击此按钮，可在当前菜单项前增加一个新的菜单项。

"插入栏"按钮：单击此按钮，可在当前菜单项行前增加一个 VFP 系统菜单选项，如图 9-6 所示。然后在对话框中选择需要添加的菜单命令，并单击"插入"按钮。该按钮仅在定义弹出式菜单时有效。

图 9-5 "提示选项"对话框　　　　图 9-6 "插入系统菜单栏"对话框

"删除"按钮：单击该按钮，可删除当前菜单项行。

（6）"预览"按钮

单击此按钮，可预览菜单效果。

2. "显示"菜单

在菜单设计器中，系统的"显示"菜单下会出现两个菜单项："常规选项"与"菜单选项"。

（1）"常规选项"对话框

选择"显示"→"常规选项"选项，弹出"常规选项"对话框，如图 9-7 所示。在这个对话框里，可以定义整个下拉式菜单系统的总体属性。

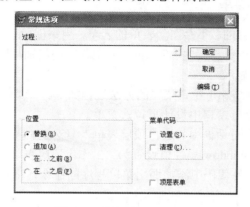

图 9-7　"常规选项"对话框

过程：为条形菜单中的菜单选项指定一个默认的过程代码。如果条形菜单中的某个菜单选项没有定义子菜单，也没有其他命令动作，那么当选择此菜单选项时，将执行这个默认过程。

位置：指明正在定义的菜单与当前系统菜单的关系。

"替换"：默认关系为替换，即用当前定义的菜单替换系统菜单。

"追加"：在系统菜单后追加当前定义的菜单内容。

"在...之前"：将当前定义的菜单插入在系统菜单的某个弹出式菜单之前。

"在...之后"：将当前定义的菜单插入在系统菜单的某个弹出式菜单之后。

菜单代码：在"菜单代码"下有"设置"与"清理"两个复选框。任意选中一个，单击"确定"按钮后，都将打开一个代码编辑窗口。如果选中的是"设置"，那么这段代码将在菜单产生之前执行。否则将在菜单显示出来后执行。

顶层表单：如果勾选此复选框，那么可以将正在定义的下拉式菜单添加到一个顶层表单里。否则将作为一个定制的系统菜单。

（2）"菜单选项"对话框

选择"显示"→"菜单选项"选项，弹出"菜单选项"对话框，如图 9-8 所示。

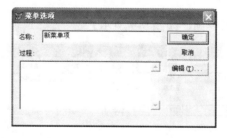

图 9-8　"菜单选项"对话框

在这个对话框里，可以为当前的条形菜单定义一个默认的过程代码。如果当前的是弹出式菜单，那么在对话框中还可以定义该菜单的内部名称。

9.2.3　为顶层表单添加菜单

顶层表单是一个独立的、不存在父表单的表单，用来创建一个应用程序或作为其他子表单的父表单。顶层表单与其他 Windows 应用程序的级别相同，且可以在 Windows 应用程序的前面或后面显示。

为 VFP 为顶层表单添加下拉式菜单的方法过程如下。

1）在"菜单设计器"窗口中设计下拉式菜单。

2）在"常规选项"对话框中勾选"顶层表单"复选框。

3）将表单的 ShowWindow 属性值设置为"2-作为顶层表单"。

4）在表单的 Init 事件代码中添加调用菜单程序的命令，格式如下。

```
DO <文件名> WITH THIS [,"<菜单名>"]
```

"文件名"是指菜单程序文件名，其扩展名.mpr 不能省略。通过"菜单名"可以为条形菜单指定一个内部名字。

5）在表单的 Destroy 事件代码中添加清除菜单程序的命令，格式如下。

RELEASE MENU <菜单名> [EXTENDED]

EXTENDED 表示在清除条形菜单时一起清除其下属的所有子菜单。

【例 9-1】　设计一个下拉式菜单。

要求条形菜单中的菜单项分别是数据查询（<u>C</u>），数据维护（<u>W</u>），输出报表（<u>B</u>），退出（<u>R</u>）。

数据查询的弹出式菜单分别是按学号查询，按姓名查询，它们的快捷键分别是 Ctrl＋H，Ctrl＋X。

数据维护的弹出式菜单分别是维护学生表，维护教师表，快捷键分别是 Ctrl＋S，Ctrl＋T。

输入报表无弹出式菜单。

退出将系统菜单恢复为标准设置。

操作步骤如下。

1）在"命令"窗口输入命令"MODIFY MENU cd"，选择"菜单"，打开"菜单设计器"窗口。

2）设置条形菜单的菜单项，如图 9-9 所示。

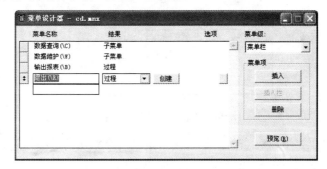

图 9-9　设置主菜单

3）单击菜单项"结果"列中的"创建"按钮，打开文本编辑窗口，输入下面的代码。

```
SET SYSMENU NOSAVE
SET SYSMENU TO DEFAULT
```

单击"数据查询"菜单项"结果"列中的"创建"按钮，使设计器窗口切换到子菜单页，如图 9-10 所示。

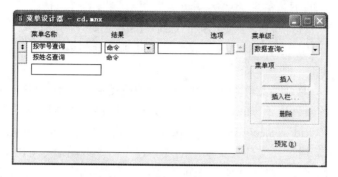

图 9-10　设置"数据查询"子菜单

然后为"按学号查询"设置快捷键，单击该菜单项"选项"列上的按钮，打开"提示选项"对话框，然后单击"键标签"文本框，并在键盘上按组合键 Ctrl＋H，如图 9-11 所示。用同样的方法为"按姓名查询"菜单项设置快捷键 Ctrl＋X。

图 9-11　设置快捷方式

① 在"菜单级"列表框中选择"菜单栏"，返回到主菜单页。

② 定义数据维护的弹出式菜单。

③ 保存菜单定义：选择"文件"→"保存"选项，将结果保存在菜单定义文件 cd.mnx 和菜单备注文件 cd.mnt 中。

④ 生成菜单程序：选择"菜单"→"生成"选项。产生的菜单程序文件为 cd.mpr。

【**例 9-2**】　将菜单添加到顶层表单中。

基于数据库"成绩管理"建立顶层表单，表单文件名为 smform.scx，表单控件名为 smform，表单标题为"成绩管理系统"。

1）表单内含一个表格控件 Grid，当表单运行时，该控件将按用户的选择来显示"成绩表"中某一课程的所有成绩，RecordSourceType 的属性为 4（SQL 说明）。

2）建立菜单（文件名为 kcmenu.mnx），其条形菜单的菜单项为"课程成绩"和"退出"。"课程成绩"的下拉菜单为"大学英语"、"数学"、"普通话"，选择下拉菜单中任何一个菜单项后，表格控件均会显示该门课程的课程名、学号、成绩。

3）菜单项"退出"的功能是关闭表单并返回到系统菜单。

操作步骤如下。

1）建立表单，通过"文件"→"新建"选项或用命令 CREATE FORM 打开表单设计器。修改表单各属性值，Name="smform"，Caption="成绩管理系统"；设置表格控件属性 Name = "Grid"，RecordSourceType="4"。将表单以 smform.scx 为文件名保存。

2）建立菜单，通过"文件"菜单下的"新建"命令或用命令 CREATE MENU 打开菜单设计器。选择"显示"→"常规选项"选项，勾选"顶层表单"复选框。

在菜单设计器中建立菜单项"课程成绩"和"退出"，在"课程成绩"的菜单项的结果列中选中"子菜单"，并单击"创建"按钮进入子菜单设计页面，在其中建立三个菜单项："大学英语"、"数学"、"普通话"。

在"大学英语"菜单项的结果列中选择"过程"，并单击"创建"按钮进入过程编辑窗口，添加此菜单项执行的命令。

```
smform.grid.recordsource="select 课程名称,学号,成绩 from 课程表,成绩表
where 课程表.课程号=成绩表.课程号 and 课程名称='大学英语'"
```

用同样的方法建立"数学"和"普通话"菜单项，并分别添加执行的命令。

```
smform.grid.recordsource="select 课程名称,学号,成绩 from 课程表,成绩表
where 课程表.课程号=成绩表.课程号 and 课程名称='数学'"
smform.grid.recordsource="select 课程名称,学号,成绩 from 课程表,成绩表
where 课程表.课程号=成绩表.课程号 and 课程名称='普通话'"
```

选择"菜单级"列表框中的"菜单栏"，返回上一级菜单，设置"退出"菜单项的结果列为"命令"，然后在右侧的文本框内输入命令"SMFORM.RELEASE"来关闭表单并返回到系统菜单。以 kcmenu 为文件名保存菜单，最后选择"菜单"→"生成"命令，生成 kcmenu.mpr 程序。

3）将表单 smform.scx 中的 ShowWindows 属性设置为 "2-作为顶层表单"，并在表单的 LOAD 事件中添加 "DO KCMENU.MPR WITH THIS,"KCM""，在 Destroy 事件中添加 "release menu kcm extended"。

4）保存表单，并运行各项功能。运行效果如图 9-12 所示。

图 9-12 表单运行效果图

9.3 快 捷 菜 单

快捷菜单是显示与特定项目相关的一列命令的菜单，即右击对象时出现的菜单，所以又称右键菜单。

对于一个应用程序来说，一个下拉式菜单的菜单系统列出了整个程序所具有的功能。而为了方便用户操作，通常需要利用快捷菜单来实现。快捷菜单从属于某个界面对象，当右击该对象时，就会在右击处弹出快捷菜单。快捷菜单通常列出与处理该对象有关的一些功能命令。

快捷菜单的创建方法类似下拉式菜单，如图 9-2 所示，单击"快捷菜单"后将进入快捷菜单设计器。利用系统提供的快捷菜单设计器可以方便地定义与设计快捷菜单。

与下拉式菜单不同的是，快捷菜单只有弹出式菜单，没有条形菜单。

利用快捷菜单设计器建立快捷菜单的方法和过程如下。

1）用与设计下拉式菜单相同的方法设计菜单项。并保存生成菜单程序文件。

2）在快捷菜单的"清理"代码中添加清除菜单的命令，使得在选择、执行菜单命令后能及时清除菜单，释放其所占的内存空间。命令为 RELEASE POPUPS <快捷菜单名> [EXTENDED]。

3）在表单设计器环境下，选定需要添加快捷菜单的对象。

4）在选定对象的 RightClick 事件代码中添加调用快捷菜单程序的命令：Do <快捷菜单程序文件名>。其中，文件扩展名.mpr 不能省略。

【例 9-3】 创建快捷菜单。

建立表单，表单文件名和表单控件名均为 myform。为表单建立快捷菜单 mymenu，快捷菜单中的选项为"变大"和"变小"；运行表单时，右击表单弹出快捷菜单，如图 9-13 所示，选择快捷菜单的变大或变小选项时，表单大小将缩放 10%。

操作步骤如下。

1）建立表单：在"文件"菜单中选择"新建"选项，在"新建"对话框中选择"表单"，单击"新建文件"按钮，将表单的 Name 属性改成"myform"，Caption 值改为"快捷菜单测试"，并以 myform 为文件名保存表单。

2）建立快捷菜单：在"文件"菜单中选择"新建"对话框中选择"菜单"，单击"新建文件"按钮，选择"快捷菜单"，在菜单设计器中输入两个菜单项"变大"和"变小"，并分别在"变大"过程选项中输入以下代码。

```
myform.width = myform.width + myform.width * 0.1
myform.height = myform.height + myform.height * 0.1
```

在"变小"过程选项中输入：

```
myform.width = myform.width - myform.width * 0.1
myform.height = myform.height - myform. height * 0.1
```

选择"菜单"→"生成"选项，按提示保存为 mymenu，并生成菜单程序文件。

3）在表单中调用快捷菜单：双击表单 myform 的空白处，打开代码窗口。在过程中选择 RightClick，输入代码：do mymenu.mpr。

图 9-13　快捷菜单效果图

习 题 9

一、选择题

1. 在 VFP 中，扩展名为.mnx 的文件是（　　）。

　　A. 备注文件　　　　B. 项目文件　　　　C. 表单文件　　　　D. 菜单文件

2. 在 VFP 中，要运行菜单文件 menu.mpr，可以使用命令（　　）。

　　A. Do menu　　　　　　　　　　B. Do menu.mpr

　　C. Do MENU menu　　　　　　　D. Run menu.mpr

3. 以下是与设置系统菜单有关的命令，其中错误的是（　　）。

　　A. SET SYSMENU NOSAVE　　　　B. SET SYSMENU DEFAULT

C．SET SYSMENU TO DEFAULT D．SET SYSMENU SAVE

4．菜单设计中，在定义菜单名称时为菜单项指定一个访问键。规定菜单项的访问键为"x"的菜单名称定义为（ ）。

  A．成绩查询(\\<x)   B．成绩查询\\<(x)

  C．成绩查询\\(<x)   D．成绩查询(/<x)

5．为顶层表单添加菜单时，如果在表单的 Init 事件代码中加入的命令是"Do mymenu.mpr with this, "aaa""，那么在 Destroy 事件代码中应写入的命令是（ ）。

  A．RELEASE MENU aaa extended   B．thisform.release

  C．RELEASE mymenu aaa extended   D．RELEASE mymenu.mpr

6．为表单定义了快捷菜单 mymenu，调用命令代码为 do mymenu.mpr with this。此代码应当放在表单的（ ）中。

  A．Destroy 事件   B．Init 事件

  C．Load 事件   D．RightClick 事件

二、填空题

1．典型的菜单系统一般是一个下拉式菜单，下拉式菜单通常由一个_____和一组_____组成。

2．要为表单设计下拉式菜单，首先需要在_____对话框中勾选"顶层表单"复选框；其次要将表单的_____属性值设置为 2，最后需要在表单的_____事件代码中设置调用菜单程序的命令。

3．要将一个弹出式菜单作为某个控件的快捷菜单，通常是在该控件的_____事件代码中添加调用命令。

4．菜单文件的扩展名是_____。

5．恢复系统默认菜单的命令是_____。

第10章 报表设计与应用

报表是最实用的打印文档，它为显示并总结数据提供了灵活的途径，因此，报表设计是应用程序开发的一个重要组成部分。本章具体介绍各种报表的创建和设计方法。

10.1 创 建 报 表

报表主要包括两部分内容：数据源和布局。数据源是报表的数据来源，通常是数据库中的表或自由表，也可以是视图、查询、临时表。视图和查询是对数据库中的数据进行筛选、排序、分组，在定义了一个表、视图或查询之后，便可以创建报表。

创建报表的方法如下。

1）使用报表向导创建报表。

2）使用快速报表创建简单的报表。

3）使用报表设计器创建定制的报表。

10.1.1 创建报表文件

设计报表就是根据报表的数据源和应用需要来设计报表的布局。

1. 报表的布局

在创建报表之前，应先确定所需报表的常规格式。报表的布局必须满足专用纸张的要求。表 10-1 所示为常规布局的说明以及其一般用途。

表 10-1 报表常规布局类型

布局类型	说明	示例
列报表	每个字段一列，字段名在页面上方，字段与其数据在同一列，每行一条记录	分组/总计报表，财务报表，存货清单、销售总结
行报表	每个字段一行，字段名在数据左侧，字段与其数据在同一行	列表、清单
一对多报表	一条记录或一对多关系，其内容包括父表的记录及其相关子表的记录	发票、会计报表
多栏报表	每条记录的字段沿分栏的左边缘竖直放置	电话号码簿、名片

2. 使用报表向导创建报表

使用报表向导首先应打开报表的数据源。数据源可以是数据库表或自由表，也可以是视图或临时表。用户按照"报表向导"对话框的提示进行操作即可创建所需报表。例如，指定字段、报表布局等。

启动报表向导有以下四种途径。

1）打开"项目管理器"，切换到"文档"选项卡，从中选择"报表"选项，然后单击"新建"按钮,在弹出的"新建报表"对话框中单击"报表向导"按钮,如图 10-1(a)所示。

2)选择"文件"→"新建"选项,或者单击工具栏中的"新建"按钮,弹出"新建报表"对话框,在文件类型栏中选择报表,然后单击向导按钮。

3)选择"工具"→"向导"→"报表"选项,如图 10-1(b)所示。

4)单击工具栏中的"报表向导"图标按钮,如图 10-1(c)所示。

(a)"新建报表"对话框　　　　　(b)选择"报表"选项　　　　　(c)"报表"按钮

图 10-1　启动报表向导

报表向导启动时,首先弹出"向导选取"对话框,如图 10-2 所示。如果数据源只来自一个表,应选择"报表向导",如果数据源包括父表和子表,则应选择"一对多报表向导"。

【例 10-1】　使用"工具"菜单打开"报表向导",对自由表"学生表.dbf"创建报表。

首先打开自由表"学生.dbf",以该自由表作为报表的数据源。

选择"工具"→"向导"→"报表"选项,弹出"向导选取"对话框。因本例中数据源是一个表,所以选择"报表向导"。

图 10-2　"向导选取"对话框

报表向导共有六个步骤,先后弹出六个对话框。

1)字段选取,如图 10-3(a)所示。此步骤用来指定出现在报表中的字段。

在"数据库和表"列表框中选择"自由表","可用字段"列表框中会自动出现表中的所有字段。选中字段名之后单击左箭头按钮,或者直接双击字段名,该字段就会移动到"选定字段"列表框中。单击双箭头,则全部移动。本例选定所有字段。

2)分组记录,如图 10-3(b)所示。此步骤确定数据分组方式。必须注意,只有按照分组字段建立索引之后才能正确分组。最多可建立三层分组。先易后难,本例目前没有指定分组选项。

3)选择报表样式,如图 10-4(a)所示。本例选择"经营式"的样式。

4)定义报表布局,如图 10-4(b)所示。该步骤确定报表的布局,本例选择纵向单列的列表布局。

5)排列记录,如图 10-5(a)所示。确定记录在报表中出现的顺序,排列字段必须已经建立索引，本例指定按"学号"排序。

　　6）完成，如图 10-5（b）所示。可以选择"保存"、"保存并在报表设计器中修改"或"保存并打印"报表。

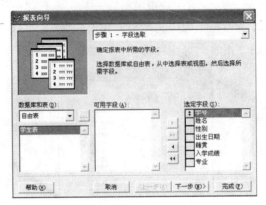

（a）字段选取

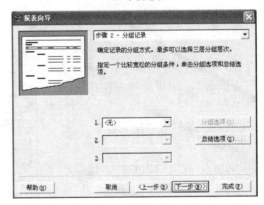

（b）分组记录

图 10-3　报表向导步骤 1～2

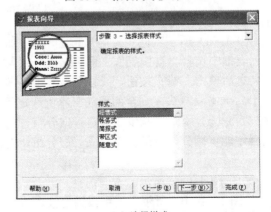

（a）选择样式

图 10-4　报表向导步骤 3～4

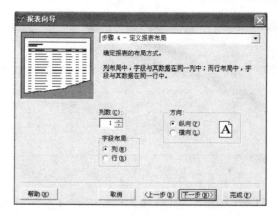

（b）定义布局

图 10-4　报表向导步骤 3～4（续）

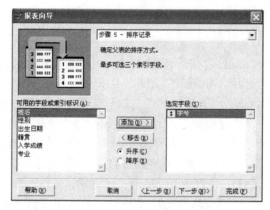

（a）排序

（b）完成

图 10-5　报表向导步骤 5～6

　　为了查看所有生成报表的情况，通常先单击"预览"按钮，查看一下效果。本例的预览效果如图 10-6 所示。

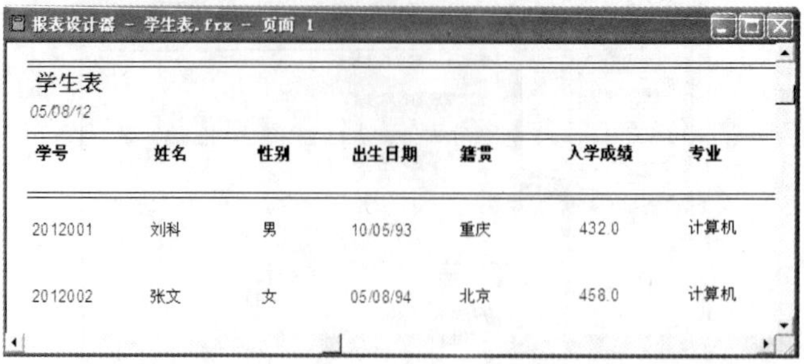

图 10-6 预览报表

最后单击"报表向导"中的"完成"按钮，弹出"另存为"对话框，用户可以指定报表文件的保存位置和名称，将报表保存为扩展名为.frx 的报表文件，如"学生表.frx"。

通常情况下，直接使用向导所获得的结果并不一定能满足要求，往往需要使用设计器来进一步修改。

3. 使用报表设计器创建报表

报表设计器允许用户通过直观的操作来设计报表，或者修改报表。直接调用报表设计器创建的报表是一个空白报表，如图 10-7 所示。可以使用下面三种方法来调用报表设计器。

1）在"项目管理器"窗口中切换到"文档"选项卡，选择"报表"。然后单击"新建"按钮，再在弹出的"新建报表"对话框中单击"新建报表"按钮。

2）选择"文件"→"新建"选项，或者单击工具栏中的"新建"按钮，弹出"新建"对话框。选择"报表"文件类型，然后单击"新建文件"按钮。系统将打开报表设计器。

3）使用命令：CREATE REPORT [<报表文件名>]

如果省略报表文件名，系统将自动赋予一个暂定名称，如"报表 1"等。

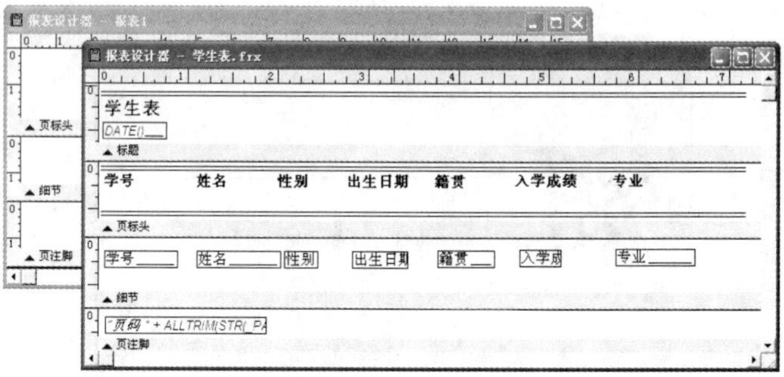

图 10-7 "报表设计器"窗口

关于"报表设计器"的具体使用方法，将在 10.2 节中详细介绍。

4. 创建快速报表

使用系统提供的"快速报表"功能也可以创建一个格式简单的报表。

【例 10-2】 为自由表"课程表.dbf"创建一个快速报表。

1）单击工具栏中的"新建"按钮，选择"报表"文件类型，单击"新建文件"按钮，打开"报表设计器"窗口，出现一个空白报表。

2）打开"报表设计器"窗口后，在主菜单栏中将显示"报表"菜单，从中选择"快速报表"选项。因为事先没有打开数据源，系统会弹出"打开"对话框，选择数据源"课程表.dbf"。

3）系统弹出"快速报表"对话框。在该对话框中选择字段布局、标题和字段。

4）单击"确定"按钮，快速报表便显示在"报表设计器"窗口中，如图 10-8（a）所示。

5）单击工具栏中的"打印预览"按钮，或者选择"显示"→"预览"选项，打开快速报表的预览窗口，如图 10-8（b）所示。

6）单击工具栏中的"保存"按钮，将该报表保存为"课程表.frx"。

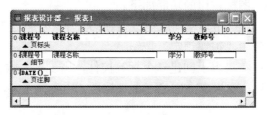

（a）显示快捷报表

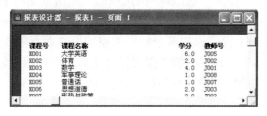

（b）预览窗口

图 10-8　生成"快速报表"

10.1.2　报表工具栏

与报表设计有关的工具栏主要包括两个："报表设计器"工具栏和"报表控件"工具栏。要想显示或隐藏工具栏，可以选择"显示"→"工具栏"选项，在弹出的"工具栏"对话框中选择或清除相应的工具栏。

1. "报表设计器"工具栏

当打开"报表设计器"时，主窗口中会自动出现"报表设计器"工具栏，如图 10-9（a）所示。此工具栏上的各个图标按钮的功能如下。

1）"数据分组"按钮：弹出"数据分组"对话框，用于创建数据分组及指定其属性。

2）"数据环境"按钮：打开报表的"数据环境设计器"窗口。有关"数据环境"的设置，将在下一节中详细介绍。

3）"报表控件工具栏"按钮：显示或关闭"报表控件"工具栏。

4）"调色板工具栏"按钮：显示或关闭"调色板"工具栏。

5）"布局工具栏"按钮：显示或关闭"布局"工具栏。

在设计报表时，利用"报表设计器"工具栏中的按钮可以方便操作。

（a）"报表设计器"工具栏　　　　　　　　　　　　（b）"报表控件"工具栏

图 10-9　"报表设计器"工具栏和"报表控件"工具栏

2. "报表控件"工具栏

在打开"报表设计器"窗口的同时也会打开如图 10-9（b）所示的"报表控件"工具栏。该工具栏中各个图标按钮的功能如下。

1）"选定对象"按钮：用来移动或更改控件的大小。在创建一个控件后，系统将自动选中该按钮，除非选中"按钮锁定"按钮。

2）"标签"按钮：在报表上创建一个标签控件，用于输入数据记录之外的信息。

3）"域控件"按钮：在报表上创建一个域控件，用于显示字段、内存变量或其他表达式的内容。

4）"线条"按钮、"矩形"按钮和"圆角矩形"按钮分别用于绘制相应的图形。

5）"图片/ActiveX 绑定控件"按钮：用于显示图片或通用型字段的内容。

6）"按钮锁定"按钮：允许添加多个相同类型的控件而不需要多次选中该控件按钮。

单击"报表设计器"工具栏上的"报表控件工具栏"按钮可以随时显示或关闭该工具栏。以上工具在后续的报表设计时将陆续用到。

10.2　设　计　报　表

快速报表文件生成之后，往往需要进一步改进报表设计。打开文件时，报表类型文件将在报表设计器中打开。也可以使用"MODIFY REPORT<报表文件名>"命令来打开报表。在报表设计器中可以设置报表数据源、更改报表的布局、添加报表的控件和设计数据分组等。

10.2.1　报表的数据源和布局

1. 设置报表数据源

"数据环境设计器"窗口中已有的数据源将在每一次运行报表时被打开，而不必以手动方式打开。前面用报表向导和创建快速报表的方法建立报表文件时，已经指定了相关的表作为数据源。当利用报表设计器创建一个空报表，并直接设计报表时才需要指定数据源。下面通过例 10-3 来说明把数据源添加到报表的数据环境中的操作步骤。

数据环境通过下列方式管理报表的数据源：打开或运行报表时打开表或视图；基于相关表或视图收集报表所需数据集合；关闭或释放报表时关闭表。

【例 10-3】　为一个空白报表添加数据源。

1）打开"报表设计器"生成一个空白报表，从"报表设计器"工具栏中单击"数据环境"按钮，或者选择"显示"→"数据环境"选项，或者右击"报表设计器"窗口的任何位置，在弹出的快捷菜单中选择"数据环境"选项，系统打开"数据环境设计器"窗口。

2）打开"数据环境设计器"窗口后，主菜单栏中将显示"数据环境"菜单，从中选择"添加"选项，或者右击"数据环境设计器"窗口，在弹出的快捷菜单中选择"添加"选项，系统将弹出"添加表或视图"对话框，如图 10-10（a）所示。

3）在"添加表或视图"对话框中选择作为数据源的表或视图，本例打开"成绩管理"数据库，从中选择"成绩表"和"学生表"，如图 10-10（b）所示。设置完毕后单击"关闭"按钮。

　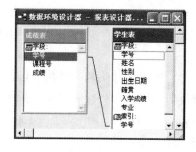

（a）"添加表或视图"对话框　　　　　　　（b）添加"成绩表"和"学生表"

图 10-10　向"数据环境设计器"添加数据源

如果报表并不固定地使用同一个数据源，例如，在每次运行报表时才能确定要使用的数据源，则不必把数据源直接放在报表的"数据环境设计器"窗口中，而是在使用报表时由用户先做出选择。例如设计一个包含若干个按钮的对话框，在每一个按钮的 Click 事件过程中设置打开表或视图的命令或其他产生所需数据源的命令，如运行一个查询、使用 SELECT 语句等。

2. 设计报表布局

在报表设计器中，报表包括若干个带区。带区的作用主要是控制数据在页面上的打印位置。表 10-2 所示为报表的常用带区及其使用情况。

表 10-2　报表的常用带区及其使用情况

带区	作用
标题	在每张报表开头打印一张或单独占用一页，如报表名称
页标头	在每一页上打印一次，例如列报表的字段名称
细节	为每条记录打印一次，例如各记录的字段值
页注脚	在每一页的下面打印一次，例如页码和日期
总结	在每张报表的最后一页打印一次或单独占用一页

续表

带区	作用
组标头	在数据分组时，每组打印一次
组注脚	在数据分组时，每组打印一次
列标头	在分栏报表中每列打印一次
列注脚	在分栏报表中每列打印一次

　　页标头、细节和页注脚这三个带区是快速报表默认的基本带区。设置其他带区的操作方法如下。

　　（1）设置标题或总结带区

　　选择"报表"→"标题/总结"选项，系统将弹出如图 10-11（a）所示的"标题/总结"对话框。在该对话框中勾选"标题带区"复选框，则在报表中添加一个标题带区。系统将自动把标题带区放在报表的顶部。若勾选报表标题区域的"新页"复选框，则标题内容会单独打印一页。

　　若勾选"总结带区"复选框，则在报表中添加一个总结带区。系统将自动把总结带区放在报表的尾部。若勾选"报表总结"区域的"新页"复选框，则总结内容会单独打印一页。

　　（2）设置列标头和列注脚带区

　　设置列标题和列注脚带区可用于创建多栏报表。选择"文件"→"页面设置"选项，弹出如图 10-11（b）所示的"页面设置"对话框。关于设计多栏报表的方法将在 10.3.2节中详细介绍。

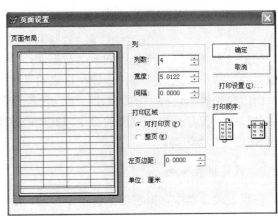

（a）"标题/总结"对话框　　　　　　　　　　（b）"页面设置"对话框

图 10-11　"标题/总结"对话框和"页面设置"对话框

　　（3）设置组标头和组注脚带区

　　选择"报表"→"数据分组"选项，或者单击"报表设计器"工具栏中的"数据分组"按钮，弹出如图 10-12（a）所示的"数据分组"对话框。单击右侧的省略号按钮，弹出"表达式生成器"对话框，如图 10-12（b）所示。从中选择分组表达式，如"学生表.籍贯"。在报表设计器中可以添加一个或多个组标头和组注脚带区。带区的数目取决于分组表达式的数目。关于报表的数据分组将在 10.3.1 节设计分组报表中详述。

（a）"数据分组"对话框　　　　　　　（b）"表达式生成器"对话框

图 10-12　设置"数据分组"

3．调整带区高度

调整带区高度的方法之一是用鼠标选中某一带区标识栏，然后上下拖动该带区。另一种方法是双击需要调整高度的带区的标识栏，系统将弹出一个对话框。例如，双击标题带区或者页标头带区的标识栏，系统将弹出相应的"标题"或"页标头"对话框，如图 10-13 所示。

勾选"带区高度保持不变"复选框可以防止带区由于容纳过长的数据或者从其中移去数据而移动位置。

图 10-13　带区设置对话框

在各个带区对话框中还可以设置两个表达式：入口处运行表达式和出口处运行表达式。若设置入口处表达式，系统将在打印该带区内容前计算表达式；若设置出口处表达式，系统将在打印该带区内容之后计算表达式。

10.2.2　在报表中使用控件

在"报表设计器"中为报表新设置的带区是空白的，只有在报表中添加相应的控件，才能把要打印的内容设置进去。

1. 标签控件

（1）插入标签

在"报表控件"工具栏中单击"标签"按钮，然后在报表指定位置上单击，便出现一个插入点，即可在当前位置上输入文本。

（2）更改字体

选定要更改的控件。选择"格式"→"字体"选项，此时弹出"文字"对话框，选择适当的字体和磅值，然后单击"确定"按钮即可。

选择"报表"→"默认字体"选项，在弹出的"字体"对话框内选择字体和磅值作为默认值。改变默认字体后，新插入的控件会显示新设置的字体。

2. 线条、矩形和圆角矩形

（1）添加线条控件

在"报表控件"工具栏中单击"线条"按钮、"矩形"按钮或"圆角矩形"按钮，然后在报表的带区中拖曳光标将分别生成线条、矩形或圆角矩形控件。

（2）更改样式

选中要更改的直线、矩形或圆角矩形，选择"格式"→"绘图笔"选项，再从子菜单中选择适当的大小和样式即可。

双击圆角矩形控件，在弹出的"圆角矩形"对话框中可以选择圆角等样式。

（3）调整控件

先选中控件，然后拖动控件四周的某个点可以改变控件的大小。标签的大小由字型、字体及磅值决定。

选中控件后，可以对控件进行复制，或者删除。

（4）同时选择多个控件

同时选择多个控件有两种方法，一种方法是先选中一个控件后，按住 Shift 键再依次选中其他控件；另一种方法是圈选，拖动鼠标会出现选择框，圈选要选择的控件即可。

同时选择多个控件后，它们可以作为一组内容来移动、复制、设置或删除。

（5）设置控件布局

利用"布局"工具栏中的按钮可以方便地调整报表设计器中被选控件的相对大小或位置。"布局"工具栏可以通过单击"报表设计器"工具栏上的"布局"按钮，或者选择"显示"→"布局工具栏"选项打开或关闭。

"布局"工具栏如图 10-14 所示，其中共有 13 个按钮，它们的功能如表 10-3 所示。

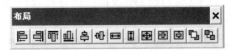

图 10-14 "布局"工具栏

表 10-3 "布局"工具栏中各按钮的功能

作用	按钮	功能
与"格式"→"对齐"选项相同	左边对齐、右边对齐	使选定控件向其中最左边/右边的控件左侧/右侧对齐
	顶边对齐、底边对齐	使选定控件向其中最顶端/下端控件的顶边/底边对齐
	垂直居中对齐	使选定控件的中心处在一条垂直轴上
	水平居中对齐	使选定控件的中心处在一条水平轴上
	水平居中、垂直居中	使选定控件的中心处在区带水平/垂直方向的中间位置
与"格式"→"对齐"选项相同	相同宽度	将选定控件的宽度调整到与其中最宽控件相同
	相同高度	将选定控件的高度调整到与其中最高控件相同
	相同大小	使选定控件具有相同的大小
同"格式"菜单选项	置前	将选定控件移动至其他控件的最上层
	置后	将选定控件移动至其他控件的最下层

表 10-3 所示为"布局"工具栏中各个按钮的默认功能,当调整一组控件的大小和方向时,可以先精心调整一个控件,然后同时选中一组控件,单击已调整好的控件,再按住 Ctrl 键,并单击"相同大小"等工具按钮,便可以快速地使这组控件具有整齐一致的外观。

3. 域控件

域控件用于打印表或视图中的字段、变量和表达式的计算结果。

【例 10-4】 为报表"学生表.frx"添加域控件求平均入学成绩,并定义控件格式。

1) 打开报表文件"学生表.frx",单击报表控件中的"标签"按钮,在细节带区添加内容为"入学平均成绩:"的标签。

2) 添加域控件,一种方法是右击报表,在弹出的快捷菜单中选择"数据环境"选项,打开报表的"数据环境设计器"窗口,将"学生表"中的"入学成绩"字段拖曳到报表的细节带区。

另一种方法是,单击报表控件中的"域控件"按钮,然后单击细节带区,弹出如图 10-15(a)所示的"报表表达式"对话框,在"表达式"文本框中输入字段名"学生表.入学成绩",或单击右侧的省略号按钮,弹出如图 10-15(b)所示的"表达式生成器"对话框。在"字段"列表框中双击"学生表.入学成绩",表名和字段名将出现在"表达式"文本框内。

3) 计算设置,单击"报表表达式"对话框中的"计算"按钮,弹出如图 10-15(c)所示的"计算字段"对话框,"重置"选择"页尾",并选中"平均值",然后单击"确定"按钮。

4) 格式设置,单击"格式"文本框右侧的省略号按钮,弹出如图 10-16 所示的"格式"对话框。选择域控件类型为数值型,"格式"文本框直接输入 999.9,与报表中"入学成绩"域控件格式相同。表 10-4 所示为三种类型的全部选项的具体含义。

（a）"报表表达式"对话框

（b）"表达式生成器"对话框　　　　　　　　（c）"计算字段"对话框

图 10-15　报表表达式

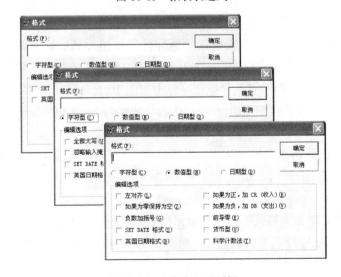

图 10-16　"格式"对话框

表 10-4　编辑选项及其含义

类型	编辑选项	含义
字符型	全部大写	将所有的字符转化为大写
	忽略输入掩码	显示但不存储不符合格式的字符
	SET DATE 格式	使用 SET DATE 定义的格式显示日期数据
	英国日期格式	使用欧洲(英国)日期格式显示日期数据
	左对齐	从选定控件位置的最左端开始显示字符
	右对齐	从选定控件位置的最右端开始显示字符
	居中对齐	将字符放在中央
数值型	左对齐	从选定控件位置的最左端开始显示数值
	如果为零保持为空	如果控件输出为零则不打印
	负数加括号	将负数放在括号内
	SET DATE 格式	使用 SET DATE 定义的格式显示日期数据
	英国日期格式	使用欧洲(英国)日期格式显示日期数据
	如果为正，加 CR	在正数后显示 CR(贷方)
	如果为负，加 DB	在负数后显示 DB(借方)
	前导零	打印全部的前导零
	货币型	按"选项"对话框的"区域"选项卡中指定格式显示货币格式
	科学计算法	以科学计算法显示数据(当数值很大或很小时使用)
日期型	SET DATE 格式	使用 SET DATE 定义的格式显示日期数据
	英国日期格式	使用欧洲(英国)日期格式显示日期数据

5）完成后，预览效果如图 10-17 所示。

图 10-17　例 10-4 预览效果

4. OLE 对象

在开发应用程序时，常用到对象链接与嵌入（OLE）技术。一个 OLE 对象可以是图片、声音、文档等。

插入 OLE 对象，一般主要是图片。单击"报表控件"工具栏中的"图片/ActiveX 绑定控件"按钮，在报表的一个带区内单击并拖动鼠标拉出图文框，弹出如图 10-18 所示的"报表图片"对话框。来自文件的图片是静态的，它不随着每条记录或每组记录的变化而更改。如果想根据记录更改显示，则应当插入通用型字段。可以根据实际需要调整图片的尺寸和位置。

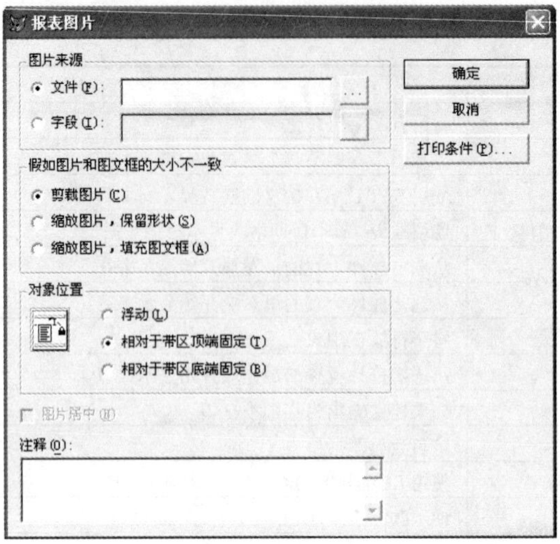

图 10-18 "报表图片"对话框

10.3 数据分组和多栏报表

在实际应用中,常需要把具有某种相同信息的数据打印在一起,使报表更易于阅读。数据分组能够分隔每一组记录和为分组添加介绍性文字和小结数据。例如,要将学生表中具有相同专业,或同一籍贯的学生信息打印在一起,就应当根据"专业"或"籍贯"字段为数据进行分组。

10.3.1 设计分组报表

在一个报表中可以设置一个或多个数据分组,组的分隔基于分组表达式。这个表达式通常由一个或一个以上的字段组成。对报表进行数据分组时,报表会自动包含组标头和组注脚带区。

【**例 10-5**】 将例 10-1 中的"学生表.frx"文件修改成按"专业"分组的报表。

为了正确处理数据分组数据,必须事先对报表文件建立"学生表.frx"的数据源"学生表.dbf"建立以"专业"字段为关键字的索引。

1)打开报表文件。单击工具栏中的"打开"按钮,在"文件类型"下拉列表框中选择"报表",双击"学生表.frx",在"报表设计器"中打开在例 10-1 中设计的报表。

2)添加数据分组。右击报表设计器,在弹出的快捷菜单中选择"数据分组"选项,弹出"数据分组"对话框。

单击第一个"分组表达式"框右侧的省略号按钮,在弹出的"表达式生成器"对话框中选择"专业"作为分组的依据。单击"确定"按钮,"报表设计器"中即添加了"组标头 1:专业"和"组注脚 1:专业"两个带区。

3)添加控件。把"专业"字段域控件从细节带区移动到"组标头 1:专业"带区的最左面，把"页标头"带区的"专业"字段名标签控件移动到该带区的最左面。相应地向右移动"页标头"带区的其他标签控件和细节带区的其他域控件，使它们分别上下对齐，并具有相同的高度。把"页标头"带区的细线复制一条到"组注脚1：专业"带区，调整好位置。

4）设置当前索引：单击"报表设计器"工具栏中的"数据环境"按钮，打开"数据环境设计器"并右击，在弹出的快捷菜单中选择"属性"选项，打开"属性"窗口。确认"对象"框中为"Cursor1"，在"数据"选项卡中选定"Order"属性，从索引列表中选定"专业"。

5）单击工具栏中的"打印预览"按钮，预览效果如图 10-19 所示。

图 10-19 预览分组报表

6）单击工具栏中的"保存"按钮，保存对"学生表.frx"文件所做的修改。

【例 10-6】 将例 10-5 中的"学生表.frx"文件修改成按"专业"和"籍贯"分组的二级分组报表。

为了正确处理分组数据，必须事先对报表文件"学生表.frx"的数据源"学生表.dbf"建立以索引表达式"专业+籍贯"为索引键的索引，索引名称为"专业籍贯"。

1）打开报表文件：单击工具栏中的"打开"按钮，弹出"打开"对话框，在"文件类型"下拉列表中选择报表，双击"学生表.frx"，在"报表设计器"中打开在例 10-5 中设计的报表。

2）添加数据分组：右击"报表设计器"，在弹出的快捷菜单中选择"数据分组"选项，弹出"数据分组"对话框。

单击第二个"分组表达式"框右侧的省略号按钮，在弹出的"表达式生成器"对话框中选择"籍贯"作为分组的依据。单击"确定"按钮，"报表设计器"中即添加了"组标头2：籍贯"和"组注脚2：籍贯"两个带区。

3）修改和添加控件：把"籍贯"字段域控件从细节带区移动到"组标头2：籍贯"带区水平位置"专业"域控件后面，把"页标头"带区的"籍贯"字段名标签控件移动到"专业"字段名标签控件后面。相应地向右移动"页标头"带区的其他标签控件和细节带区的其他域控件，使它们分别上下对齐，并具有相同的高度，如图 10-20 所示。

把"页标头"带区的细线复制一条到"组注脚 2：籍贯"带区，更改为点线，调整好大小及位置。

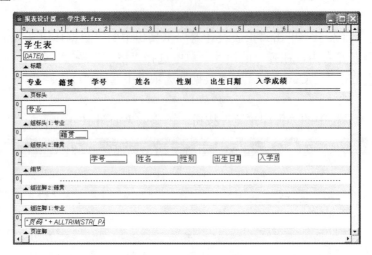

图 10-20　设计二级分组报表

4）设置当前索引。单击"报表设计器"工具栏中的"数据环境"按钮，打开"数据环境设计器"。右击，在弹出的快捷菜单中选择"属性"，打开"属性"窗口。确认对象框中为"Cursor1"，在"数据"选项卡中选定"Order"属性，从索引列表中选定"专业籍贯"。

5）单击工具栏中的"打印预览"按钮，预览效果如图 10-21 所示。

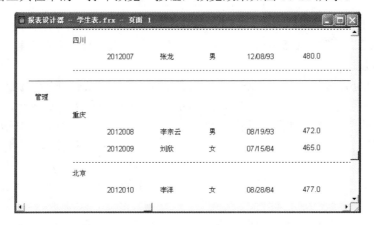

图 10-21　预览二级分组报表

10.3.2　设计多栏报表

多栏报表是一种分为多个栏目打印输出的报表。如果打印内容较少，横向只占用部分页面，设计成多栏报表比较合适。

【例 10-7】 以"教师表.dbf"为数据源，设计一个教师工资多栏报表。

1）生成空白报表。单击工具栏中的"新建"按钮，选择"报表"文件类型，单击"新建文件"按钮。

2）设置多栏报表。选择"文件"→"页面设置"选项，弹出如图 10-22 所示的"页面设置"对话框，在该对话框中把"列数"微调器的值设置为"3"。在报表设计器中将添加占页面三分之一的一对"列标头"带区和"列注脚"带区。

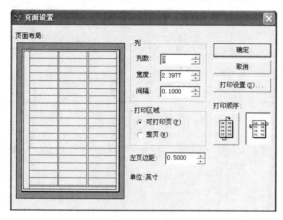

图 10-22 "页面设置"对话框

3）设置打印顺序。在"页面设置"对话框中单击"自左向右"打印顺序按钮，单击"确定"按钮，关闭对话框。

4）设置数据源。在"报表设计器"工具栏上单击"数据环境"按钮，打开"数据环境设计器"窗口。右击，在弹出的快捷菜单中选择"添加"选项，添加表"教师表.dbf"作为数据源。

5）添加控件。在"数据环境设计器"中分别选择"教师表"中的"姓名"、"性别"、"职称"和"基本工资"四个字段，将它们拖动到报表设计器的"细节"带区，自动生成字段域控件。调整它们的位置，使之分两行排列，注意不要超过带区的宽度。

在"细节"带区底部添加一条细线，并更改为点线，在"标题"带区设置标签"教师工资表"及"日期"域控件，最终设计如图 10-23 所示。

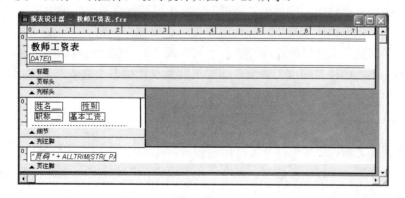

图 10-23 设计多栏报表

6）预览效果。单击工具栏中的"打印预览"按钮，预览效果如图 10-24 所示。

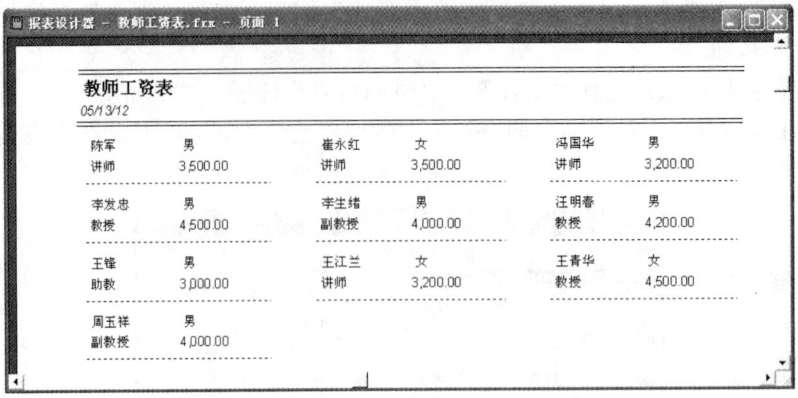

图 10-24　预览多栏报表

7）保存。单击工具栏中的"保存"按钮，保存为"教师工资表.frx"。

10.3.3　报表输出

设计报表的最终目的是要按照一定的格式输出符合要求的数据。报表文件的扩展名为.frx，该文件存储报表设计的详细说明。每个报表文件还带有与文件名相同、扩展名为.frt 的相关文件。在报表文件中并不存储每个数据字段的值，仅存储数据源的位置和格式信息。

1. 设置报表的页面

选择"文件"→"页面设置"选项，弹出"页面设置"对话框，在此可以设置"左页边距"。

在"页面设置"对话框中，单击"打印设置"按钮，弹出"打印设置"对话框，可以设置纸张大小和纸张方向。

2. 预览报表

为确保报表正确输出，应使用"预览"功能在屏幕上查看最终的页面设计是否符合设计要求。在"报表设计器"中，任何时候都可以使用"预览"功能查看打印效果。

在"打印预览"工具栏中，选择"上一页"或"下一页"可以切换页面。若要更改报表图像的大小，选择"缩放"列表。想要返回到设计状态，单击"关闭预览"按钮，或者直接关闭预览窗口即可。

3. 打印输出报表

在打印报表之前，通常先打开要打印的报表，再单击常用工具栏上的"运行"按钮，或者选择"文件"→"打印"选项，或在"报表设计器"中右击，在弹出的快捷菜单中选择"打印"选项，系统将弹出"打印"对话框。

如果直接单击常用工具栏上的"打印"按钮，系统并不弹出"打印"对话框，而直接将报表送往 Windows 的打印管理器。

　　在"命令"窗口或程序中使用"REPORT FORM <报表文件名> [PREVIEW]"命令也可以打印或预览指定的报表。

习　题　10

一、选择题

　　1．在"报表设计器"中，要添加标题或其他说明文字，应使用的控件是（　　）。

　　　　A．标签　　　　　　B．文本框　　　　　　C．列表框　　　　　　D．域控件

　　2．在创建快速报表时，基本带区包括（　　）。

　　　　A．标题、细节和总结　　　　　　　　B．报表标题、细节和页注脚

　　　　C．页标头、细节和页注脚　　　　　　D．组标头、细节和组注脚

　　3．下面关于报表的数据源的叙述最完整的是（　　）。

　　　　A．自由表或其他表　　　　　　　　　B．数据库表、自由表或视图

　　　　C．数据库表、自由表或查询　　　　　D．表、查询或视图

　　4．下列选项不属于报表中域控件的数据类型的是（　　）。

　　　　A．数值型　　　　　B．日期型　　　　　C．备注型　　　　　D．字符型

　　5．如果要创建一个 3 级分组报表，第 1 个分组表达式是"系"，第 2 个分组表达式是"年级"，第 3 个分组表达式是"平均成绩"，则当前索引的索引关键字表达式应该是（　　）。

　　　　A．年级+系+STR（平均成绩）　　　　B．系+年级+STR（平均成绩）

　　　　C．系+年级+平均成绩　　　　　　　　D．STR（平均成绩）+年级+系

　　6．报表的布局为行报表、列报表和（　　）。

　　　　A．一对多报表　　　　　　　　　　　B．多列报表

　　　　C．标签报表　　　　　　　　　　　　D．以上三者都包括

二、填空题

　　1．报表由＿＿＿＿和＿＿＿＿两个基本部分组成。

　　2．如果已对报表进行了数据分组，报表会自动包含＿＿＿＿或＿＿＿＿的内容。

　　3．使用"快速报表"创建报表，仅需＿＿＿＿和设定报表布局。

　　4．第一次启动报表设计器时，报表布局中只有三个带区，它们是＿＿＿＿、＿＿＿＿和页注脚。

　　5．多栏报表的栏目数可以通过＿＿＿＿来设置。

　　6．利用一对多报表向导创建的一对多报表，将来自两个表中的数据分开显示，父表中的数据显示在＿＿＿＿带区，而子表中的数据显示在细节带区。

7．报表中的域控件用于打印字段、_____和_____。

8．对报表进行数据分组时，报表会自动包含_____和组注脚带区。

三、上机题

1．以"成绩管理"数据库中的"学生表"和"成绩表"为数据源，设计一个如图 10-25 所示的学生成绩统计表。

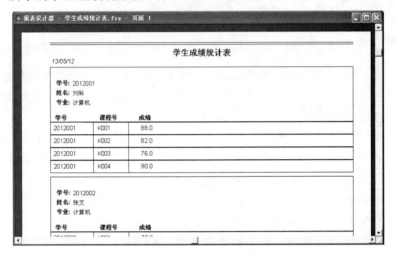

图 10-25　学生成绩统计表

2．以"成绩管理"数据库中的"教师表"为数据源，设计一个如图 10-26 所示的教师一览表。该报表是一个二级分组报表，并且在报表的"组注脚 2：职称"带区中添加了一个标签。

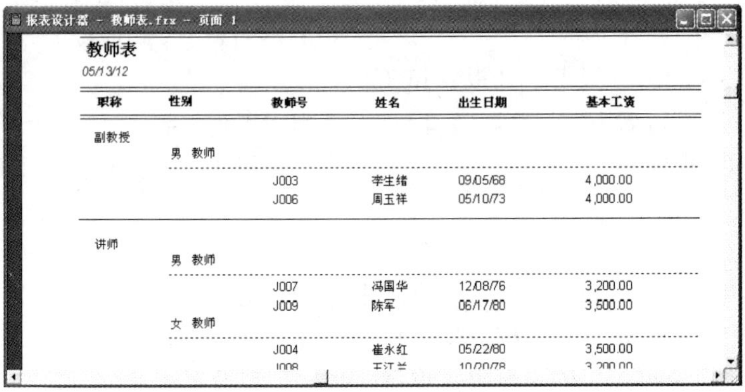

图 10-26　教师一览表

第 11 章　应用程序开发

VFP 的最终目的是开发数据库应用系统。本章把设计好的数据库、表单、报表、菜单等分离的应用系统组件在项目管理器中连编成一个完整的应用程序，最终编译成一个扩展名为.app 的应用文件或扩展名为.exe 的可执行文件。其开发应用程序的主要步骤如下。

1）创建应用系统目录结构。

一个应用系统往往包括很多个文件，开发应用系统时，应把这些文件分别存放到不同的子文件夹中。利用 VFP 的向导创建项目时，VFP 可自动为项目生成一个项目子文件夹，子文件夹包括 data、forms、graphics、help、include、libs、menu、progs、reports 等，分别用于保存不同类型的文件。

2）在项目管理器中组织应用系统。

3）在项目信息窗口中输入项目基本信息，如作者姓名、单位、地址、城市、省份、国家/地区、邮政编码，是否加密等。

4）利用"应用程序向导"和"应用程序生成器"简化应用系统开发。

5）编写主程序、环境设置程序、退出程序、欢迎界面、注册界面、主界面、各模块功能界面以及报表等。主程序的任务一般包括设置应用程序的起点、初始化环境、显示初始化界面、控制事件循环（READ EVENTS）。退出程序的任务一般包括恢复原始开发环境、退出事件循环（CLEAR EVENTS）等。

6）连编项目。

7）连编应用程序（app、exe 或 com dll）。

11.1　调　试　器

在开发应用程序时，为了保证应用程序的正确性和合理性，需要对程序进行测试性运行，以发现其中的错误并逐一修改。本节主要介绍 VFP 应用程序的调试技术与方法。

11.1.1　调试器的设置

要想建立一个性能可靠的应用程序，最好的方法是在编程时保持良好的编程风格和习惯（如留出空白控件、添加代码注释、使用常规的命名规则等），及早发现潜在的错误，尽量避免这些错误的出现。此外，在早期的开发过程中，可以采取一些必要的步骤，使后期的测试和调试工作变得更简单。这些步骤包括以下几点。

1. 建立测试环境

为了验证程序的可移植性并建立能够承受适当的测试和调试的环境，在建立系统环境时必须考虑一下几个方面的问题。

（1）硬件和软件

有时应用程序需要在性能较低的工作平台上运行，所以为了保证程序的可移植性，应根据情况按可能的最低平台开发程序；使用最低层次的视频方式开发应用程序；确定最低所需的内存和磁盘空间的大小；对于应用程序的网络版本，还应考虑内存、文件和记录锁定等特殊要求。

（2）系统路径和文件属性

为了在运行应用程序的每台机器上都能够快速访问所有必需的程序文件，在定义基本配置时，应该设置合理的文件存取属性，为每个用户设置合理的网络权限。

（3）目录结构和文件位置

使用 SET 命令动态设置相对路径，另建一个目录或目录结构，将源文件和生成的应用程序文件分开。这样，就可以对应用程序的相互引用关系进行测试，并且准确地知道在发布应用程序时应包含哪些文件。

2. 设置验证信息

为了验证代码运行工作环境是否符合预先假设的情况，可以在程序代码中包含一些验证内容。如使用 ASSERT 命令标明程序中的假设。当 ASSERT 命令中所规定的条件为"假"时，将弹出一个提示信息对话框，并将信息在"调试输出"窗口中显示出来。

3. 查看事件发生的序列

在 VFP 中可以使用可视化的工具或 SET EVENTTRACKING 命令来跟踪、查看时间发生顺序。选择"工具"→"调试器"选项可以打开"Visual FoxPro 调试器"窗口。若要跟踪事件，可选择"工具"→"事件跟踪"选项，弹出"事件跟踪"对话框。该对话框允许用户选择想要查看的事件。

11.1.2　调试器的使用

在应用程序运行和测试中发现问题时，可以使用 VFP 调试环境找到错误。一般分为四个步骤：启动调试器、跟踪代码、中止程序的执行和查看存储值。

1. 启动调试器

选择"工具"→"调试器"选项，打开调试器窗口，也可以使用下面的命令打开调试器。

```
DEBUG
SET STEP ON
SET ECHO ON
```

2. 跟踪代码

观察每一行代码的运行，同时检查所有变量的属性和环境设置的值。可以选择"调试"→"单步"选项，或者单击工具栏中的"单步"按钮，单步执行程序。有一些技巧可以提高调试的效率和质量。

1）设置断点以缩小逐步调试代码的范围。

2）如果知道某行代码将产生错误，那么将光标放在该行的下一行，并选择"调试"→"设置下一条语句"选项，这样就可以跳过产生错误的代码。

3）如果有许多和 Timer 事件相关联的代码，那么可以在"选项"对话框中的"调试"选项卡中取消勾选"显示计时器事件"复选框，就可以避免跟踪这些代码。

3．中止程序的执行

在 VFP 中，可以按下 Esc 键，将在"跟踪"窗口中运行的程序停止。如果已经知道要在何处将执行的程序停止，那么可以直接在该行设置一个断点。

如果正在调试的对象，那么通过在对象列表中选择该对象，在过程列表中选择所需的方法和事件，就可以再"跟踪"窗口中找到特定的代码行。

如果要了解何时一个变量或者属性的值发生了变化，或者想知道何时运行条件改变了，可以对一个表达式设置断点。在断点对话框的"类型"列表中还可以设置"当表达式为真时中断"和"如果表达式为真则在定位处中断"等中断类型。有时在"跟踪"窗口找到某个代码行，设置一个断点，然后在"断点"对话框中编辑该断点会更容易一些。为此，可将断点设置的"类型"从"在定位处中断"改成"如果表达式值为真则在定位处中断"，然后添加表达式。

4．查看存储值

1）在"局部"窗口中查看存储值。"局部"窗口会显示调用堆栈上任意程序、过程或方法程序里面所有的变量、数组、对象和对象元素的值。默认情况下，在"局部"窗口中所显示的是当前执行程序中的值。通过在"局部变量的位置"列表中选择程序或过程，也可以查看其他程序或过程的值。

2）在"监视"窗口中查看存储值。在"监视"窗口的"监视"框中，键入任意一个有效的 VFP 表达式，然后按 Enter 键。这时，该表达式的值和类型就会出现在"监视"窗口列表中。

3）在"跟踪"窗口中查看存储值。在"跟踪"窗口中，将光标定位到任意一个变量、数组或属性上，就可以再提示条中显示它的当前值。

4）显示输出结果。DEBUGOUT 命令可以将"调试输出"窗口中的值写入到一个文本文件日志中。此外，也可以使用 SET DEBUGOUT TO 命令或"选项"对话框中的"调试"选项卡来设置保存调试结果的文件。

11.2　应用程序的连编

一般数据库应用程序由数据结构、用户界面、查询选项和报表等组成。在设计应用程序时，应仔细考虑每个组件的功能以及与其他组件之间的关系。

一个经过良好组织的 VFP 应用程序一般需要为用户提供菜单、一个或多个表单供数据输入并显示。同时还需要添加某些事件响应代码，提供特定的功能，保证数据的完整性和安全性。此外，还需要提供查询和报表，允许用户从数据中选取信息。

各个模块调试无误之后，需要对整个项目进行联合调试并编译，在 VFP 中称为连编项目。

11.2.1　设置文件的"排除"和"包含"

1．文件的"排除"和"包含"

一个项目编译成一个应用程序前，需要对项目中的各个文件进行"排除"和"包含"的操作。项目编译之后，项目中标记为"包含"的文件成为只读文件，不能再进行任何修改；标记为"排除"的文件，则还可以随时进行修改。

通常情况下，可执行文件诸如程序、表单、菜单、报表、查询等应用在项目中标记为"包含"，而数据库文件则标记为"排除"。但是，必须根据应用程序的需要来标记包含和排除文件。例如，一个报表文件在中系统运行时也需要用户对报表格式进行重新设置，则需要将其设置为"排除"。

2．文件的"排除"和"包含"操作

文件的"排除"和"包含"操作方法如下。

1）在默认情况下，数据库和自由表文件会自动标记为"排除"，该文件之前会出现一个"⊘"排除标志；其他文件默认为"包含"，文件之前没有任何标志。

2）若要将现有"排除"状态的文件更改为"包含"，应先选中该文件，选择"项目"→"包含"选项，或者右击该文件，在弹出的快捷菜单中选择"包含"选项，进行设置，如图 11-1 所示。

3）若要将现有"包含"状态的文件更改为"排除"，应先选中该文件，选择"项目"→"排除"选项，或者右击该文件，在弹出的快捷菜单中选择"排除"选项，进行设置，如图 11-2 所示。

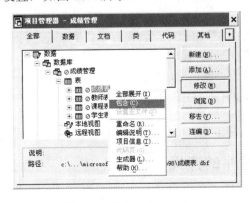 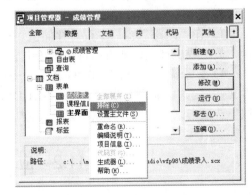

图 11-1　设置为"包含"　　　　　　图 11-2　设置为"排除"

图 11-3 所示窗口中会罗列出当前项目中的所有文件，通过对"包含"栏的选取和取消也能完成"排除"和"包含"的设置，各标记的含义如下。

□表示排除；☒表示包含；▨表示不能进行修改，设置为主程序的文件，只能标记为"包含"，不能修改。

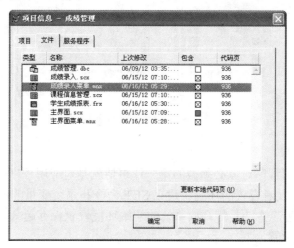

图 11-3　项目信息窗口

11.2.2　设置主程序

主程序是整个应用程序的入口，主程序的任务包括设置应用程序的起始点；初始化环境；显示初始的用户界面；控制事件循环；当退出应用程序时，恢复初始的开发环境。

1. 设置主程序入口

任何应用程序都必须包含一个主程序文件。当用户运行应用程序时，将首先启动主程序文件，然后主程序文件再依次调用所需的应用程序其他组件。

在 VFP 中，程序文件、菜单、表单或查询都可以作为主程序。项目管理器将以黑体字显示设置为主程序文件的名称。

设置主程序有两种方法。

1）在项目管理器中选中要设置为主程序的文件，选择"项目"→"设置主文件"选项或右击，在弹出的快捷菜单中选择"设置主文件"选项。项目管理器将应用程序的主文件自动设置为"包含"，在编译完应用程序之后，该文件作为只读文件处理，如图 11-4 所示。

2）在"项目信息"的"文档"选项卡中选中要设置的主程序文件并右击，在弹出的快捷菜单中选择"设置主文件"选项。在这种情况下，只有把文件设置为"包含"之后才能激活"设置主文件"选项。

由于一个应用系统只有一个起始点，系统的主文件是唯一的；当重新设置主文件时，原来的设置便自动解除。标记为主文件的文件不能排除。

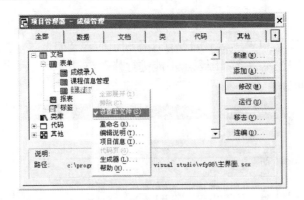

图 11-4　设置主文件窗口

2．初始化环境

主文件或主应用程序对象必须做的第一件事情就是对应用程序的环境进行初始化。在打开 VFP 时，开发者设置的环境将建立 SET 命令和系统变量的值。对于应用程序来说，初始化环境的理想方法是将开放系统的初始环境设置保存起来，在启动代码中为程序建立特定的环境设置。

例如，CLEAR ALL

　　　　SET TALK OFF

　　　　SET DEBUG OFF

3．显示初始的用户界面

初始界面可以是一个菜单，也可以是一个表单或其他的组件。通常，在显示已打开的菜单或表单之前，应用程序会弹出一个启动屏幕或注册对话框。

在主程序中，可以使用 DO 命令运行一个菜单，或者使用 DO FORM 命令运行一个表单以初始化用户界面。

例如，DO main.mpr

　　　　DO FORM start.scx

4．控制循环事件

应用程序的环境建立之后，将显示初始的用户界面，这时，需要建立一个事件循环来等待用户的交互动作。控制事件循环的方法是执行 READ EVENTS 命令，该命令使用 VFP 开始处理例如鼠标单击、键盘输入等用户事件。

5．组织主程序文件

如果在应用程序中使用一个程序文件（扩展名为.prg）作为主程序文件，必须保证该程序能够控制应用程序的主要任务。主程序文件应完成如下基本任务。

1）通过打开数据库、变量声明等初始化环境。

2）调用一个菜单或表单来建立初始的用户界面。

3）执行 READ EVENTS 命令来建立事件循环。

4）从"退出系统"菜单中执行 CLEAR EVENTS 命令，或者单击主界面表单上的"退出"按钮，而主程序本身不应执行此命令。

5）应用程序退出时，恢复环境。

在主程序文件中，没有必要直接包含执行所有任务的命令。常用的方法是调用过程或者函数来控制某些任务，例如，环境初始化和清除等。

例如，一个简单的主程序如下所示。

```
* * * * * main.prg * * * * *
DO setup.prg              &&调用程序建立环境设置
DO FORM start.scx         &&显示初始的用户界面
READ EVENTS               &&建立事件循环
* * * 另一个程序（如 Main.mpr）必须可执行 CLEAR EVENTS * * *
DO cleanup.prg            &&在退出之前,恢复环境设置
* * * * * cleanup.prg * * * * *
SET SYSMENU TO DEFAULT
SET TALK ON
SET SAFTY ON
CLOSE ALL
CLEAR ALL
CLEAR WINDOWS
CLEAR EVENT
CANCEL
```

11.2.3 连编应用程序

VFP 可以将项目连编成以.app 为扩展名的应用程序文件或者是一个以.exe 为扩展名的可执行文件。具体使用哪些文件要根据用户的需要和具体环境决定，表 11-1 所示为不同连编类型的特征。

表 11-1 不同连编类型的特征

连编文件类型	特征
应用程序文件（.app）	比扩展名为.exe 的文件小约 15KB，用户必须装载 VFP
可执行文件（.exe）	应用程序包含了 VFP 加载程序，因此，用户无需装载 VFP，但提供两个支持文件 vfp6r.dll 和 vfp6renu.dll（en 表示英文版），这些文件必须放置在与可执行文件相同的目录中，或者在 MS-DOS 搜索路径中
COM DLL	用于创建被其他应用程序调用的文件

在选择连编类型时，必须考虑到应用程序的最终大小及用户是否装载 VFP 系统。

在"项目管理器"中单击"连编"按钮将会连编应用程序，在"连编选项"对话框中，可以选择连编的类型。

"操作"选项组中各个选项的含义如下。

1）"连编应用程序"选项：将仔细地检查项目中的所有文件，产生源代码或者是

检查错误。该选项对应于 BUILD PROJECT 命令。

2）"连编应用程序"选项：将项目连编成扩展名为.app 类型的应用程序，该选项对应于 BUILD APP 命令。

3）"连编可执行文件"选项：将项目连编成扩展名为.exe 类型的可执行文件，该选项对应于 BUILD EXE 命令。

4）"连编 COM DLL"选项：使用项目文件中的类信息，创建一个具有.dll 文件扩展名的动态链接库。

在"选项"选项组的复选框中，可以设置连编时的一些控制参数，它的各个部分含义如下。

1）"重新编译全部文件"选项：重新编译项目中的所有文件，并对每个源文件创建其对象文件。

2）"显示错误"选项：连编完成后，在一个编辑窗口中显示编译时的错误。

3）"连编后运行"选项：指定连编应用程序后是否运行它。

4）"重新生成组件 ID"选项：安装并生成包含在项目中的自动服务程序（automation）。选中时，该选项指定在当连编程序时生成新的 GUID（全局唯一标识）。只有"类"菜单"类信息"对话框中标识为"OLE Public"的类能被创建和注册。当选中"连编可执行文件"或"连编 COM DLL"，并已经连编包含 OLE Public 关键字的程序时，该选项可用。

单击"版本"按钮可以弹出"EXE 版本"对话框，允许指定版本号以及版本类型。当从"连编选项"对话框中选择"连编可执行文件"或"连编 COM DLL"时，该按钮出现。

11.3　应用程序的发布

在完成应用程序的开发和测试工作之后，可用"安装向导"为应用程序创建安装程序和发布磁盘。如果要以多种磁盘格式发布应用程序，"安装向导"会按指定的格式创建安装程序和磁盘。

1. 创建发布树

VFP 的"安装向导"功能十分强大，但唯一的缺点就是缺少与项目管理器的结合，它不能自动根据项目管理器中的内容创建发布磁盘，而是要求创建并维护一个独立的只包含要安装的文件的目录树，称为发布树。在发布树中包含要复制到用户磁盘上的所有发布文件。应用程序或可执行文件必须放在这个目录下。

连编后一些文件就没用了，可以把有用的文件放在一个新的文件夹中。现把"成绩管理"中所需的文件放在 E:\CJGL 目录下，需要放入的文件有 CJGL.exe、DATA 文件夹（数据库）、FORMS 文件夹（表单）、REPORTS 文件夹（报表）、MENUS 文件夹（菜单）及 PROGS（程序），这样的目录便可作为发布树目录了。

2. 制作安装程序

启动"安装向导"来制作安装程序,"安装向导"为每个指定的磁盘格式分别创建发布目录。这些目录包含磁盘映象所需的全部文件。

选择"工具"→"向导"→"安装"选项,进入向导的第一步——定位文件,单击"发布树目录"右侧的按钮,找到"成绩管理"所需文件存放的目录(E:\CJGL)并选中,如图 11-5 所示。

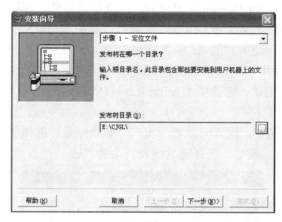

图 11-5 定位文件

单击"下一步"按钮,进入向导第二步——指定组件,选择所需的组件,如图 11-6 所示。在"应用程序组件"区域中,共有六个复选框,下面介绍它们的大小及作用。

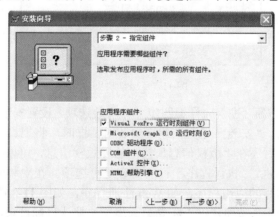

图 11-6 指定组件

1)"Visual FoxPro 运行时刻组件"复选框:该组件大小为 4MB,它包含在 VFP 运行时必需的文件(Vfp6r.dll)中。勾选该项,则 vfp6r.dll 文件将自动包含在应用程序文件中,它可以在用户的计算机上正确地安装。

2)"Microsoft Graph 8.0 运行时刻"复选框:包含使用 Graph 8.0 控件的表单,大小为 2.2MB。

3）"ODBC 驱动程序"复选框：如果要使用不是 VFP 的表，则必须勾选此项。在选中该组件后，会弹出"ODBC 驱动程序"对话框，可以在其中选择需要的选项。它要占用 4.3MB 的空间。

4）"COM 组件"复选框：包含组成.exe 或.dll 文件的 COM 组件。它的大小是可变的。

5）"ActiveX 控件"复选框：如果需要支持多个内部服务程序，或者通过安装 ActiveX 组件增强 Internet 和 Web 页的功能，应选择该组件。在第一次选中该项后，系统会检查在系统中登记的 ActiveX 组件，在弹出"添加 ActiveX 控件"对话框后，在对话框中选择应用程序中使用到的 ActiveX 控件。

6）"HTML 帮助引擎"复选框：如果在应用程序中自定义了 HTML 样式的帮助文件，则需要选择这一组件，它提供了 Microsoft HTML Help 引擎。它将占用大约 700KB 的空间。

单击"下一步"按钮，进入向导第三步——磁盘映象，选择生成的安装文件存放的目录，如图 11-7 所示。例如，选择磁盘映象目录为"E:\成绩管理"。

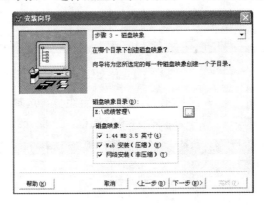

图 11-7 磁盘映象

单击"下一步"按钮，进入向导第四步——安装选项，设置安装文件的对话框标题，以及版权声明等内容。"安装向导"在建立安装对话框时，将把"安装对话框标题"栏中文字作为标题。同时还在"版权信息"栏中放置版权信息，可以通过"关于"命令访问"版权信息"对话框。"执行程序"栏的内容是可选项。在安装应用程序之后，可以指定希望用户立即运行的应用程序，如 Web 注册程序，如图 11-8 所示。

通过单击"下一步"按钮，进入向导第五步——默认目标目录，选择默认的目标目录并设置用户是否可以修改目录与程序，如图 11-9 所示。安装程序把应用程序放置在"默认目标目录"中指定的目录。不能选择已被 Windows 程序（如 VFP、Windows）使用的目录名称。如果在"程序组"中指定一个名称，用户在安装应用程序时，"安装程序"会为应用程序创建一个程序组，并且使这个应用程序出现在用户的"开始"菜单上。

单击"下一步"按钮，进入向导第六步——改变文件设置，如图 11-10 所示。根据需要可以修改其中选项。单击"下一步"按钮进入下一步骤，即向导的第七步——完成，如图 11-11 所示。如果没有问题就单击"完成"按钮；如果有问题，可以单击"上一步"

按钮返回上一步进行修改。单击"完成"按钮后系统便开始根据之前的设置制作安装磁盘。制作完成后有一个报告，看完报告，单击"完成"按钮，便可在磁盘上生成安装文件目录。如果是网络安装，那么目录是 NETSETUP，其中是安装所需的文件；如果是软盘安装，那么目录是 DISK144，其中还会有 DISK1、DISK2、DISK3 等子目录，分别把每个目录中的文件复制到软盘上，安装时从第一张磁盘开始，运行 SETUP 即可。

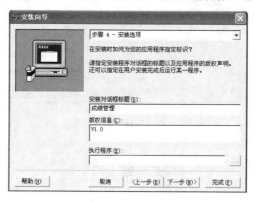

图 11-8　安装选项

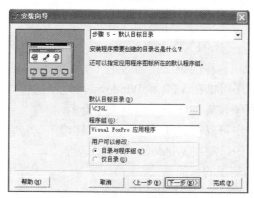

图 11-9　默认目标目录

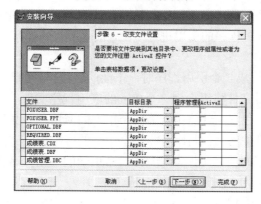

图 11-10　改变文件设置

图 11-11 完成

习 题 11

一、选择题

1. 连编应用程序不能生成的文件是（　　）。

   A．APP 文件　　　B．EXE 文件　　　C．com dll 组件　　　D．PRG 文件

2. 下面关于运行应用程序的说法正确的是（　　）。

   A．APP 应用程序可以在 VFP 和 Windows 环境下运行

   B．EXE 应用程序只能在 Windows 环境下运行

   C．EXE 应用程序可以在 VFP 和 Windows 环境下运行

   D．APP 应用程序只能在 Windows 环境下运行

3. 对项目进行连编测试的目的是（　　）。

   A．对项目中各种程序的引用进行检验

   B．对项目中的 PRG 文件进行检验，检查发现其中的错误

   C．对项目中各种程序的引用进行检验，检查所有的程序组件是否可用

   D．对项目中各种程序的引用进行检验，检查所有的程序组件是否可用，并重新编译过期的文件

4. 把一个项目连编成一个引用程序时，下面的叙述正确的是（　　）。

   A．所有的项目文件将组合为一个单一的应用程序文件

   B．所有项目的包含文件将组合为一个单一的应用程序文件

   C．所有项目排除的文件将组合为一个单一的应用程序文件

   D．由用户选定的项目文件将组合为一个单一的应用程序文件

5. 利用应用程序向导创建项目的优点是（　　）。

   A．能够生成一个项目

   B．能够生成一个项目，并创建项目目录结构

C．能够生成一个项目和一个 VFP 应用程序框架

    D．能够生成一个项目和一个 VFP 应用程序框架，根据选择还可以创建项目目录结构

二、填空题

    1．在打开项目管理器之后，可以通过按 Alt＋F2 组合键、选择"工具"→"向导"选项或快捷菜单中的_____来打开应用程序生成器。

    2．将一个项目编译成一个应用程序时，如果应用程序中包含需要用户修改的文件，则必须将该文件标为_____。

    3．使用"应用程序向导"创建项目时，除项目外还自动生成一个_____。

    4．要使在应用程序生成器中所做的修改与当前活动项目保持一致，应单击_____按钮。

附录 1　VFP 常用文件类型

扩展名	文件类型	扩展名	文件类型
.act	向导操作图的文档	.lbx	标签
.app	生成的应用程序或 Active Document	.idx	索引，压缩索引
.cdx	复合索引	.log	代码范围日志
.chm	编译的 HTML Help	.lst	向导列表的文档
.dbc	数据库	.mem	内存变量保存
.dct	数据库备注	.mnt	菜单备注
.dcx	数据库索引	.mnx	菜单
.dbf	表	.mpr	生成的菜单程序
.dbg	调试器配置	.mpx	编译后的菜单程序
.dep	相关文件（由"安装向导"创建）	.ocx	ActiveX 控件
dll	Windows 动态链接库	.pjt	项目备注
.err	编译错误	.pjx	项目
.esl	Visual FoxPro 支持的库	.prg	程序
.exe	可执行程序	.qpr	生成的查询程序
.fky	宏	.qpx	编译后的查询程序
.fll	FoxPro 动态链接库	.sct	表单备注
.FMT	格式文件	.scx	表单
.FPT	表备注	.spr	生成的屏幕程序*
.FRT	报表备注	.spx	编译的屏幕程序*
.frx	报表	.tbk	备注备份
.fxp	编译后的程序	.txt	文本
.h	头文件	.vct	可视类库备注
.hlp	WinHelp	.vcx	可视类库
.htm	HTML	.vue	FoxPro 2.x 视图
.lbt	标签备注	.win	窗口文件

附录 2　全国计算机等级考试（二级 Visual FoxPro 数据库程序设计）考试大纲

一、基本要求

1）具有数据库系统的基础知识。
2）基本了解面向对象的概念。
3）掌握关系数据库的基本原理。
4）掌握数据库程序设计方法。
5）能够使用 VFP 建立一个小型数据库应用系统。

二、考试内容

1. VFP 基础知识

（1）基本概念
数据库、数据模型、数据库管理系统、类和对象、事件、方法。
（2）关系数据库
1）关系数据库：关系模型、关系模式、关系、元组、属性、域、主关键字和外部关键字。
2）关系运算：选择、投影、联接。
3）数据的一致性和完整性：实体完整性、域完整性、参照完整性。
（3）VFP 系统特点与工作方式
1）Windows 版本数据库的特点。
2）数据类型和主要文件类型。
3）各种设计器和向导。
4）工作方式：交互方式（命令方式、可视化操作）和程序运行方式。
（4）VFP 的基本数据元素
1）常量、变量、表达式。
2）常用函数：字符处理函数、数值计算函数、日期时间函数、数据类型转换函数、测试函数。

2. VFP 数据库的基本操作

（1）数据库和表的建立、修改与有效性检验
1）表结构的建立与修改。
2）表记录的浏览、增加、删除与修改。
3）创建数据库，向数据库添加或从数据库删除表。

4）设定字段级规则和记录规则。

5）表的索引：主索引、候选索引、普通索引、唯一索引。

（2）多表操作

1）选择工作区。

2）建立表之间的关联：一对一的关联，一对多的关联。

3）设置参照完整性。

4）表的联接 JOIN：内联接，外联接，左联接，右联接，完全联接。

5）建立表间临时关联。

（3）建立视图与数据查询

1）查询文件的建立、执行与修改。

2）视图文件的建立、查看与修改。

3）建立多表查询。

4）建立多表视图。

3. 关系数据库标准语言（SQL）

（1）SQL 的数据定义功能

1）CREATE TABLE。

2）ALTER TABLE。

（2）SQL 的数据修改功能

1）DELETE。

2）INSERT。

3）UPDATE。

（3）SQL 的数据查询功能

1）简单查询。

2）嵌套查询。

3）联接查询。

4）分组与计算查询。

5）集合的并运算。

4. 项目管理器、设计器和向导的使用

（1）使用项目管理器

1）使用"数据"选项卡。

2）使用"文档"选项卡。

（2）使用表单设计器

1）在表单中加入和修改控件对象。

2）设定数据环境。

（3）使用菜单设计器

1）建立主选项。

2）设计子菜单。

3）设定菜单选项程序代码。

（4）使用报表设计器

1）生成快速报表。

2）修改报表布局。

3）设计分组报表。

4）设计多栏报表。

（5）使用应用程序向导

（6）应用程序生成器与连编应用程序

5. VFP 程序设计

（1）命令文件的建立与运行

1）程序文件的建立。

2）简单的交互式输入输出命令。

3）应用程序的调试与执行。

（2）结构化程序设计

1）顺序结构程序设计。

2）选择结构程序设计。

3）循环结构程序设计。

（3）过程与过程调用

1）子程序设计与调用。

2）过程与过程文件。

3）局部变量和全局变量、过程调用中的参数传递。

（4）用户定义对话框（MESSAGEBOX）的使用

三、考试方式

（1）笔试

考试时间为 90 分钟。35 道选择题和 15 道填空题（15 个空），每题 2 分，共 100 分。

（2）上机操作

考试时间为 90 分钟，包括以下三个部分。

1）基本操作。

2）简单应用。

3）综合应用。

附录 3 全国计算机等级考试（二级）公共基础考试大纲

一、基本要求

1) 掌握算法的基本概念。
2) 掌握基本数据结构及其操作。
3) 掌握基本排序和查找算法。
4) 掌握逐步求精的结构化程序设计方法。
5) 掌握软件工程的基本方法，具有初步应用相关技术进行软件开发的能力。
6) 掌握数据库的基本知识，了解关系数据库的设计。

二、考试内容

1. 基本数据结构与算法

1) 算法的基本概念，算法复杂度的概念和意义（时间复杂度与空间复杂度）。
2) 数据结构的定义，数据的逻辑结构与存储结构，数据结构的图形表示，线性结构与非线性结构的概念。
3) 线性表的定义，线性表的顺序存储结构及其插入与删除运算。
4) 栈和队列的定义，栈和队列的顺序存储结构及其基本运算。
5) 线性单链表、双向链表与循环链表的结构及其基本运算。
6) 树的基本概念，二叉树的定义及其存储结构，二叉树的前序、中序和后序遍历。
7) 顺序查找与二分法查找算法，基本排序算法（交换类排序，选择类排序，插入类排序）。

2. 程序设计基础

1) 程序设计方法与风格。
2) 结构化程序设计。
3) 面向对象的程序设计方法，对象，方法，属性及继承与多态性。

3. 软件工程基础

1) 软件工程基本概念，软件生命周期概念，软件工具与软件开发环境。
2) 结构化分析方法，数据流图，数据字典，软件需求规格说明书。
3) 结构化设计方法，总体设计与详细设计。
4) 软件测试的方法，白盒测试与黑盒测试，测试用例设计，软件测试的实施，单元测试、集成测试和系统测试。

5）程序的调试，静态调试与动态调试。

4. 数据库设计基础

1）数据库的基本概念：数据库，数据库管理系统，数据库系统。
2）数据模型，实体联系模型及 E-R 图，从 E-R 图导出关系数据模型。
3）关系代数运算，包括集合运算及选择、投影、连接运算，数据库规范化理论。
4）数据库设计方法和步骤：需求分析、概念设计、逻辑设计和物理设计的相关策略。

三、考试方式

1）公共基础知识的考试方式为笔试，与 C 语言程序设计（C++语言程序设计、Java 语言程序设计、Visual Basic 语言程序设计、Visual FoxPro 数据库程序设计或 Access 数据库程序设计）的笔试部分合为一张试卷，公共基础知识部分占全卷的 30 分。
2）公共基础知识有 10 道选择题和 5 道填空题。

附录4　2012年3月全国计算机等级考试（二级）笔试试卷

Visual FoxPro 数据库程序设计

（考试时间 90 分钟，满分 100 分）

一、选择题（每小题 2 分，共 70 分）

下列各题 A）、B）、C）、D）四个选项中，只有一个选项是正确的。请将正确选项填涂在答题卡相应位置上，答在试卷上不得分。

（1）下列叙述中正确的是（　　）。

    A）循环队列是队列的一种链式存储结构

    B）循环队列是一种逻辑结构

    C）循环队列是队列的一种顺序存储结构

    D）循环队列是非线性结构

（2）下列叙述中正确的是（　　）。

    A）栈是一种先进先出的线性表　　　　B）队列是一种后进先出的线性表

    C）栈与队列都是非线性结构　　　　　D）以上三种说法都不对

（3）一棵二叉树共有 25 个结点,其中 5 个是叶子结点,则度为 1 的结点数为（　　）。

    A）4　　　　　　　B）16　　　　　　　C）10　　　　　　　D）6

（4）在下列模式中，能够给出数据库物理存储结构与物理存取方法的是（　　）。

    A）逻辑模式　　　B）概念模式　　　　C）内模式　　　　　D）外模式

（5）在满足实体完整性约束的条件下，说法正确的是（　　）。

    A）一个关系中可以没有候选关键字

    B）一个关系中只能有一个候选关键字

    C）一个关系中必须有多个候选关键字

    D）一个关系中应该有一个或多个候选关键字

（6）有三个关系 R、S 和 T 如下：

	R				S				T	
A	B	C		A	B	C		A	B	C
a	1	2		a	1	2		b	2	1
b	2	1		d	2	1		c	3	1
c	3	1								

则由关系 R 和 S 得到关系 T 的操作是（　　）。

    A）并　　　　　　B）差　　　　　　C）交　　　　　　D）自然联接

（7）软件生命周期的活动中不包括（   ）。

A）软件维护   B）需求分析   C）市场调研   D）软件测试

（8）下面不属于需求分析阶段任务的是（   ）。

A）确定软件系统的性能需求   B）确定软件系统的功能需求

C）指定软件集成测试计划   D）需求规格说明书评审

（9）在黑盒测试方法中，设计测试用例的主要根据是（   ）。

A）程序外部功能   B）程序数据结构

C）程序流程图   D）程序内部结构

（10）在软件设计中不使用的工具是（   ）。

A）系统结构图   B）程序流程图

C）PAD 图   D）数据流图（DFD 图）

（11）Visual FoxPro6.0 属于（   ）。

A）层次数据库管理系统   B）关系数据库管理系统

C）面向对象数据库管理系统   D）分布式数据库管理系统

（12）下列字符型常量的表示中，错误的是（   ）。

A）[[品牌]]   B）'5+3'   C）'[x=y]'   D）["计算机"]

（13）函数 UPPER("1a2B")的结果是（   ）。

A）1A2b   B）1a2B   C）1A2B   D）1a2b

（14）可以随表的打开而自动打开的索引是（   ）。

A）单项压缩索引文件   B）单项索引文件

C）非结构复合索引文件   D）结构复合索引文件

（15）为数据库表增加字段有效性规则是为了保证数据的（   ）。

A）域完整性   B）表完整性

C）参照完整性   D）实体完整性

（16）在 Visual FoxPro 中，可以在不同工作区同时打开多个数据库表或自由表，改变当前工作区的命令是（   ）。

A）OPEN   B）SELECT   C）USE   D）LOAD

（17）在 INPUT、ACCEPT 和 WAIT 三个命令中，必须要以回车键表示结束的命令是（   ）。

A）ACCEPT、WAIT   B）INPUT、WAIT

C）INPUT、ACCEPT   D）INPUT、ACCEPT 和 WAIT

（18）下列控件中，不能设置数据源的是（   ）。

A）复选框   B）命令按钮   C）选项组   D）列表框

（19）查询"教师"表中"住址"字段中含有"望京"字样的教师信息，正确的 SQL 语句是（   ）。

A）SELECT * FROM 教师 WHERE 住址 LIKE "%望京%"

B）SELECT * FROM 教师 FOR 住址 LIKE "%望京%"

C）SELECT * FROM 教师 FOR 　住址 = " %望京% "

D）SELECT * FROM 教师 WHERE 住址 = " %望京% "

（20）查询设计器中的"筛选"选项卡的作用是（　　　）。

A）查看生成的 SQL 代码　　　　　　B）指定查询条件

C）增加或删除查询表　　　　　　　　D）选择所要查询的字段

（21）某数据表有 20 条记录，若用函数 EOF( )测试结果为.T.，那么此时函数 RECNO()值是（　　　）。

A）21　　　　　　B）20　　　　　　C）19　　　　　　D）1

（22）为"教师"表的职工号字段添加有效性规则：职工号的最左边三位字符是 "110"，正确的 SQL 语句是（　　　）。

A）CHANGE TABLE 教师 ALTER 职工号 SET CHECK LEFT (职工号,3）="110"

B）CHANGE TABLE 教师 ALTER 职工号 SET CHECK OCCURS (职工号,3）="110"

C）ALTER TABLE 教师 ALTER 职工号 SET CHECK LEFT (职工号,3）="110"

D）ALTER TABLE 教师 ALTER 职工号 CHECK LEFT (职工号,3）="110"

（23）对数据库表建立性别(C,2）和年龄(N,2)的复合索引时，正确的索引关键字表达式为（　　　）。

A）性别+年龄　　　　　　　　　　　B）VAL(性别)+年龄

C）性别,年龄　　　　　　　　　　　D）性别+STR(年龄,2)

（24）删除视图 salary 的命令是（　　　）。

A）DROP VIEW 　salary　　　　　　B）DROP salary VIEW

C）DELECT 　salary　　　　　　　　D）DELECT 　salary 　VIEW

（25）关于内存变量的调用，下列说法正确的是（　　　）。

A）局部变量能被本层模块和下层模块程序调用

B）私有变量能被本层模块和下层模块程序调用

C）局部变量不能被本层模块程序调用

D）私有变量只能被本层模块程序调用

（26）在命令按钮组中，决定命令按钮数目的属性是（　　　）。

A）ButtonNum　　　　　　　　　　B）ControlSource

C）ButtonCount　　　　　　　　　　D）Value

（27）报表文件的扩展名是（　　　）。

A）.mnx　　　　B）.fxp　　　　　　C）.prg　　　　　　D）.frx

（28）下列选项中，下列属于 SQL 数据定义功能的是（　　　）。

A）ALTER　　　B）CREATE　　　C）DROP　　　D）SELECT

（29）要将 Visual FoxPro 系统菜单恢复成标准配置，可先执行 SET SYSMENU

NOSAVE 命令，然后再执行（　　）。

　　A）SET TO SYSMENU　　　　　　　B）SET SYSMENU TO DEFAULT

　　C）SET TO DEFAULT　　　　　　　　D）SET DEFAULT TO SYSMENU

（30）假设有一表单，其中包含一个选项按钮组，在表单运行启动时，最后触发的事件是（　　）。

　　A）表单 Init　　　　　　　　　　　B）选项按钮的 Init

　　C）选项按钮组的 Init　　　　　　　D）表单的 Load

（31）～（35）题使用如下三个数据库表：

图书(索书号，书名，出版社，定价，ISBN)

借书证(结束证号，姓名，性别，专业，所在单位)

借书记录(借阅号，索书号，借书证号，借书日期，还书日期)

其中：定价是货币型，借书日期和还书日期是日期型，其他是字符型。

（31）查询借书证上专业为"计算机"的所有信息，正确的 SQL 语句是（　　）。

　　A）SELECT ALL FROM 借书证 WHERE 专业="计算机"

　　B）SELECT 借书证号 FROM 借书证 WHERE 专业="计算机"

　　C）SELECT ALL FROM 借书记录 WHERE 专业="计算机"

　　D）SELECT * FROM 借书证 WHERE 专业="计算机"

（32）查询 2011 年被借过图书的书名、出版社和借书日期，正确的 SQL 语句是（　　）。

　　A）SELECT 书名,出版社,借书日期 FROM 图书,借书记录
　　　　WHERE 借书日期=2011 AND 图书.索书号=借书记录.索书号

　　B）SELECT 书名,出版社,借书日期 FROM 图书,借书记录
　　　　WHERE 借书日期=YEAR（2011） AND 图书.索书号=借书记录.索书号

　　C）SELECT 书名,出版社,借书日期 FROM 图书,借书记录
　　　　WHERE 图书.索书号=借书记录.索书号 AND YEAR(借书日期)=2011

　　D）SELECT 书名,出版社,借书日期 FROM 图书,借书记录图书.索书号=借书
　　　　记录.索书号 AND WHERE YEAR(借书日期)=YEAR（2011）

（33）查询所有借阅过"中国出版社"图书的读者的姓名和所在单位，正确的 SQL 语句是（　　）。

　　A）SELECT 姓名,所在单位 FROM 借书证,图书,借书记录 WHERE 图书.索
　　　　书号=借书记录.索书号 AND 借书证.借书证号=借书记录.借书证号
　　　　AND 出版社="中国出版社"

　　B）SELECT 姓名,所在单位 FROM 图书,借书证 WHERE 图书.索书号=借书
　　　　证.借书证号
　　　　AND 出版社="中国出版社"

　　C）SELECT 姓名,所在单位 FROM 图书,借书记录 WHERE 图书.索书号=借
　　　　书记录.索书号
　　　　AND 出版社="中国出版社"

D）SELECT 姓名,所在单位 FROM 借书证,借书记录

　　　　　　WHERE 借书证.借书证号=借书记录.借书证号 AND 出版社="中国出版社"

（34）从借书证表中删除借书证号为"1001"的记录，正确的 SQL 语句是（　　）。

　　　　A）DELETE FROM 借书证 WHERE 借书证号="1001"

　　　　B）DELETE FROM 借书证 FOR 借书证号="1001"

　　　　C）DROP FROM 借书证 WHERE 借书证号="1001"

　　　　D）DROP FROM 借书证 FOR 借书证号="1001"

（35）将选项为"锦上计划研究所"的所在单位字段值重设为"不详"，正确的 SQL 语句是（　　）。

　　　　A）UPDATE 借书证 SET 所在单位="锦上计划研究所" WHERE 所在单位="不详"

　　　　B）UPDATE 借书证 SET 所在单位="不详" WITH 所在单位="锦上计划研究所"

　　　　C）UPDATE 借书证 SET 所在单位="不详" WHERE 所在单位="锦上计划研究所"

　　　　D）UPDATE 借书证 SET 所在单位="锦上计划研究所" WITH 所在单位="不详"

二、填空题（每空 2 分，共 30 分）

　　请将每一个空的正确答案写在答题卡【1】～【15】序号的横线上，答在试卷上不得分。

　　注意：以命令关键字填空的必须拼写完整。

　　（1）在长度为 n 的顺序存储的线性表中删除一个元素，最坏情况下需要移动表中的元素个数为　【1】　。

　　（2）设循环队列的存储空间为 Q(1：30)，初始状态为 front=rear=30。现经过一系列入队与退队运算后，front=16，rear=15，则循环队列中有　【2】　个元素。

　　（3）数据库管理系统提供的数据语言中，负责数据的增、删、改和查询的是　【3】　。

　　（4）在将 E-R 图转换到关系模式时，实体和联系都可以表示成　【4】　。

　　（5）常见的软件工程方法有结构化方法和面向对象方法，类、继承以及多态性等概念属于　【5】　。

　　（6）数据库系统的数据完整性是指保证数据　【6】　的特性。

　　（7）表达式 LEN(SPACE(3)-SPACE(2)) 的结果为　【7】　。

　　（8）自由表与数据库表相比较，在自由表中不能建立　【8】　索引。

　　（9）在 Visual FoxPro 的查询设计器中　【9】　选项对应于 SELECT 短语。

　　（10）删除父表中的记录时，若子表中的所有相关记录能自动删除，则相应的参照完整性的删除规则为　【10】　规则。

　　（11）Visual FoxPro 子类是通过继承父类生成的，在子类中可以对父类继承的方法

和属性进行___【11】___。

（12）在 Visual FoxPro 中为表单指定标题的属性是___【12】___。

（13）SQL 语言可以命令方式交互使用，也可以嵌入到___【13】___中使用。

（14）在工资表中，按工资从高到低显示职工记录的 SQL 语句为：

SELECT * FROM 工资表 ORDER BY 工资___【14】___。

（15）在 Visual FoxPro 中，删除记录的 SQL 命令是___【15】___。

【参考答案】

一、选择题

1. C)	2. D)	3. B)	4. C)	5. D)
6. B)	7. C)	8. C)	9. A)	10. D)
11. B)	12. A)	13. C)	14. D)	15. A)
16. B)	17. C)	18. B)	19. A)	20. B)
21. A)	22. C)	23. D)	24. A)	25. B)
26. C)	27. D)	28. D)	29. B)	30. A)
31. D)	32. C)	33. A)	34. A)	35. C)

二、填空题

1. n-1
2. 29
3. 数据操纵语言
4. 关系
5. 面向对象方法
6. 正确
7. 5
8. 主
9. 字段
10. 级联
11. 调用
12. Caption
13. 程序设计语言
14. Desc
15. Delete From

参 考 文 献

萨师煊. 2005. 数据库系统概论. 4 版. 北京：高等教育出版社.

张高亮. 2010. Visual FoxPro 程序设计. 北京：清华大学出版社.

周学军. 2007. Visual FoxPro 程序设计. 北京：理工大学出版社.

教育部考试中心. 2010. 全国计算机等级考试二级教程：Visual FoxPro 数据库程序设计. 北京：高等教育出版社.

全国计算机等级考试教材编写组. 2009. 全国计算机等级考试教程：二级 Visual FoxPro. 北京：人民邮电出版社.